21世纪高等学校规划教材 | 计算机应用

U0387620

计算机应用基础

陈明 潘杰 主编

付红珍 杨国勇 钟龙怀 余文财 副主编

清华大学出版社

北 京

内 容 简 介

本书是根据教育部《关于进一步加强高等学校计算机基础教学的意见暨计算机基础课程教学基本要求》和《高等学校非计算机专业计算机基础课程教学基本要求》中的有关规定并结合计算机的最新发展技术以及高等学校计算机基础课程深入改革的最新动向编写而成。

本书主要内容包括计算机基础知识、Windows 7 操作系统、Word 2010 文字处理、Excel 2010 电子表格处理、PowerPoint 2010 演示文稿、数据库技术基础、计算机网络基础知识和网页制作,全书概念清楚、层次清晰、注重实践、实用性强。本书还有配套的《计算机应用基础实训指导教程》作为教学参考用书,用于指导学生上机操作和自主学习。

本书不仅可以作为高职院校各专业计算机基础科目的教材、教学参考书、全国计算机等级考试一级和相关培训的教材,还可以作为广大计算机爱好者的自学用书。

图书在版编目(CIP)数据

计算机应用基础/陈明,潘杰主编. —北京:清华大学出版社,2019(2024.8重印)
(21世纪高等学校规划教材·计算机应用)
ISBN 978-7-302-53680-2

Ⅰ.①计⋯ Ⅱ.①陈⋯ ②潘⋯ Ⅲ.①电子计算机－高等学校－教材 Ⅳ.①TP3

中国版本图书馆 CIP 数据核字(2019)第 180979 号

责任编辑:贾　斌
封面设计:傅瑞学
责任校对:胡伟民
责任印制:丛怀宇

出版发行:清华大学出版社
　　　　网　　　址:https://www.tup.com.cn,https://www.wqxuetang.com
　　　　地　　　址:北京清华大学学研大厦 A 座　　　　　　　邮　　编:100084
　　　　社 总 机:010-83470000　　　　　　　　　　　　　　邮　　购:010-62786544
　　　　投稿与读者服务:010-62776969,c-service@tup.tsinghua.edu.cn
　　　　质量反馈:010-62772015,zhiliang@tup.tsinghua.edu.cn
　　　　课件下载:https://www.tup.com.cn,010-83470236
印 装 者:河北盛世彩捷印刷有限公司
经　　销:全国新华书店
开　　本:185mm×260mm　　　印　　张:21.25　　　　　　字　　数:530 千字
版　　次:2019 年 9 月第 1 版　　　　　　　　　　　　　　印　　次:2024 年 8 月第16次印刷
印　　数:53301~61300
定　　价:49.80 元

产品编号:084024-01

前　言

　　根据教育部《关于进一步加强高等学校计算机基础教学的意见暨计算机基础课程教学基本要求》和《高等学校非计算机专业计算机基础课程教学基本要求》的有关规定，并结合全国计算机基础课程教学内容的特点和考试模式深化改革的要求，我们组织编写了这本书。本书可以与同期出版的《计算机应用基础实训指导教程》配套使用，也可单独使用。

　　本书主要内容包括计算机基础知识、Windows 7 操作系统、Word 2010 文字处理、Excel 2010 电子表格处理、PowerPoint 2010 演示文稿、数据库技术基础、计算机网络基础知识和网页制作。各章内容相对独立，读者可根据实际情况有选择地学习。

　　本书的主要特点：

　　内容新颖，涵盖了计算机应用基础课程及全国计算机等级考试（一级）MS Office 考试大纲所要求的基本知识点，注重反映计算机发展的新技术，体现了高等教育教学改革的新思路，内容具有先进性。

　　体系完整、结构清晰、内容全面、讲解细致、图文并茂。

　　面向应用，突出技能，理论部分简明，应用部分翔实。书中所举实例都是作者从多年积累的教学经验中精选出来的，具有很强的实用性和可操作性。

　　每个章节负责编写的作者情况如下。第 1 章：杨国勇、游玉、丁守磊；第 2 章：潘杰、陈偲颖、黄靖棋；第 3 章：余文财、陈志伦；第 4 章：钟龙怀、杨锦、陈华；第 5 章：付红珍、颜紫云、赵霞；第 6 章：陈明、杨健波、刘家豪；第 7 章：潘杰、陈偲颖、黄靖棋；第 8 章：陈明、杨健波、刘家豪。

　　限于编者的水平，且时间仓促，书中难免有不妥之处，恳请读者不吝赐教。

编　者

2019 年 5 月

目 录

第1章

计算机基础知识

计算机是 20 世纪人类最伟大的科技发明之一，是现代科技史上最辉煌的成果之一，它的出现标志着人类文明已进入一个崭新的历史阶段。如今，计算机的应用已渗透到社会的各个领域，它不仅改变了人类社会的面貌，而且正改变着人们的工作、学习和生活方式。在信息化社会中，掌握计算机的基础知识及操作技能是人们应具备的基本素质。本章将从计算机的发展起源讲起，介绍计算机的特点、分类、组成、计算机中的信息表示、基础操作、多媒体技术以及病毒防治等。

学习目标：

- 了解计算机发展史及其应用；理解计算机系统组成、计算机的性能和技术指标。
- 掌握四种进位记数制及相互转换，熟悉 ASCII 码，了解汉字编码。
- 熟悉计算机基础操作与汉字录入。
- 了解计算机病毒及其防治常识；了解多媒体的基本概念及多媒体计算机的组成。

1.1　计算机概述

计算机是一种能够在其内部指令控制下运行的，并能够自动、高速和准确地处理信息的现代化电子设备。它通过输入设备接收字符、数字、声音、图片和动画等数据；通过中央处理器进行计算、统计、文档编辑、逻辑判断、图形缩放和色彩配置等数据处理；通过输出设备以文档、声音、图片或各种控制信号的形式输出处理结果；通过存储器将数据、处理结果和程序存储起来以备后用。1946 年，世界上第一台计算机诞生，迄今已有 70 多年历史，计算机技术得到了飞速发展。目前，计算机应用非常广泛，已应用到工业、农业、科技、军事、文教卫生和家庭生活等各个领域，计算机已成为当今社会人们分析问题和解决问题的重要工具。

1.1.1　计算机的起源与发展

计算机最初是为了计算弹道轨迹而研制的。世界上第一台计算机 ENIAC 于 1946 年诞生于美国宾夕法尼亚大学，该机主要元件是电子管，质量达 30 t，占地面积约 170 m²，功率为 150 kW，运算速度为 5000 次/秒。尽管它是一个庞然大物，但因为是最早问世的一台数字式电子计算机，所以人们公认它是现代计算机的始祖。与 ENIAC 计算机研制的同时，另外两位科学家冯·诺依曼与莫尔合作还研制了 EDVAC，它采用存储程序方案，即程序和数据一样都存储在内存中，此种方案沿用至今。所以，现在的计算机都被称为以存储程序原理为基础的冯·诺依曼型计算机。

半个多世纪以来,计算机的发展突飞猛进。从逻辑器件的角度来看,计算机已经历了如下四个发展阶段。

第一代(1946—1958年)为电子管计算机,其主要标志是逻辑器件采用电子管。内存为磁鼓,外存为磁带,机器的总体结构以运算器为中心,使用机器语言或汇编语言编程,运算速度为几千次/秒。这一时期的计算机运算速度慢、体积较大、质量较重、价格较高、应用范围小,主要应用于科学和工程计算。

第二代(1959—1964年)为晶体管计算机,其主要标志是逻辑器件采用晶体管。内存为磁心存储器,外存为磁盘,运算速度为几万次/秒到几十万次/秒,使用高级语言(如FORTRAN、COBOL)编程,在软件方面还出现了操作系统。这一时期的计算机运算速度大幅度提高,质量减轻、体积也显著减小,功耗降低,提高了可靠性,应用也愈来愈广。其主要应用领域为数值运算和数据处理。

第三代(1965—1970年)为集成电路计算机,其主要特征是逻辑器件采用集成电路。内存除了磁心外,还出现了半导体存储器,外存为磁盘,运算速度为几千万次/秒,机器种类标准化、模块化、系列化已成为计算机的指导思想。采用积木式结构及标准输入/输出接口,使用高级语言编程,用操作系统来管理硬件资源。这一时期的计算机体积减小,功耗、价格等进一步降低,而速度及可靠性则有更大的提高。主要应用领域为信息处理(如处理数据、文字、图形图像等)。

第四代(1971年至今)为大规模和超大规模集成电路计算机,其主要特征是逻辑器件采用大规模和超大规模集成电路,从而实现了电路器件的高度集成化。内存为半导体集成电路,外存为磁盘、光盘,运算速度可达几亿次/秒。第四代计算机的出现使得计算机的应用进入一个全新的领域,也正是微型计算机诞生的时代。

从20世纪80年代开始,各发达国家先后开始研究新一代计算机,采用一系列高新技术将计算机技术与生物工程技术等边缘学科结合起来,研制一种非冯·诺依曼体系结构的、人工神经网络的智能化计算机系统,这就是人们常说的第五代计算机。

1.1.2 工业计算机的发展趋势及展望

1. 计算机的发展趋势

目前,以超大规模集成电路为基础,未来的计算机正朝着巨型化、微型化、网络化、智能化及多媒体化方向发展。

1) 巨型化

随着科学和技术不断发展,在一些科技尖端领域要求计算机有更高的速度、更大的存储容量和更高的可靠性,从而促使计算机向巨型化方向发展。

2) 微型化

随着计算机应用领域的不断扩大,对计算机的要求也越来越高,人们要求计算机体积更小、重量更轻、价格更低,能够应用于各种领域、各种场合。为了迎合这种需求,出现了各种笔记本式计算机、膝上型和掌上计算机等,这些都是向微型化方向发展的结果。

3) 网络化

网络化指将计算机组成更广泛的网络,以实现资源共享及信息通信。

4）智能化

智能化使计算机可具有类似于人类的思维能力，如推理、判断、感知等。

5）多媒体化

数字化技术的发展能进一步改进计算机的表现能力，使人们拥有一个图文并茂、有声有色的信息环境，这就是多媒体技术。多媒体技术使现代计算机集图形、图像、声音、文字处理为一体，改变了传统计算机处理信息的主要方式。传统的计算机是人们通过键盘、鼠标和显示器对文字和数字进行交互，而多媒体技术使信息处理的对象和内容发生了变化。

2．对未来计算机的展望

按照摩尔定律，每过 18 个月，微处理器硅芯片上晶体管的数量就会翻一番。随着大规模集成电路工艺的发展，芯片的集成度越来越高，然而硅芯片技术的高速发展同时也意味着硅技术越来越接近其物理极限。为此，世界各国的科研人员正在加紧研究开发新型计算机，计算机从体系结构的变革到器件与技术的革新都要产生一次量的乃至质的飞跃。由此，新型的量子计算机、光子计算机、生物计算机、纳米计算机等将会在 21 世纪走进人们的生活，遍布各个领域。

1）量子计算机

量子计算机是指利用处于多现实态下的原子进行运算的计算机，这种多现实态是量子力学的标志。量子计算机以处于量子状态的原子作为中央处理器和内存，利用原子的量子特性进行信息处理。在某种条件下，原子在同一时间可以处于不同位置，可以同时表现出高速和低速，可以同时向上或向下运动。这样一来，无论从数据存储还是处理的角度，量子位的能力都是晶体管电子位的两倍。对此，有人曾经做过这样一个比喻：假设一只老鼠准备绕过一只猫，根据经典物理学理论，它可以从左边过，或是从右边过，而根据量子理论，它却可以同时从猫的左边和右边绕过。

由于量子计算机利用了量子力学违反直觉的法则，能够实行量子并行计算，它们的潜在运算速度将大大超过电子计算机。一台具有 5000 个左右量子位的量子计算机可以在大约 30s 内解决传统超级计算机需要 100 亿年才能解决的素数问题。事实上，它们速度的提高是没有止境的。

目前，正在开发中的量子计算机有核磁共振（NMR）量子计算机、硅基半导体量子计算机、离子阱量子计算机 3 种类型。科学家们预测，2030 年将普及量子计算机。

2）光子计算机

光子计算机是利用光作为信息的传输媒体，是一种由光信号进行数字运算、逻辑操作、信息存储和处理的新型计算机。光子计算机的基本组成部件是集成光路，包括激光器、透镜和核镜。它以不同波长的光代表不同的数据，以大量的透镜、棱镜和反射镜将数据从一个芯片传送到另一个芯片。

光计算机的工作原理与电子计算机的工作原理基本相同，其本质区别在于光学器件替代了电子器件。电子计算机采用冯·诺依曼方式，用电流传送信息，电子计算机运转时的大部分时间并非花在计算机上，而是耗费在电子从一个器件到另一个器件的运动中，在运算高速并行化时，往往会使运算部分和存储部分之间的交换产生阻塞，从而造成"瓶颈"。光计算机采用非冯·诺依曼方式，它是以光作为信息载体来处理数据的，运算部分通过光内连技术直接对存储部分进行高速并行存取。由于光子的速度为 300 000km/s,光速开关的转换速度要比电子高数千倍,甚至几百万倍。另外,光信号之间可毫无干扰地沿着各自通道或并行的通道传递,因此,光计算机的各级都能并行处理大量数据,并且能用全息的或图形的方式存储信息,从而大大增加了容量,它的存储容量是现代计算机的几万倍。

1990 年初,美国贝尔实验室研制出世界上第一台光子计算机。目前,许多国家都投入巨资进行光子计算机的研究。随着现代光学与计算机技术、微电子技术的结合,在不久的将来,光子计算机将成为人类普遍的工具。

3）生物计算机

生物计算机主要是以生物电子元件构成的计算机。生物计算机的主要原材料是生物工程技术产生的蛋白质分子,并以此作为生物芯片,利用有机化合物存储数据。在这种生物芯片中,信息以波的方式传播。当波沿着蛋白质分子链传播时,引起蛋白质分子链中单键、双键结构顺序的变化,它们就像半导体硅片中的载流子那样来传递信息。生物计算机的运算过程就是蛋白质分子与周围物理化学介质的相互作用过程。计算机的转换开关由酶来充当,而程序则在酶合成系统本身和蛋白质的结构中极其明显地表示出来。

用蛋白质制造的计算机芯片,它的一个存储点只有一个分子大小,所以存储容量大,可以达到普通计算机的 10 亿倍;它构成的集成电路小,其大小只相当于硅片集成电路的十万分之一;它的运转速度更快,比当今最新一代计算机快 10 万倍,它的能量消耗低,仅相当于普通计算机的十亿分之一;具有生物体的一些特点,具有自我组织、自我修复功能;还可以与人体及人脑结合起来,听从人脑指挥,从人体中"吸收营养"。

生物计算机将具有比电子计算机和光学计算机更优异的性能。现在世界上许多科学家正在研制,不少科学家认为,有朝一日生物计算机出现在科技舞台上,就有可能彻底实现现有计算机无法实现的人类右脑的模糊处理功能和整个大脑的神经网络处理功能。

4）纳米计算机

"纳米"是一个计量单位,一个纳米等于 10^{-9} m,大约是氢原子直径的 10 倍。应用纳米技术研制的计算机内存芯片,其体积不过数百个原子大小,相当于人的头发丝直径的千分之一,内存容量大大提升,性能大大增强,几乎不需要耗费任何能源。

目前,在以不同原理实现纳米计算机方面科学家们提出电子式纳米计算机技术、基于生物化学物质与 DNA 的纳米计算机、机械式纳米计算机、量子波相干计算机 4 种工作机制。它们有可能发展成为未来纳米计算机技术的基础。

展望未来,计算机的发展必然要经历很多新的突破。从目前的发展趋势来看,未来的计算机将是微电子技术、光学技术、超导技术和电子仿生技术相互结合的产物。第一台超高速全光数字计算机已由英国、法国、德国、意大利和比利时等国的 70 多名科学家和工程师合作研制成功,光子计算机的运算速度比电子计算机快 1000 倍。在不久的将来,超导计算机、神经网络计算机等全新的计算机也会诞生。届时计算机将发展到一个更高、更先进的水平。

1.1.3　计算机的特点、分类与应用

1. 计算机的特点

计算机是一种可以进行自动控制、具有记忆功能的现代化计算工具和信息处理工具。

计算机之所以具有很强的生命力,并得以飞速的发展,是因为计算机本身具有诸多特点。具体体现在以下几个方面。

1) 运算速度快

运算速度是标志计算机性能的重要指标之一。计算机的运算速度指的是单位时间内所能执行指令的条数,一般以每秒能执行多少条指令来描述。现代的计算机运算速度已达到每秒万亿次,使得许多过去无法处理的问题都能得以解决。例如,卫星轨道的计算、大型水坝的计算、24 小时天气预报的计算等。过去人工计算需要几年、十几年完成的工作,而现在用计算机只需要几小时或几分钟甚至几秒就可完成。

2) 计算精度高

计算机采用二进制数字运算,其计算精度随着表示数字的设备增加而提高,再加上先进的算法,一般可达十几位,甚至几十位、几百位有效数字的计算精度。

实际上,计算机的计算精度在理论上不受限制,通过一定技术手段可以实现任何精度要求。例如,有人用计算机把圆周率(π)算到小数点后 100 万位,这样的计算精度是任何其他计算工具所不可能达到的。

3) 存储容量大

计算机具有完善的存储系统,可以存储和"记忆"大量的信息。计算机不仅提供了大容量的主存储器存储计算机工作时的大量信息;同时,还提供各种外存储器来保存信息,如移动硬盘、闪存(俗称闪存盘)和光盘等,实际上存储容量已达到海量。另外,计算机还具备了自动查询功能,只需几秒钟就能准确无误地找出用户想要的信息。

4) 具有逻辑判断能力

计算机不仅能进行算术运算和逻辑运算,而且还能对各种信息(如语言、文字、图形、图像、音乐等)通过编码技术进行判断或比较,进行逻辑推理和定理证明,并根据判断的结果自动确定下一步该做什么,从而使计算机能解决各种不同的问题。

5) 自动化

计算机是由程序控制其操作过程的。在工作过程中不需人工干预,只要根据应用的需要事先编制好程序并输入计算机,计算机就能根据不同信息的具体情况做出判断,能自动、连续地工作,完成预定的处理任务。利用计算机这个特点,人们可以让计算机去完成那些枯燥乏味、令人厌烦的重复性劳动,也可让计算机控制机器深入到人类躯体难以胜任的、有毒有害的场所作业。

6) 具有通用性

计算机能够在各行各业得到广泛的应用,原因之一就是具有很强的通用性。它可以将任何复杂的信息处理任务分解成一系列的基本算术运算和逻辑运算,反映在计算机的指令操作中。按照各种规律要求的先后次序把它们组织成各种不同的程序,存入存储器中。在计算机的工作过程中,这种存储指挥和控制计算机进行自动、快速的信息处理,十分灵活、方便、易于变更,这就使计算机具有极大的通用性。同一台计算机,只要安装不同的软件或连接到不同的设备上,就可以完成不同的任务。

2. 计算机的分类

计算机的分类方法有很多种,按计算机处理的信号特点可分为数字式计算机和模拟式计算机；按计算机的用途可分为通用计算机和专用计算机；按计算机的规模可分为巨型机、中型机、小型机和微型机。

随着计算机科学技术的发展,各种计算机的性能指标均会不断提高,因此对计算机分类方法也会有多种变化。本书将计算机分为以下 5 类:

1）服务器

服务器必须功能强大,具有很强的安全性、可靠性、联网特性以及远程管理和自动控制功能,具有很大容量的存储器和很强的处理能力。

2）工作站

工作站是一种高档微型计算机,但与一般高档微型计算机不同的是,工作站具有更强的图形处理能力,支持高速的 AGP 图形端口,能运行三维 CAD 的软件,并且它有一个大屏幕显示器,以便显示设计图、工程图和控制图等。工作站又可分为初级工作站、工程工作站、图形工作站和超级工作站等。

3）台式机

台式机就是通常说的微型计算机,它由主机箱、显示器、键盘和鼠标等部件组成。通常,根据不同用户的要求,厂家通过不同配置,又将台式机分为商用计算机、家用计算机和多媒体计算机等。

4）便携机

便携机又称笔记本式计算机,它除了质量轻、体积小、携带方便外,与台式计算机的功能相似,但价格比台式贵。便携机使用方便,适合移动通信工作的需求。

5）手持机

手持机是一种比笔记本式计算机更轻、更小的计算机,如 PDA 个人数字助理等。通常称手持机为亚笔记本式计算机或掌上宝。

3. 计算机的应用

目前,计算机的应用非常广泛,遍及社会生活的各个领域,已经产生了巨大的经济效益和社会影响。概括起来可以归纳为以下几个方面:

1）科学和工程计算

在科学实验或者工程设计中,利用计算机进行数值算法求解或者工程制图,称之为科学和工程计算。它的特点是计算量比较大,逻辑关系相对简单。科学和工程计算是计算机的一个重要应用领域。

2）自动控制

根据冯·诺依曼原理,利用程序存储方法,将机械、电器等设备的工作或动作程序设计成计算机程序,让计算机进行逻辑判断,按照设计好的程序执行。这一过程一般会对计算机的可靠性、封闭性、抗干扰性等指标提出要求,这样计算机就可以应用于工业生产的过程控制,如炼钢炉控制、电力调度等。

3）数据处理与信息加工

数据和信息处理是计算机的重要应用领域,数据是指能转化为计算机存储信号的信息集合,具体指数字、声音、文字、图形、图像等。利用计算机可对大量的数据进行加工、分析和处理,从而实现办公自动化。例如,财政、金融系统数据的统计和核算,银行储蓄系统的存款、取款和计息,企业的进货、销售、库存系统,学生管理系统等。

4) 计算机辅助系统

计算机辅助系统是计算机的另一个重要应用领域。主要包括计算机辅助设计(CAD),如服装设计 CAD 系统;计算机辅助制造(CAM),如电视机的辅助制造系统;计算机辅助教学(CAI);计算机辅助测试(CAT)和计算机辅助工程(CAE)等。这些统称为计算机辅助系统。

5) 人工智能

计算机具有像人一样的推理和学习功能,能够积累工作经验,具有较强的分析问题和解决问题的能力,所以计算机具有人工智能。人工智能的表现形式多种多样,如利用计算机进行数学定理的证明、进行逻辑推理、理解自然语言、辅助疾病诊断、实现人机对话及密码破译等。

6) 网络应用

计算机网络是计算机技术和通信技术互相渗透、不断发展的产物,利用一定的通信线路,将若干台计算机相互连接起来形成一个网络,以达到资源共享和数据通信的目的,是计算机应用的另一个重要方面。各种计算机网络,包括局域网和广域网,将加速社会信息化的进程,目前应用最多的就是因特网(Internet)。例如,电子商务就是计算机网络的一个重要应用,它是指在计算机网络上进行的商务活动。它是涉及企业和个人各种形式的、基于数字化信息处理和传输的商业交易。它包括电子邮件、电子数据交换、电子转账、快速响应系统、电子表单和信用卡交易等电子商务的一系列应用。

1.2　计算机系统的组成及工作原理

在了解了计算机的产生、发展、分类及应用的基础上本节先讨论计算机系统的基本组成,然后介绍微型计算机的硬件系统、软件系统及系统的性能指标。

1.2.1　计算机系统的基本组成

一个完整的计算机系统通常由硬件系统和软件系统两大部分组成。其中,硬件系统是指实际的物理设备,主要包括控制器、运算器、存储器、输入设备和输出设备五大部分,如图 1-1 所示;软件系统是指计算机中各种程序和数据,包括计算机本身运行时所需要的系统软件和用户设计的、完成各种具体任务的应用软件。

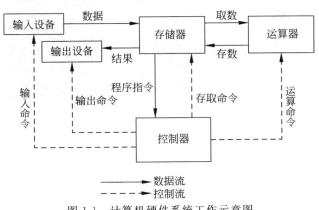

图 1-1　计算机硬件系统工作示意图

计算机的硬件和软件是相辅相成的,二者缺一不可。只有硬件和软件齐备并协调配合,才能发挥出计算机的强大功能,为人类服务。

1.2.2 计算机硬件系统

计算机硬件系统是由控制器、运算器、存储器、输入设备和输出设备五部分组成的。其中,控制器和运算器又合称中央处理器(CPU),在微型计算机中又称微处理器(MPU)。CPU 和存储器又统称为主机,输入设备和输出设备又统称为外部设备。随着大规模、超大规模集成电路技术的发展,计算机硬件系统将控制器和运算器集成在一块微处理器芯片上,通常称为 CPU 芯片,随着芯片的发展,其内部又增添了高速缓冲存储器,以更好发挥 CPU 芯片的高速度和提高对多媒体的处理能力。

因此,计算机硬件系统主要由 CPU、存储器、输入设备、输出设备和连接各个部件以实现数据传送的总线组成。这样构成的计算机硬件系统又称微型计算机硬件系统,简称微型计算机硬件系统,如图 1-2 所示。

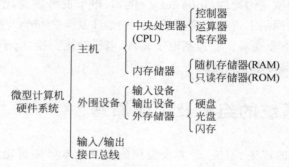

图 1-2　微型计算机硬件系统的组成

1. 中央处理器

中央处理器是计算机硬件系统的核心,它主要包括控制器、运算器和寄存器等部件。对于一台计算机运行速度的快慢,CPU 的配置起着决定性的作用。微型计算机的 CPU 安置在大拇指那么大的甚至更小的芯片上,如图 1-3 所示。

图 1-3　微处理器芯片

1) 控制器

控制器是计算机的指挥中心,它根据用户程序中的指令控制机器的各部分,使其协调一致地工作。其主要任务是从存储器中取出指令,分析指令,并对指令译码,按时间顺序和节拍向其他部件发出控制信号,从而指挥计算机有条不紊地协调工作。

2）运算器

运算器是专门负责处理数据的部件,即对各种信息进行加工处理,它既能进行加、减、乘、除等算术运算,又能进行与、或、非、比较等逻辑运算。

3）寄存器

寄存器是处理器内部的暂时存储单元,用来暂时存放指令、即将被处理的数据、下一条指令地址及处理的结果等。它的位数可以代表计算机的字长。

2. 存储器

存储器是专门用来存放程序和数据的部件。按其功能和所处位置的不同,存储器又分为内存储器和外存储器两大类。随着计算机技术的快速发展,在 CPU 和内存储器(主存)之间又设置了高速缓冲存储器。

1）内存储器

内存储器简称内存,又称主存,主要用来存放 CPU 工作时用到的程序和数据以及计算后得到的结果。内存储器又称内存条,如图 1-4 所示。

图 1-4　内存储器

计算机中的信息用二进制表示,常用的单位有位、字节和字。

(1) 位(bit):位是计算机中表示信息的最小的数据单位,它的容量是二进制的一个数位,每个 0 或 1 就是一个位。它也是存储器存储信息的最小单位,通常用"b"表示。

(2) 字节(byte):计算机中表示信息的基本数据单位。1 个字节由 8 个二进制位组成,通常用"B"表示。1 个字符的信息占 1 个字节,1 个汉字的信息占 2 个字节。

在计算机中,存储容量的计量单位有字节(B)、千字节(KB)、兆字节(MB)以及十亿字节(GB)等。它们之间的换算关系如下:

1B＝8bit

1KB＝2^{10}B＝1024B

1MB＝2^{10}KB＝1024KB＝1024×1024B

1GB＝2^{10}MB＝1024MB＝1024×1024×1024B

因为计算机用的是二进制,所以转换单位是 2 的 10 次幂。

(3) 字(word):指在计算机中作为一个整体被存取、传送、处理的一组二进制信息。一个字由若干个字节组成,每个字中所含的位数由 CPU 的类型所决定,它总是字节的整数倍。例如 64 位微型计算机,指的是该微型计算机的一个字等于 64 位二进制。通常,运算器以字为单位进行运算,一般寄存器以字为单位进行存储,控制器以字为单位进行接收和传递命令。

内存容量是计算机的一个重要技术指标。目前,计算机常见的内存容量配置为

128MB、256MB、512MB、1GB、2GB 等。内存通过总线直接相连,存取数据速度快。

内部存储器按读/写方式又可分为如下两类:

(1) 随机存取存储器(RAM):允许用户可以随时进行读/写数据的存储器,称为随机存取存储器,简称 RAM。开机后,计算机系统把需要的程序和数据调入 RAM 中,再由 CPU 取出执行,用户输入的数据和计算的结果也存储在 RAM 中。只要关机或断电,RAM 中的程序和数据就立即全部丢失。因此,为了妥善保存计算机处理后的数据和结果,必须及时将其转存到外存储器中。根据工作原理不同,RAM 又可分为静态 RAM(SRAM)和动态 RAM(DRAM)。

(2) 只读存储器(ROM):只允许用户读取数据,不能写入数据的存储器,称为只读存储器,简称 ROM。ROM 常用于存放系统核心程序和服务程序。开机后,ROM 中就有程序和数据;断电后,ROM 中的程序和数据也不丢失。根据工作原理的不同,ROM 又可分为掩模 ROM(MROM)、可编程 ROM(PROM)、可擦除可编程 ROM(EPROM)等。

2) 高速缓冲存储器

随着计算机技术的高速发展,CPU 主频的不断提高,对内存的存取速度要求越来越高;然而,内存的速度总是达不到 CPU 的速度,它们之间存在着速度上的严重不匹配。为了协调二者之间的速度差异,在这二者之间采用了高速缓冲存储器技术。高速缓冲存储器又称 Cache。

Cache 采用双极型静态 RAM,即 SRAM,它的访问速度是 DRAM 的 10 倍左右,但容量比内存要小,一般为 128KB、256KB 或 512KB 等。Cache 位于 CPU 和内存之间,通常将 CPU 要经常访问的内存内容先调入到 Cache 中,当 CPU 要使用这部分内容时可以快速地从 Cache 中取出。

Cache 一般分为两种:L1 Cache(一级缓存)和 L2 Cache(二级缓存)。L1 Cache 和 L2 Cache 集成在 CPU 芯片内部,目前主流 CPU 的 L2 Cache 存储容量一般为 1~12MB。新式 CPU 还具有 L3 Cache(三级缓存)。

3) 外存储器

外存储器简称外存,也称辅存,主要用来存放需要长期保存的程序和数据。开机后用户根据需要将所需的程序或数据从外存调入内存,再由 CPU 执行或处理。外存储器通过适配器或多功能卡与 CPU 相连,存取数据速度比内存储器慢,但存储容量一般都比内存储器大得多。目前,微型计算机系统常用的外存储器有硬磁盘(简称硬盘)、光盘和闪存。光盘又可分为只读光盘和读/写光盘等。

(1) 硬盘:硬盘是微型计算机系统中广泛使用的外部存储器设备。硬盘是由若干个圆盘组成的圆柱体,若干张盘片的同一磁道在纵方向上所形成的同心圆构成一个柱面,柱面由外向内编号,同一柱面上各磁道和扇区的划分与早期曾使用过的软盘基本相同,每个扇区的容量也与软盘一样,通常是 512B。所以,硬盘是按柱面、磁头和扇区的格式来组织存储信息的。硬盘格式化后的存储容量可按以下公式计算:

$$硬盘容量 = 磁头数 \times 柱面数 \times 扇区数 \times 每扇区字节数$$

例如,某硬盘格式化后磁头有 16 个,柱面 3184 个,每个柱面有扇区 63 个,则该硬盘容量 $= 16 \times 3184 \times 63 \times 512B = 1643\ 249\ 664B = 1\ 604\ 736KB$,约为 1.6GB。

硬盘常被封装在硬盒内,固定安装在机箱里,难以移动。因此,它不能像软盘那样便于携带,但它比软盘存储信息的密度高、容量大,读/写速度也比软盘快。所以,人们常用硬盘来存储经常使用的程序和数据。硬盘的存储容量一般为几百个 GB,甚至更大。硬盘实物图和工作原理图如图 1-5 所示。

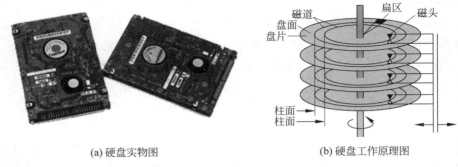

(a) 硬盘实物图   (b) 硬盘工作原理图

图 1-5 硬盘

(2) 光盘:利用光学方式读/写信息的外部存储设备。光盘是利用激光将硬塑料片上烧出凹痕来记录数据。光盘便于携带,存储容量比软盘大,一张光盘可以存放大约 650MB数据,并且读/写速度快,不受干扰。

目前,计算机上使用的光盘大体可分为只读光盘(CD-ROM)、一次性写入光盘(WO)和可擦写型光盘(MO)3 类。常用的 CD-ROM 光盘上的数据是在光盘出厂时就记录存储在上面,用户只能读取,不能修改;WO 型光盘允许用户写入一次,多次读取;MO 型光盘允许用户反复多次读/写,就像对硬盘操作一样,故也称为磁光盘。

(3) 闪存:闪存是一种新型移动存储设备,小巧玲珑,可用于存储任何数据,并与计算机方便地交换文件。闪存结构采用闪存存储介质和通用串行总线接口,具有轻巧精致、使用方便、便于携带、容量较大、安全可靠等特征。从容量上讲,闪存的容量从 16MB 到 4GB、16GB、32GB,甚至更大。从读/写速度上讲,闪存采用 USB 接口标准,读/写速度大大提高;从稳定性上讲,闪存没有机械读/写装置,避免了移动硬盘容易碰伤等造成的损坏。闪存盘外形小巧,更便于携带,使用寿命主要取决于存储芯片寿命,存储芯片至少可擦写 10 万次以上。

闪存由硬件部分和软件部分组成。其中,硬件部分包括 Flash 存储芯片、控制芯片、USB 端口、PCB 电路板、外壳和 LED 指示灯等。闪存实物图如图 1-6 所示。

图 1-6 闪存

3. 输入设备

输入设备是人们向计算机输入程序和数据的一类设备。目前,常见的微型计算机输入设备有键盘、鼠标、光笔、扫描仪、数码照相机及语音输入装置等。其中,键盘和鼠标是两种最基本的、使用最广泛的输入设备。为避免重复,关于键盘和鼠标的详细内容在第 1.4 节"基础操作与汉字录入"中讲述。

4. 输出设备

输出设备是计算机输出结果的一类设备。目前,常见的微型计算机输出设备有显示器、打印机、绘图仪等。其中,显示器和打印机是最基本的、使用最广泛的输出设备。

1) 显示器

显示器是微型计算机必备的输出设备,它既可显示人们向计算机输入的程序和数据等可视信息,又可显示经计算机计算处理后的结果和图像。显示器通常可分为单色显示器、彩色显示器和液晶显示器,按显示器大小又可分为 20in、24in、27in、34in 等规格。显示器显示图像的细腻程度与显示器分辨率有关,分辨率愈高,显示图像愈清晰。所谓分辨率是指屏幕上横向、纵向发光点的点数,一个发光点称为一个像素。目前,常见显示器的分辨率有 640×480 像素、800×600 像素、1280×800 像素等。彩色显示器的像素由红、绿、蓝三种颜色组成,发光像素的不同组合可产生各种不同的图形。液晶显示器如图 1-7 所示。

2) 打印机

打印机是微型计算机打印输出信息的重要设备,它可将信息打印在纸上,供人们阅读和长期保存。目前,常用的打印机有针式、喷墨式和激光式三类。针式打印机是通过一排排打印针(常有 24 根针)冲击色带而形成墨点,组成文字或图像,它既可在普通纸上打印,又可打印在蜡纸上,但打印字迹比较粗糙;喷墨式打印机是通过向纸上喷射出微小的墨点来形成文字或图像,打印字迹细腻,但纸和墨水耗材比较贵;激光式打印机的工作原理类似于静电复印机,打印机速度快,且字迹精细,但价格较高。打印机实物外观如图 1-8 所示。

图 1-7　液晶显示器

图 1-8　打印机

5. 主板和总线

每台微型计算机的主机箱内部都有一块较大的电路板,称为主板。微型计算机的处理器芯片、内存储器芯片(又称内存)、硬盘、输入/输出接口以及其他各种电子元器件都是安装在这个主板上的。主板实物和主板分区如图 1-9 所示。

(a) 主板实物

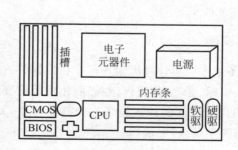

(b) 主板分区

图 1-9　主板

为了实现微处理器、存储器和外部输入/输出设备之间的信息连接,微型计算机系统采用了总线结构。所谓总线,又称 BUS,是指能为多个功能部件服务的一组信息传送线。是实现中文处理器、存储器和外部输入/输出接口之间相互传送信息的公共通路。按功能不同,微型计算机的总线又可分为地址总线、数据总线和控制总线三类。

（1）地址总线是中文处理器向内存、输入/输出接口传送地址的通路,地址总线的根数反映了微型计算机的直接寻址能力,即一个计算机系统的最大内存容量。例如,早期的 Intel 8088 计算机系统有 20 根地址线,直接寻址范围为 2^{20}B～1MB,后来的 Intel 80286 型计算机系统地址线增加到了 24 根,直接寻址范围为 2^{24}B～16MB;再后来使用的 Intel 80486、Pentium（奔腾）计算机系统有 32 根地址线,直接寻址范围可达 2^{32}B～4GB。

（2）数据总线用于微处理器与内存、输入/输出接口之间传送数据。16 位的计算机一次可传送 16 位数据;32 位的计算机一次便可传送 32 位的数据。

（3）控制总线是微处理器向内存及输入/输出接口发送命令信号的通路,同时也是内存或输入/输出接口向微处理器回送状态信息的通路。

通过总线把微型计算机中的处理器、存储器、输入设备、输出设备等各功能部件连接起来,组成了一个整体的计算机系统。需要说明的是,上面介绍的功能部件仅仅是计算机硬件系统的基本配置。随着科学技术的发展,计算机已从单机应用向多媒体、网络应用发展,相应的声卡、调制解调器、网络适配器等功能部件也是计算机系统中不可缺少的硬件配置。总线结构如图 1-10 所示。

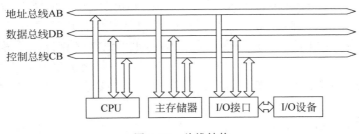

图 1-10　总线结构

1.2.3　计算机软件系统

只有硬件而没有软件的计算机称为"裸机",它是无法进行工作的。只有配备了一定的软件才能发挥其功能。计算机软件按用途分为系统软件和应用软件两大类。

1. 系统软件

系统软件是用户操作、管理、监控和维护计算机资源（包括硬件和软件）所必需的软件,一般由计算机厂家或软件公司研制。系统软件分为操作系统、支撑软件、语言处理程序、数据库管理程序等。

1) 操作系统

操作系统（Operating System,OS）是直接运行在计算机硬件上的最基本的系统软件,是系统软件的核心。它负责管理和控制计算机的软件、硬件资源,它是用户与计算机之间的一个操作平台,用户通过它来使用计算机。常用的操作系统有 DOS、Windows、UNIX、Linux 和 OS/2 等。

操作系统的功能十分丰富,从资源管理角度看,操作系统具有处理器管理、作业管理、存储器管理、设备管理、文件管理五大功能。

操作系统的种类繁多,根据用户使用的操作环境和功能特征可分为批处理操作系统、分时操作系统和实时操作系统等;根据所支持的用户数目可分为单用户操作系统和多用户操作系统;根据硬件结构,可分为分布式操作系统、网络操作系统和多媒体操作系统等。

2）支撑软件

支撑软件是支持其他软件的编制、维护的软件,是对计算机系统进行测试、诊断和排除故障,对文件夹的编辑、传送、显示、调试以及进行计算机病毒检测、防治等的程序集合。常见的支撑软件有 Edit、Debug、Norton、Antivirus 等。

3）语言处理程序

人与计算机交流时需要使用相互可以理解的语言,以便将人的意图传达给计算机。人们把同计算机交流的语言称为程序设计语言。程序设计语言分为机器语言、汇编语言和高级语言三类。

（1）机器语言（machine language）。机器语言是最底层的计算机语言,是直接用二进制代码表示指令的语言,是计算机硬件唯一可以直接识别和执行的语言。与其他程序设计语言相比,机器语言执行速度最快、执行效率最高。

（2）汇编语言（assemble language）。为了克服机器语言编程的缺点,人们发明了汇编语言。汇编语言是采用人们容易识别和记忆的助记符号代替机器语言的二进制代码,如 MOV 表示传送指令,ADD 表示加法指令等。因此,汇编语言又称为符号语言,汇编语言指令与机器语言指令一一对应。对应一种基本操作,对同一问题编写的汇编语言程序在不同类型的机器上仍然互不通用,移植性较差。机器语言和汇编语言都是直接面向计算机的低级语言。

（3）高级语言（high level language）。高级语言是人们为了克服低级语言的不足而设计的程序设计语言。这种语言与自然语言和数学公式相当接近,而且不依赖于计算机的型号。高级语言的使用大大提高了编写程序的效率,改善了程序的可读性、可维护性、可移植性。目前,常用的高级语言有 C、C++、Fortran、Visual Basic、Visual C++、Python 及 Java 等。

语言处理程序是用来将利用各种程序设计语言编写的程序"翻译"成机器语言程序（称为目标程序）的翻译程序。常用的有"编译程序"和"解释程序"。

编译程序是将利用高级语言编写的程序作为一个整体进行处理,编译后与子程序库连接,形成一个完整的可执行程序。Fortran、C 语言等都采用这种编译方法。解释程序是对高级语言程序逐句解释执行,执行效率较低。Basic 语言属于解释型。所以,高级语言程序有两种执行方式,即编译执行方式和解释执行方式。

4）数据库管理系统

数据库管理系统是一种操纵和管理数据库的大型软件,用于建立、使用和维护数据库,对数据库进行统一管理和控制,以保证数据库的安全性和完整性。常见的数据库管理系统有 Access、SQL Server、Visual FoxPro、Oracle 等。

2．应用软件

应用软件是用户为了解决实际应用问题而编制开发的专用软件。应用软件必须有操作系统的支持才能正常运行。应用软件的种类繁多，例如，财务管理软件、办公自动化软件、图像处理软件、计算机辅助设计软件及科学计算软件包等。

1.2.4　计算机的工作原理

1946 年，美籍匈牙利数学家冯·诺依曼教授提出了以"存储程序"和"程序控制"为基础的设计思想，即"存储程序"的基本原理。迄今为止，计算机基本工作原理仍然采用冯·诺依曼的这种设计思想。

1．冯·诺依曼设计思想

冯·诺依曼设计思想如下：
- 计算机应包括运算器、存储器、控制器、输入设备和输出设备五大基本部件。
- 计算机内部采用二进制表示指令和数据。
- 将编好的程序（即数据和指令序列）存放在内存储器中，使计算机在工作时能够自动高速地从存储器中取出指令并执行指令。

1949 年，EDVAC 诞生在英国剑桥大学，这是冯·诺依曼与莫尔小组合作研制的离散变量自动电子计算机，它是第一台现代意义的通用计算机，遵循了冯·诺依曼设计思想，在程序的控制下自动完成操作。这种结构一直延续至今，所以现在一般计算机都被称为冯·诺依曼结构计算机。

2．指令与程序

1）指令

指令是控制计算机完成某种特定操作的命令，是能被计算机识别并执行的二进制代码。一条指令包括操作码和操作数两个部分。操作码指明该指令要完成的操作，如取数、做加法或输出数据等。操作数指明操作对象的内容或所在的存储单元地址（地址码），操作数在大多数情况下是地址码，地址码可以有 0～3 个。

2）程序

程序是指一组指示计算机每一步动作的指令，就是按一定顺序排列的计算机可以执行的指令序列。程序通常用某种程序设计语言编写，运行于某种目标体系结构上，要经过编译和连接而成为一种人们不易理解而计算机理解的格式，然后运行。

3．计算机的工作过程

计算机的工作过程就是执行程序的过程。根据冯·诺依曼的设计，计算机能自动执行程序，而执行程序又归结为逐条执行指令。执行一条指令的过程如下所述：

（1）取出指令：从存储器某个地址中取出要执行的指令送到 CPU 内部指令寄存器暂存。

（2）分析指令：将保存在指令寄存器中的指令送到指令译码器，译出该指令对应的操作。

（3）执行指令：根据指令译码器向各个部件发出控制信号，完成指令规定的各种操作。

（4）为执行下一条指令做好准备，即形成下一条指令地址。

所以，计算机的工作过程就是执行指令序列的过程，也就是反复地取指令、分析指令和执行指令的过程。

1.2.5　计算机系统的配置与性能指标

计算机系统的性能评价是一个很复杂的问题。下面着重介绍一个微型计算机系统的基本配置与性能指标。

1. 微型计算机系统的基本配置

微型计算机系统可根据需要灵活配置，不同的配置有不同的性能和不同的用途。目前，微型计算机的配置已经相当高级。例如以下配置。

微处理器：双核 2.8 GHz；

内存储器：2GB；

硬盘：500GB；

光驱：DVD 刻录；

显示器：17in 彩色显示器；

操作系统：Windows 7 或 Windows 8

除了上述基本配置外，其他外部设备（如打印机、扫描仪、调制解调器等）可以根据需要选择配置。

2. 微型计算机系统的性能指标

目前，微型计算机系统主要考虑的性能指标有如下几点：

1）字长

字长指计算机处理指令或数据的二进制位数。字长越长，表示计算机硬件处理数据的能力越强。通常，微型计算机的字长有 16 位、32 位以及 64 位等。目前流行的微型计算机字长是 64 位。

2）速度

计算机的运算速度是人们最关心的一项性能指标。通常，微型计算机的运算速度以每秒执行的指令条数来表示，经常用每秒百万条指令数（MIPS）为计数单位。例如，通常的 Pentium 处理器的运算速度可达 300MIPS，甚至更高。

由于运算速度与处理器的时钟频率密切相关，所以人们也经常用处理器的主频来表示运算速度。主频用兆赫（MHz）为单位，主频越高，计算机运算速度越快。例如，Pentium Ⅱ 处理器的主频为 233～450 MHz，Pentium Ⅲ 处理器为 450～1000 MHz，Pentium 4 处理器的主频可达 3.4 GHz，甚至更高。

3）容量

容量是指内存的容量。内存储器容量的大小不仅影响存储信息的多少，而且影响运算速度。内存容量常有 64MB、128MB、1GB、2GB 等。容量越大,所能运行软件的功能就越强。通常情况,500MB 内存就能满足一般软件运行的要求,若要运行二维、三维动画软件,则需要 1GB 或更大的内存。

4)带宽

计算机的数据传输速率用带宽表示,数据传输速率的单位是每秒位(b/s),也常用 Kb/s、Mb/s、Gb/s 表示每秒传输的位数。带宽反应了计算机的通信能力。例如,调制解调器速率为 33.6Kb/s 或 56Kb/s。

5)版本

版本序号反映计算机硬件、软件产品的不同生产时期,通常序号越大性能越好。例如,Windows 98 就比 Windows 95 好,而 Windows 2000 又比 Windows 98 功能更强、性能更好。

6)可靠性

可靠性是指在给定的时间内微型计算机系统能正常运行的概率。通常用平均故障间隔时间(MTBF)来表示。MTBF 的时间越长,表明系统的可靠性越好。

1.3 计算机中的信息表示

计算机的主要功能是处理信息,如处理数据、文字、图像、声音等信息。在计算机内部所有的信息都是用二进制编码表示的,各种信息必须经过数字化编码才能被传送、存储和处理。所以,理解计算机中信息表示是极为重要的。

1.3.1 数制与转换

1.四种进位记数制

数制也称进位记数制,是用一组固定的符号和统一的规则来表示数值的方法。计算机中常用的数制有十进制、二进制、八进制和十六进制。十进制是人们习惯用的进制,但是由于技术上的原因,计算机内部一律采用二进制,八进制和十六进制是为了弥补二进制数字过于冗长而出现在计算机中的,常用来描述存储单元的地址或表示指令码等。因此,弄清不同进制及其相互转换是很重要的。

在各种进位记数制中有两个重要的概念,即基数和位权。

(1)基数:指各种进位计数制中所使用的数码的个数,用 R 表示。例如,十进制中使用了 10 个不同的数码:0,1,2,3,4,5,6,7,8,9,因此,十进制的基数 $R=10$。

(2)位权:一位数码的大小与它在数中所处的位置有关,每一位数的大小是该位上的数码再乘以一个它所处数位的一个固定数,这个不同数位上的固定数称为位权。位权的大小为 R 的某次幂,即 R^i。其中,i 为数码所在位置的序号(设小数点向左第 1 位为第 0 位,即序号为 0,依次向左序号为 1、2、3、…)。例如,十进制个位数位置上的位权是 10^0,十位数位置上的位权为 10^1,百位数位置上的位权为 10^2;小数点后 1 位位置上的位权为 10^{-1},依次向右第 2 位的位权为 10^{-2},第 3 位的位权为 10^{-3}。

1) 十进制

十进制(decimal notation)具有 10 个不同的数码,其基数为 10,各位的位权为 10^i。十进制数的进位规则是"逢十进一"。例如,十进制数 $(3427.59)_{10}$ 可以表示为下式:

$$(3427.59)_{10}=3\times10^3+4\times10^2+2\times10^1+7\times10^0+5\times10^{-1}+9\times10^{-2}$$

这个式子称为十进制数的按位权展开式,简称按权展开式。

2) 二进制

二进制(binary notation)具有两个不同的数码符号 0,1,其基数为 2,各位的位权是 2^i。二进制数的进位规则是:"逢二进一"。例如,二进制数 $(1101.101)_2$ 可以表示为下式:

$$(1101.101)_2=1\times2^3+1\times2^2+0\times2^1+1\times2^0+1\times2^{-1}+0\times2^{-2}+1\times2^{-3}$$

3) 八进制

八进制(octal notation)具有 8 个不同的数码 0,1,2,3,4,5,6,7,其基数为 8,各位的位权是 8^i。八进制数的进位规则是"逢八进一"。例如,八进制数 $(126.35)_8$ 可以表示为

$$(126.35)_8=1\times8^2+2\times8^1+6\times8^0+3\times8^{-1}+5\times8^{-2}$$

4) 十六进制

十六进制(hexadecimal notation)具有 16 个不同的数码 0,1,2,3,4,5,6,7,8,9,A,B,C,D,E,F(其中 A,B,C,D,E,F 分别表示十进制数 10,11,12,13,14,15)其基数为 16。各位的位权是 16^i。十六进制数的进位规则是"逢十六进一"。

例如,十六进制数 $(9E.B7)_{16}$ 可以表示为

$$(9E.B7)_{16}=9\times16^1+14\times16^0+11\times16^{-1}+7\times16^{-2}$$

说明:这里为了区分不同进制的数,采用括号及下标的方法表示。但在有些地方,也习惯在数的后面加上字母 D(十进制)、B(二进制)、O 或 Q(八进制)、H(十六进制)来表示。什么都不加默认为十进制数。常用数制的特点如表 1-1 所示。

表 1-1　常用数制的特点

数　制	基　数	数　码	进位规则
十进制	10	0,1,2,3,4,5,6,7,8,9	逢十进一
二进制	2	0,1	逢二进一
八进制	8	0,1,2,3,4,5,6,7	逢八进一
十六进制	16	0,1,2,3,4,5,6,7,8,9 A,B,C,D,E,F	逢十六进一

2. 不同进制数之间的转换

1) 二进制数、八进制数、十六进制数转换为十进制数

二进制、八进制、十六进制数转换为十进制数的方法:先写出相应进制数的按权展开式,然后再求和累加。

【例 1.1】　将二进制数 (1101.101) 转换成等值的十进制数。

解:$(1101.101)_2=1\times2^3+1\times2^2+0\times2^1+1\times2^0+1\times2^{-1}+0\times2^{-2}+1\times2^{-3}$

$\qquad\qquad\quad=8+4+1+0.5+0.125$

$\qquad\qquad\quad=(13.625)_{10}$

【例1.2】 将$(3B.8)_{16}$和$(157.4)_8$分别转换成十进制数。

解：$(2B.8)_{16}=2\times16^1+11\times16^0+8\times16^{-1}=(43.5)_{10}$

$(157.2)_8=1\times8^2+5\times8^1+7\times8^0+2\times8^{-1}=(111.25)_{10}$

2）十进制数转换为二进制、八进制数、十六进制数

十进制数转换成其他进制数时，要将整数部分和小数部分分开进行转换。转换时需做不同的计算，然后再用小数点组合起来。

（1）十进制整数转换成二进制整数的方法是将十进制整数除以2，将所得到的商反复地除以2，直到商为0，每次相除所得的余数即为二进制整数的各位数字，第一次得到的余数为最低位，最后一次得到的余数为最高位。可以理解为除2取余，倒排余数。

【例1.3】 将十进制整数$(29)_{10}$转换成二进制整数。

解：根据如下计算可得$(29)_{10}=(11101)_2$

（2）十进制小数转换成二进制小数的方法是将十进制小数乘以2，将所得的乘积小数部分连续乘以2，直到所得小数部分为0或满足精度要求为止。每次相乘后所得乘积的整数部分即为二进制小数的各位数字，第一次得到的整数为最高位，最后一次得到的整数为最低位。可以理解为乘2取整，顺排整数。

【例1.4】 将十进制小数$(0.8125)_{10}$转换成二进制小数。

解：根据如下计算可得$(0.8125)_{10}=(0.1101)_2$

说明：一个十进制小数不一定能完全准确地转换成二十制小数，这时可以根据精度要求只转换到小数点后某一位为止。如要求采用四舍五入法且要求精度为小数点后2位，则连续乘2取整数3位，然后对第3位采用四舍五入法进行取舍。如要求采用只舍不入法且要求精度为小数点后2位，则连续乘2取整数2位就可以了。

（3）十进制整数转换成八进制整数的方法是"除8取余法"，十进制整数转换成十六进制整数的方法是"除16取余法"。同理，十进制小数转换成八进制小数的方法是"乘8取整法"，十进制小数转换成十六进制小数的方法是"乘16取整法"。2、8、16分别为二进制、八进制和十六进制数（非十进制数）的基数。因此，十进制数转换为非十进制数（二、八、十六进制数）的方法可概括为整数部分"除基取余倒排余数"，小数部分"乘基取整顺排整数"。

【例1.5】 将十进制数$(517.32)_{10}$转换成八进制数（要求采用只舍不入法取3位

小数)。

解：根据如下计算可得$(517.32)_{10} = (1005.243)_8$

【例 1.6】 将$(3259.45)_{10}$转换成十六进制数(要求采用只舍不入法取 3 位小数)。

解：根据如下计算可得$(3259.45)_{10} = (CBB.733)_{16}$

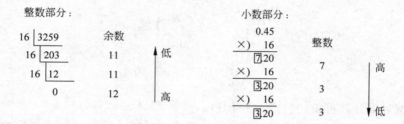

3) 二进制数与八进制或十六进制数间的转换

(1) 二进制数转换成八进制数。

因为二进制数的基数是 2,八进制的基数是 8。由于 $2^3 = 8, 8^1 = 8$,即 $8^1 = 2^3$,故它们之间的对应关系是八进制数的每一位对应二进制数的 3 位,所以,二进制数转换成八进制数可概括为"三位并一位"。即以小数点为界,分别向左或向右方向按每 3 个一组划分,不足 3 位时用 0 补足,将每组的 3 位二进制数按权展开后相加,得到 1 位八进制数,然后将这些八进制数按原二进制数的顺序排列即可。

【例 1.7】 将$(10101111100.0111)_2$转换为八进制数。

解：根据如下计算可得$(10101111100.0111)_2 = (2574.34)_8$

$$
\begin{array}{cccccc}
\underline{010} & \underline{101} & \underline{111} & \underline{100} & . & \underline{011} & \underline{100} \\
\downarrow & \downarrow & \downarrow & \downarrow & & \downarrow & \downarrow \\
2 & 5 & 7 & 4 & . & 3 & 4
\end{array}
$$

(2) 八进制数转换成二进制数。

八进制数转换成二进制数可概括为"一位拆三位",即以小数点为界,向左或向右将每一位八进制数用相应的 3 位二进制数取代。

【例 1.8】 将$(6203.016)_8$转换为二进制数。

解：根据如下计算可得$(6203.016)_8 = (110010000011.00000111)_2$

$$
\begin{array}{ccccccc}
6 & 2 & 0 & 3 & 0 & 1 & 6 \\
\downarrow & \downarrow & \downarrow & \downarrow & \downarrow & \downarrow & \downarrow \\
110 & 010 & 000 & 011 & 000 & 001 & 110
\end{array}
$$

(3) 二进制数转换成十六进制数。

由于 $2^4 = 16, 16^1 = 16$,即 $16^1 = 2^4$,故它们之间的对应关系是十六进制数的每一位对应二进制数的 4 位。二进制数转换为十六进制数可概括为"四位并一位"。即以小数点为界，整数部分从右至左，小数部分从左至右，每 4 位一组，不足 4 位添 0 补足，并将每组的 4 位二进制数按权展开后相加，得到一位十六进制数，然后将这些十六进制数按原二进制数的顺序排列即可。

【例 1.9】　将二进制数(110101011110.101110101)$_2$ 转换成为十六进制数。

解：根据如下计算可得(110101011110.101110101)$_2$＝(D5E. BA8)$_{16}$

1101	0101	1110	.	1011	1010	1000
↓	↓	↓		↓	↓	↓
D	5	E	.	B	A	B

（4）十六进制数转换成二进制数。

十六进制数转换成二进制数可概括为"一位拆四位"，即以小数点为界，向左或向右把每一位十六制数用相应的 4 位二进制数取代即可。

【例 1.10】　将十六进制数(5CB. 09)$_{16}$ 转换成二进制数。

解：根据如下计算可得(5CB. 09)$_{16}$＝(010111001011.00001001)$_2$

5	C	B	.	0	9
↓	↓	↓		↓	↓
0101	1100	1011	.	0000	1001

说明：由此可以看出，二进制数和八进制、十六进制数之间的转换非常直观。所以，如果要将一个十进制数转换成二进制数，可以先转换成八进制或十六进制数，然后再快速地转换成二进制数。同样，在转换中若要将十进制数转换为八进制数和十六进制，也可以先将十进制数转换成二进制数，然后再转换为八进制数或十六进制数。常用数制的对应关系如表 1-2 所示。

表 1-2　常用数制的对应关系

十进制	二进制	八进制	十六进制	十进制	二进制	八进制	十六进制
0	0	0	0	9	1001	11	9
1	1	1	1	10	1010	12	A
2	10	2	2	11	1011	13	B
3	11	3	3	12	1100	14	C
4	100	4	4	13	1101	15	D
5	101	5	5	14	1110	16	E
6	110	6	6	15	1111	17	F
7	111	7	7	16	10000	20	10
8	1000	10	8				

1.3.2　二进制数及其运算

1. 采用二进制数的优越性

尽管计算机可以处理各种进制的数据信息，但计算机内部只使用二进制数。也就是说，在计算机内部只有 0 和 1 两个数字符号。计算机内部为什么不使用十进制数而要使用二进制数呢？这是因为二进制数具有以下优越性：

1）技术可行性

因为组成计算机的电子元器件本身只有可靠稳定的两种对立状态。例如，电位的高电平状态与电位的低电平状态、晶体管的导通与截止、开关的接通与断开等。采用二进制数只需用"0""1"表示这两种对立状态，因此易于实现。

2）运算简单性

采用二进制数，运算规则简单，便于简化计算机运算器结构，运算速度快。例如，二进制加法和减法的运算法则都只有 3 条，如果采用十进制计数，加法和减法的运算法则都各有几十条，要处理这几十条法则线路设计上是相当困难的。

3）吻合逻辑性

逻辑代数中的"真/假""对/错""是/否"表示事物的正反两个方面，并不具有数值大小的特性，用二进制数的"0/1"表示，刚好与之吻合，这正好为计算机实现逻辑运算提供了有利条件。

2．二进制数的算术运算

二进制数的算术运算非常简单，它的基本运算是加法和减法，利用加法和减法可进行乘法和除法运算。在此，本书只介绍加法运算和减法运算。

1）加法运算

两个二进制数相加时要注意"逢二进一"的规则，并且每一位相加时最多只有 3 个加数，即本位的被加数、加数和来自低位的进位数。

加法运算法则：

$0+0=0$

$0+1=1+0=1$

$1+1=10$（逢二进一）

$(11000011)_2+(100101)_2=(11101000)_2$

$$
\begin{array}{r}
\text{被加数 } 11000011 \\
\text{加数 } \quad 100101 \\
+\text{进位} \quad\quad 111 \\
\hline
11101000
\end{array}
$$

2）减法运算

两个二进制数相减时要注意"借一当二"的规则，并且每一位最多有 3 个数，即本位的被减数、减数和向高位的借位数。

减法运算法则：

$0-0=1-1=0$

$1-0=1$

$0-1=1$（借一当二）

$(11000011)_2-(101101)_2=(10010110)_2$

$$
\begin{array}{r}
\text{被减数 } 11000011 \\
\text{减数 } \quad 101101 \\
-\text{借位} \quad 1111 \\
\hline
10010110
\end{array}
$$

3．二进制数的逻辑运算

逻辑运算是对逻辑值的运算，对二进制数"0""1"赋予逻辑含义就可以表示逻辑值的"真"与"假"。逻辑运算包括逻辑与、逻辑或以及逻辑非 3 种基本运算。逻辑运算与算术运算一样按位进行,但是位与位之间不存在进位和借位的关系,也就是位与位之间毫无联系,彼此独立。

1)逻辑与运算(亦称逻辑乘运算)

逻辑与运算符用"∧"或"·"表示。逻辑与运算的运算规则是:仅当两个参加运算的逻辑值都为"1"时,与的结果才为"1",否则为"0"。

2)逻辑或运算(亦称逻辑加运算)

逻辑或运算符用"∨"或"+"表示。逻辑或运算的运算规则是:仅当两个参加运算的逻辑值都为"0"时,或的结果才为"0",否则为"1"。

3)逻辑非运算(亦称求反运算)

逻辑非运算符用"~"表示,或者在逻辑值的上方加一横线表示,如$\overline{A}$。逻辑非运算的运算规则是:对逻辑值取反,即逻辑变量A的非运算结果为A的逻辑值的相反值。

设A、B为逻辑变量,其逻辑运算关系如表1-3所示。

表 1-3　逻辑运算关系表

A	B	$A \vee B$	$A \wedge B$	$\overline{A}$	$\overline{B}$
0	0	0	0	1	1
0	1	1	0	1	0
1	0	1	0	0	1
1	1	1	1	0	0

【例 1.11】　若$A=(1011)_2$,$B=(1101)_2$,求$A \wedge B$、$A \vee B$、$\overline{A}$。

解:

$A \wedge B=(1001)_2$,$A \vee B=(1111)_2$

$\overline{A}=(0100)_2$

$$\begin{array}{r} 1011 \\ \wedge\ 1101 \\ \hline 1001 \end{array} \qquad \begin{array}{r} 1011 \\ \vee\ 1101 \\ \hline 1111 \end{array}$$

1.3.3　计算机中的常用信息编码

信息编码是指采用少量的基本符号,选用一定的组合原则,以表示大量复杂多样的信息。计算机中信息是由0和1两个基本符号组成的,它不能直接处理英文字母、汉字、图形、声音,需要对这些对象进行编码后才能传送、存储和处理。编码过程就是实现将信息在计算机中转化为二进制代码串的过程。在编码时需要考虑数据的特性和便于计算机的存储和处理。下面介绍 BCD 码、ASCII 码和汉字编码。

1. BCD 码(二-十进制编码)

BCD 码(Binary Coded Decimal,二进制编码的十进制数)是指每位十进制数用 4 位二进制数编码表示。选用 0000~1001 来表示 0~9 这 10 个数字。这种编码方法比较直观、简单,对于多位数,只需将它的每一位数字按表 1-4 中所列的对应关系用 BCD 码直接列出即可。

表 1-4   十进制数与 BCD 码的对照表

十进制数	BCD 码	十进制数	BCD 码
0	0000	5	0101
1	0001	6	0110
2	0010	7	0111
3	0011	8	1000
4	0100	9	1001

例如,十进制数$(8269.56)_{10} = (1000\ 0010\ 0110\ 1001.0101\ 0110)_{BCD}$

说明:BCD 码与二进制数之间的转换不是直接的,要先把 BCD 码表示的数转换成十进制数,再把十进制数转换成二进制数。

2. ASCII 码

ASCII 码(American Standard Code Information Interchange)是美国标准信息交换代码,被国际标准化组织指定为国际标准。ASCII 码有 7 位版本和 8 位版本两种,国际通用的 7 位 ASCII 码称为标准 ASCII 码(规定添加的最高位为 0),8 位 ASCII 码称为扩充 ASCII 码。

标准的 ASCII 码是 7 位二进制编码,即每个字符用一个 7 位二进制数来表示,7 位二进制数不够一个字节,在 7 位二进制代码最左端再添加 1 位 0,补足一个字节,故共有 128 种编码,可用来表示 128 个不同的字符,包括阿拉伯数字 0~9、52 个大小写英文字母、32 个标点符号和运算符以及 34 个控制符。标准 ASCII 码字符集如表 1-5 所示。

表 1-5   标准 ASCII 码字符集

高3位 / 低4位	000	001	010	011	100	101	110	111
0000	NUL	DLE	SP	0	@	P	`	P
0001	SOM	DC	!	1	A	Q	a	q
0010	STX	DC	"	2	B	R	b	r
0011	ETX	DC	#	3	C	S	c	s
0100	EOT	DC	$	4	D	T	d	t
0101	ENQ	NAK	%	5	E	U	e	u
0110	ACK	SYN	&	6	F	V	f	v
0111	BEL	ETB	'	7	G	W	g	w
1000	BS	CAN	(	8	H	X	h	x
1001	HT	EM	)	9	I	Y	i	y
1010	LF	SUB	*	:	J	Z	j	z
1011	VT	ESC	+	;	K	[	k	{
1100	FP	FS	,	<	L	\	l	|
1101	CR	GS	_	=	M	]	m	}
1110	SO	RS	.	>	N	↑	n	~
1111	SI	US	/	?	O	↓	o	DEL

例如,数字 0 的 ASCII 码值为 48(30H),大写字母 A 的 ASCII 码值为 65(41H),小写字母 a 的 ASCII 码值为 97(61H),常用的数字字符、大写字母、小写字母的 ASCII 码值按从小到大的顺序排列,小写字母的 ASCII 码值比大写字母的 ASCII 码值多 20H,数字 0~9 的 ASCII 码值为 30H~39H。可见,其编码具有一定的规律,用户只要掌握其规律是不难记忆的。

扩展的 ASCII 码是 8 位码,也用 1 个字节表示,其前 128 个码与标准的 ASCII 码是一样的,后 128 个码(最高位为 1)则有不同的标准,并且与汉字的编码有冲突。

3. 汉字编码

从信息处理角度来看,汉字的处理与其他字符的处理没有本质的区别,都是非数值处理。与英文字符一样,中文在计算机系统中也要使用特定的二进制符号系统来表示。也就是说,汉字要能够被计算机处理也必须编码,只是其编码更为复杂。通过键盘输入汉字时实际是输入汉字的编码信息,这种编码称为汉字的外部码。计算机为了存储、处理汉字,必须将汉字的外部码转换成汉字的内部码。为了将汉字以点阵的形式输出,还要将汉字的内部码转换为汉字的字形码。此外,在计算机与其他系统或设备进行信息、数据交流时还要用到交换码。

1) 外部码

外部码是在输入汉字时对汉字进行的编码,是一组字母或数字符号。外部码也叫汉字输入码。为了方便用户使用,输入码的编码规则既要简单清晰、直观易学、容易记忆,又要方便操作、输入速度快。汉字外码在不同的汉字输入法中有不同的定义。人们根据汉字的属性(汉字字量、字形、字音、使用频度)提出了数百种汉字外码的编码方案,并将这种编码方案称为输入法。常见的输入法有智能 ABC、五笔字型等。

2) 内部码

汉字内部码亦称为内码或汉字机内码。计算机处理汉字实际上是处理汉字的代码。输入外部码后都要转换成内部码才能进行存储、处理和传送。在目前广泛使用的各种计算机汉字处理系统中,每个汉字的内码占用两个字节,并且每个字节的最高位为 1,这是为了避免汉字的内码与英文字符编码(ASCII 码)发生冲突,容易区分汉字编码与英文字符编码,同时为了用尽可能少的存储空间来表示尽可能多的汉字而做出的约定。

因为汉字信息在计算机中都以内码形式进行存储和处理。所以无论使用哪种中文操作系统和汉字输入方法,输入的外码都会转换为内码。例如,输入汉字"中",可用全拼方式的"zhong"来输入,也可用双拼方式的"ay"或用五笔字型的"k"来输入。这 3 种不同形式的外码"zhong""ay""k"在相应输入法下输入计算机后都要被转换为"中"的内码"D6D0H"。每个汉字的内码是唯一的,这种唯一性是不同中文系统之间信息交换的基础。

3) 交换码

当计算机之间或与终端之间进行信息交换时,要求它们之间传送的汉字代码信息完全一致。为此,国家规定了信息交换用的标准汉字交换码《信息交换用汉字编码字符集—基本集》(GB 2312—1980),即国标码。国标码共收集了 7 445 个字符,其中汉字 6 763 个,其他则为一般符号、数字、拉丁字母、希腊字母、汉语拼音等。

由于 GB 2312—1980 编码的汉字有限,所以汉字交换码标准在不断改进,如现在还在使用的 GBK、GB 18030 等标准。国际标准化组织 1993 年推出了能够对世界上所有的文字统一编码的编码字符集标准 ISO/IEC 10646,我国相应的国家标准是 GB 13000.1—1993《信息技术通用多八位编码字符集(UCS)第 1 部分:体系结构与基本多文种平面》,基于这两个标准就可以实现对世界上所有文字在计算机上的统一处理。因为它们采用的是 4 字节编码方案,所以其编码空间非常巨大,可以容纳多种文字同时编码,也就保证了多文种的同时处理。

4)汉字输出码

汉字输出码又称汉字字形码、字模码,是为输出汉字,将描述汉字字形的点阵数字化处理后的一串二进制符号。

尽管汉字字形有多种变化,但由于汉字都是方块字,每个汉字都同样大小,无论汉字的笔画多少,都可以写在特定大小的方块中。而一个方块可以被看做是一个 M 行、N 列的矩阵,简称点阵。一个 M 行、N 列的点阵共有 $M \times N$ 个点。每个点可以是黑色或白色,分别表示有、无汉字的笔画经过,这种用点阵描绘出汉字的字形轮廓称为汉字点阵字形。这种描述类似于用霓虹灯来显示文字、图案。

在计算机中用一组二进制数字表示点阵字形,若用一个二进制符号 1 表示点阵中的一个黑点,用一个二进制符号 0 表示点阵中的一个白点,则对于一个用 16×16 点阵描述的汉字可以用 $16 \times 16 = 256$ 位的二进制数来表示出汉字的字形轮廓。这种用二进制表示汉字点阵字形的方法称为点阵的数字化。汉字字形经过点阵的数字化后转换成的一串数字称为汉字的数字化信息。图 1-11 就是一个汉字点阵的例子。

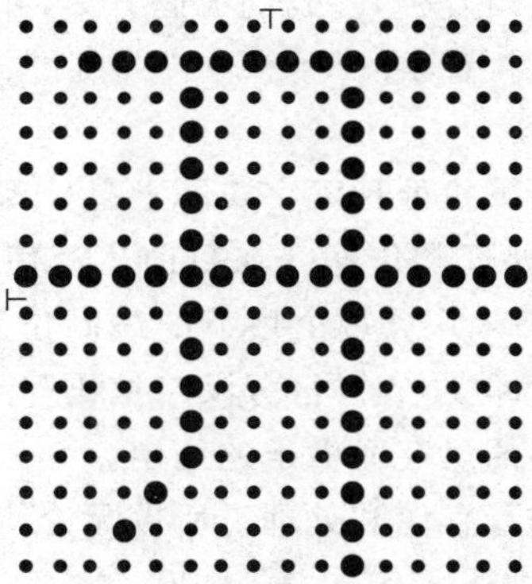

字节	取出的数据		字节
0	00H	00H	1
2	3FH	FCH	3
4	04H	20H	5
6	04H	20H	7
8	04H	20H	9
10	04H	20H	11
12	04H	20H	13
14	FFH	FFH	15
16	04H	20H	17
18	04H	20H	19
20	04H	20H	21
22	04H	20H	23
24	04H	20H	25
26	08H	20H	27
28	10H	20H	29
30	00H	20H	31

图 1-11 "开"字的 16×16 点阵

由于 8 个二进制位构成一个字节,所以需要用 32 个字节来存放一个 16×16 点阵描述的汉字字形;若用 24×24 点阵来描述汉字的字形,则需要 72 个字节来存放一个汉字的数字化信息。针对同样大小的汉字,点阵的行数、列数越多,占用的储存空间就越大,但描述的汉字就越细致。16×16 点阵是最简单的汉字字形点阵,基本上能表示 GB 2312—1980 中所有简体汉字的字形。24×24 点阵则可以表示宋体、仿宋体、楷体、黑体等多字体的汉字。这两种点阵是比较常用的点阵。汉字的各种编码之间的关系如图 1-12 所示。它们之间的变换也比较简单。

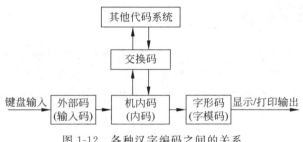

图 1-12　各种汉字编码之间的关系

5) 汉字字库

汉字字形数字化后,以二进制文件的形式存储在存储器中,所有汉字的输出码就构成了汉字字形库,简称汉字库。汉字库可分为软字库和硬字库两种。在微型计算机中大多使用软字库,它以汉字字库文件的形式存储在磁盘中。

除上面所描述的点阵字库外,现在大量使用的主要还是矢量字库。矢量字库是把每个字符的笔画分解成各种直线和曲线,然后记下这些直线和曲线的参数,在显示的时候,再根据具体的尺寸大小,由存储的参数画出这些线条而还原出原来的字符。它的好处就是可以随意放大、缩小,不像使用点阵那样出现马赛克效应而失真。矢量字库有很多种,区别在于它们采用的不同数学模型来描述组成字符的线条。常见的矢量字库有 Type1 字库和 Truetype 字库。

4. 中文信息的处理过程

中文信息通过键盘以外码形式输入计算机,由中文操作系统中的输入处理程序把外码翻译成相应的内码,并在计算机内部进行存储和处理,最后由输出处理程序查找字库,按需要显示的中文内码调用相应的字模,并送到输出设备进行显示或打印输出。该过程如图 1-13 所示。

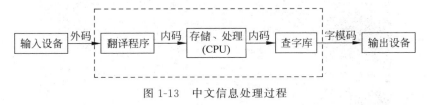

图 1-13　中文信息处理过程

1.4　计算机基础操作与汉字录入

本节从启动计算机开始介绍打开与关闭计算机的正确方法,同时介绍键盘与鼠标的使用及汉字的录入方法。熟练的键盘与鼠标操作技能是学习计算机的钥匙,是实现汉字快速录入的基础。认识键盘结构,掌握正确的键盘操作指法是提高录入速度和录入质量的可靠保证。

1.4.1　计算机的启动与关闭

一个计算机用户,在使用计算机时,必须掌握正确的计算机启动与关闭方法。例如,在 Windows 7 操作系统中,当需要关机时,为了防止数据丢失,系统会自动关闭所有应用程序进程。但为了加快关机速度,减少系统负荷,建议用户关机前先结束所有应用程序。

1. 启动计算机

对于笔记本电脑,开机时只需按下电源键即可。对于台式机,因其分主机和显示器两部分,所以在开机时应遵循一定的顺序。

在启动台式机之前,首先应确保主机和显示器与通电的电源插座接通,然后先按显示器电源开关,再按主机电源开关,进而启动计算机系统。下面以安装有 Windows 7 操作系统的计算机为例来简单地介绍计算机的启动过程:

(1) 按下显示器的电源开关,它一般标有 Power 字样。当显示器的电源指示灯亮时,表示显示器已经开启。

(2) 按下主机箱上的标有 Power 字样的电源按钮。当主机箱上的电源指示灯亮时,说明计算机主机已经开始启动。

(3) 主机启动后,计算机开始自检并进入操作系统。

(4) 如果系统设置有密码,将进入输入密码界面;如果没有设置密码,则会显示欢迎界面,如图 1-14 所示,然后直接进入 Windows 7 系统桌面。

(5) 输入密码后,按下 Enter 键,即可进入 Windows 7 系统桌面,如图 1-15 所示。

图 1-14　进入 Windows 7 的欢迎界面

2. 关闭计算机

关闭计算机电源之前一定要先正确退出 Windows 7,否则系统就认为是非正常关机,等

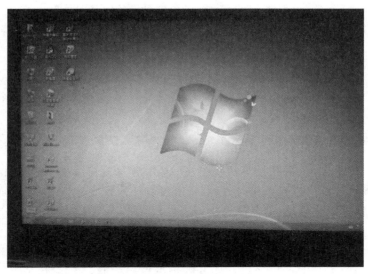

图 1-15　进入 Windows 7 桌面

下次开机时系统将会自动执行磁盘扫描程序,以使系统稳定。但这样做有可能会破坏一些未保存的文件和正在运行的程序,甚至可能会造成硬盘损坏或启动文件缺损等致命错误,导致系统无法再次启动。

在 Windows 7 中关闭计算机的正确操作步骤如下:

(1) 关闭所有打开的应用程序和文档窗口。

(2) 单击"开始"按钮,在弹出的如图 1-16 所示的列表中单击"关机"按钮,Windows 7 开始注销操作系统。

(3) 如果系统检测到了更新,则会自动安装更新文件。

(4) 安装完更新后将自动关闭操作系统,如图 1-17 所示为正在关机界面。

(5) 在主机电源被自动关闭之后,再关闭显示器和其他外部设备的电源。

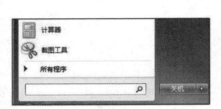

图 1-16　"开始"按钮的部分列表　　　　　　　　图 1-17　"正在关机"界面

【说明】 单击"关机"按钮右侧的 按钮会打开一个上拉列表,如图 1-18 所示。这个列表包含"切换用户""注销""锁定""重新启动""睡眠"和"休眠"6个选项。单击"切换用户"选项,可切换用户;单击"注销"选项,可注销当前登录的用户;单击"锁定"选项,可将计算机锁定到当前状态,并切换至用户登录界面;单击"重新启动"选项,可重新启动操作系统;单击"睡眠"或"休眠"选项,可使计算机处于睡眠或休眠状态。

图 1-18　上拉列表

3. 计算机的重启

所谓计算机的重启,是指在计算机突然进入"死机"状态时,重新启动计算机的一种方法。"死机"是指对计算机进行操作时,计算机既没有任何反应,也不执行任何命令的一种状态,经常表现为鼠标无法移动、键盘失灵。

当出现"死机"情况时,需按以下步骤操作:

(1) 热启动。按 Ctrl＋Alt＋Delete 组合键,系统会自动转入一个包括"锁定该计算机""切换用户""注销""更改密码"和"启动任务管理器"等选项的新页面,单击"启动任务管理器"选项,则打开"Windows 任务管理器"对话框,如图 1-19 所示,选择"结束任务"或"结束进程",即可关闭当前应用程序窗口,结束死机状态。

(2) 复位启动。当采用热启动不起作用时,可使用复位按钮 Reset 进行复位启动,操作方法为按下此按钮后立即释放,就完成了复位启动。

(3) 冷启动。如果使用前两种方法都不行,就直接长按 Power 电源按钮直到观察到显示器黑屏了就表示关机成功,即可松开电源按钮。再稍等片刻后再次按下 Power 按钮启动计算机。这种启动属于冷启动。

图 1-19　"Windows 任务管理器"对话框

1.4.2　键盘与鼠标的操作

键盘与鼠标都是计算机中最基本也是最重要的输入设备,它们是人和计算机之间沟通的"桥梁",通过对它们的操作用户可以很容易地控制计算机进行工作。在操作时,将键盘与鼠标结合起来使用会大大提高工作效率。

1. 键盘的基本操作

键盘是人们用来向计算机输入信息的一种输入设备,其中数字、文字、符号及各种控制命令都是通过键盘输入到计算机中的。

1) 键盘分区

键盘的种类繁多,常用的有 101 键、104 键和 108 键键盘。104 键键盘比 101 键键盘多了 Windows 专用键,包含两个 Win 功能键和一个菜单键。按菜单键相当于右击。Win 功能键上面有 Windows 旗帜标志,按它可以打开"开始"菜单,与其他键组合也可完成相应的操作。

例如,Win+E 组合键:打开资源管理器;Win+D 组合键:显示桌面;Win+U 组合键:辅助工具。108 键键盘比 104 键键盘又多了三个与电源管理有关的键,如开关机、休眠和唤醒等。在 Windows 的电源管理中可以设置它们。

按照键盘上各键所处位置的基本特征,键盘一般被划分为 4 个区,如图 1-20 所示。

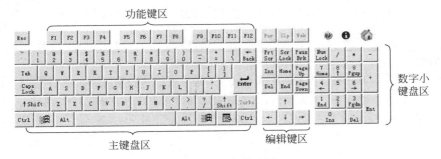

图 1-20 键盘分区图

(1) 主键盘区:主键盘也称为标准打字键盘,与标准的英文打字机键盘的键位相同,包括 26 个英文字母、10 个数字、标点符号、数学符号、特殊符号和一些控制键。控制键及作用如表 1-6 所示。

表 1-6 控制键及作用

控制键	功　　能
Enter	回车键。常用于表示确认,如输入一段文字已结束或一项设置工作已完成
Space	空格键。键盘下方最长的一个键。按此键光标右移一格,即输入一个空白字符
CapsLock	大写字母锁定键。控制字母的大小写输入。此键为开关型,按此键,位于指示灯区域中的 CapsLock 指示灯亮,此时输入字母为大写;若再次按此键,指示灯灭,输入字母为小写
BackSpace	或标记为"←",退格键。按此键,删除光标左侧的字符,并使光标左移一格
Shift	上档键。用于输入双字符键的上档字符,方法是按住此键的同时再按双字符键。例如按住 Shift 键的同时,再按字母键,则输入大写字母
Tab	跳格键。用于快速移动光标,使光标跳到下一个制表位
Ctrl	控制键。不能单独使用,必须与其他键配合构成组合键使用
Alt	转换键。与控制键一样,不能单独使用,必须与其他键配合构成组合键使用

（2）数字小键盘区：也称为辅助键区，该区按键分布紧凑，适于单手操作，主要用于数字的快速输入。NumLock 数字锁定键：用于控制数字键区的数字与光标控制键的状态，它是一个切换开关，按下该键，键盘上的 NumLock 指示灯亮，此时作为数字键使用；再按一次该键，指示灯灭，此时作为光标移动键使用。

（3）功能键区：位于键盘最上端，包括 F1～F12 功能键和 Esc 键等，作用说明如表 1-7 所示。

表 1-7　功能键及作用

功能键	功　　　能
Esc	释放键。也称强行退出键。用于退出运行中的系统或返回上一级菜单
F1～F12	功能键。不同的软件赋予它们不同的功能，用于快捷下达某项操作命令
PrintScreen	屏幕打印键。用于抓取整个屏幕图像到剪贴板，简写为 PrtScr
ScrollLock	滚动锁定键。功能是使屏幕滚动暂停（锁定）/继续显示信息。当锁定有效时，ScrollLock 指示灯亮，否则，此指示灯灭
Pause/Break	暂停/中断键。按下此键可暂停系统正在运行的操作，再按下任意键可以继续

（4）编辑键区：又称光标控制键区，主要用于控制或移动光标，作用说明如表 1-8 所示。

表 1-8　编辑键及作用

编辑键	功　　　能
Insert	插入键。插入字符，编辑状态下用于插入/改写状态切换，简写为 Ins
Delete	删除键。删除光标右侧的字符，同时光标后续字符依次左移，简写为 Del
PageUp/PageDown	上/下翻页键。文字处理软件中用于上/下翻页
↑、↓、←、→	方向键或光标移动键。编辑状态下用于上、下、左、右移动光标

2）组合键

在 Windows 环境中，所有的操作都可以使用键盘来实现，除了上面介绍的各单键的功能外，还经常使用一些组合键来完成一定的操作。Windows 7 的常用组合键如表 1-9 所示。

说明：Ctrl、Alt、Shift 三个键与其他键组合使用时，应先按住该键后，再按其他键。比如，Ctrl＋Alt＋Delete 组合键，应先按住 Ctrl 和 Alt 键不放，然后再按 Delete 键。

表 1-9　常用组合键及功能

组　合　键	功　　　能	组　合　键	功　　　能
Ctrl＋Alt＋Delete	打开 Windows 任务管理器	Alt＋F4	关闭当前窗口
Ctrl＋Esc	打开"开始"菜单	Alt＋Tab	在打开的程序之间选择切换
Alt＋PrintScreen	抓取当前活动窗口或对话框图像到剪贴板	Alt＋Esc	以程序打开的顺序切换

3）键盘操作指法

（1）键盘基准键位与手指分工。键盘基准键位是指主键盘上的 A、S、D、F、J、K、L 和";"这 8 个键，用于确定两手在键盘上的位置和击键时相应手指的出发位置。各个手指的正确放置位置如图 1-21 所示。

图 1-21 键盘基准键位和手指定位图

在键盘的基准键位中,其中的 F 键和 J 键表面下方分别有一个凸起的小横杠,它们是左、右手指的两个定位键,用于使操作者在手指脱离键盘后能够迅速找到该基准键位。为了实现"盲打",提高录入速度,10 个手指的击键并不是随机的,而是有明确的分工,如图 1-22 所示。

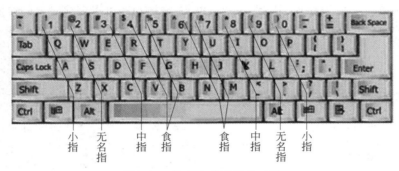

图 1-22 键盘上的手指分工图

其中,小指负责的键位比较多,常用的控制键分别由左右手的小指负责,这些键需要按住不放,同时另一只手再击其他键。两个拇指专门负责空格键。

(2)正确姿势。

- 坐姿要端正,腰要挺直,肩部放松,两脚自然平放于地面。
- 手腕平直,手指弯曲自然适度,轻放在基准键上。
- 输入文稿前先将键盘右移 5cm,文稿放在键盘左侧以便阅读。
- 座椅的高低应调至适应的位置,以便于手指击键;眼睛同显示器呈水平直线且目光微微向下,这样使得眼睛不容易疲劳。

键盘击键的正确方法:

- 击键前,两个拇指应放在空格键上,其余各手指轻松放于基准键位。
- 击键时,手指各负其责,速度均匀,力度适中,不可用力过猛,不可按压键。
- 击键后,各手指应立刻回到基准键位,恢复击键前的手形。
- 初学者首先要求击键准确,再求击键速度。

2. 鼠标的基本操作

在 Windows 环境中,用户的绝大部分操作都是通过鼠标完成的,它具有体积小、操作方便、控制灵活等诸多优点。常见的鼠标有两键式、三键式及四键式之分。目前,最常用的鼠标为三键式,包括左键、右键和滚轮,如图 1-23 所示。通过滚轮可以快速上下浏

图 1-23 鼠标结构图

览内容及快速翻页。

鼠标的基本操作包括以下 5 种方式：

（1）指向：把鼠标指针移动到某对象上，一般用于激活对象或显示工具提示信息。如鼠标指针指向工具栏中的"新建"按钮时，"新建空白文档"提示信息显示于该按钮的右下方。

（2）单击：鼠标指针指向某对象时将左键按下后快速放开，常用于选定对象。

（3）右击（右键单击）：将鼠标右键按下后快速放开，会弹出一个快捷菜单或帮助提示，常用于完成一些快捷操作。在不同位置针对不同对象右击，会打开不同的快捷菜单。

（4）双击：鼠标指针指向某对象时连续快速地按动两次鼠标左键，常用于打开对象、执行某个操作。

（5）拖动：鼠标指针指向某对象，按住鼠标左键或右键不放，同时移动鼠标，当到达指定位置后再释放。常用于移动、复制、删除对象，右键拖动还可以创建对象的快捷方式。

随着用户操作的不同，鼠标指针会呈现不同的形状，常见的鼠标指针形状及含义如表 1-10 所示。

表 1-10　鼠标指针常见形状及含义

指针形状	含义	指针形状	含义	指针形状	含义
↖	正常状态	I	文本插入点	⬊	沿对角线方向调整
↖?	帮助选择	+	精确定位	↔↕	沿水平或垂直方向调整
↖⧖	后台操作	⊘	操作无效	✥	可以移动
⧖	忙,请等待	🖑	超链接	↑	其他选择

1.4.3　汉字录入

汉字是一种拼音、象形和会意文字，本身具有十分丰富的音、形、义等内涵。经过许多中国人多年的精心研究，形成了种类繁多的汉字输入码，迄今为止，已有几百种汉字输入码的编码方案问世，其中广泛使用的有 30 多种。按照汉字输入的编码规则，汉字输入码大致可分为以下几种类型。

（1）拼音码：简称音码。它是直接由汉字拼音作为汉字编码，每个汉字的拼音本身就是输入码。这种编码方案的优点是不需要其他的记忆，只要输入者会拼音就可以掌握汉字输入法。但是，汉语普通话发音有 400 多个音节，由 22 个声母、37 个韵母拼合而成，因此用音码输入汉字编码长且重码多，即音同字不同的字具有相同的编码，为了识别同音字，许多编码方案都通过屏幕提示，用户可通过前后翻页查找所需汉字。

（2）字形码：简称形码。这种编码是根据汉字的字形、结构和特征组成的编码。这类编码方案的主要特点是将汉字拆分成若干基本成分（字根），再用这些基本成分拼装组合成各种汉字的编码。这种输入方法速度快，但用户可通过要会折字并记忆字根。常用的字形码输入方法有五笔字型输入法、首尾码输入法等。

（3）音形码：既考虑汉字的读音，又考虑汉字结构特征的一类汉字输入编码。它以汉字发音为基础,再补充各个汉字字形结构属性的有关特征,将声、韵、部、形结合在一起编码。这类输入法的特点是字根少,记忆量小,输入速度快。常用的音形码输入法有自然码输入法、大众码输入法和钱码输入法等。

(4)流水码:使用等长的数字编码方案,具有无重码、输入快的特征,尤其以输入各种制表符、特殊符号见长。但流水码编码无规律,难记忆。常用的流水码输入法有区位码输入法等。

经常使用的汉字输入法有拼音和五笔两种。当 Windows 7 操作系统在安装时就装入一些默认的汉字输入法,例如,微软拼音输入法、智能 ABC 输入法、全拼输入法等。用户可以选择添加或删除输入法,也可以装入新的输入法。目前,比较流行的汉字输入法还有拼音加加、搜狗拼音、王码五笔型、极点五笔、陈桥智能五笔及五笔加加输入法等。

1.拼音输入法

拼音输入法分为全拼、智能 ABC、双拼等,其优点是知道汉字的拼音就能输入汉字。拼音输入法除了用 V 代替韵母 ü 外,没有特殊的规定。

例如,"世界和平"="shi jie he ping"。

1)输入法的使用

下面就以"微软拼音—简捷 2010"输入法为例,说明输入法的调出、切换与输入。

(1)从任务栏调出输入法。单击任务栏右侧的 ⌨ 图标,打开输入法菜单,如图 1-24 所示。单击"微软拼音—简捷 2010"命令,即可调出此输入法,或用 Ctrl+Shift 组合键切换各种输入法,在任务栏将显示某输入法的状态条,如图 1-25 所示。

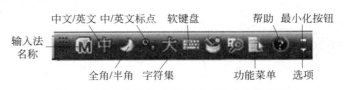

图 1-24 输入法菜单　　　　　　　图 1-25 "微软拼音-简捷 2010"输入法状态条

"微软拼音—简捷 2010"是一种在全拼输入法基础上加以改进的拼音输入法,它可以用多种方式输入汉字。例如,"中国人民"可以输入全部拼音 zhongguorenmin,也可以输入简拼即声母 zgrm,还可以全拼与简拼混合输入 zhonggrm。

说明:在全拼与简拼混合输入中,当无法区分是一个字还是两个字时,可使用单引号作隔音符号,如 xi'a("西安"或"喜爱",而不是"下");min'g("民歌"或"民工")。

"微软拼音—简捷 2010"具有智能词组的输入特点。例如,中国人民解放军 zgrmjfj。

(2)中英文状态切换。在输入汉字时,切换到英文状态通常有以下两种方法:

- 用 Ctrl+Space 组合键快速切换中英文状态。
- 在输入法状态条中单击"中文/英文"图标,即将中文转换成英文,反之亦然。

(3)全角/半角状态切换。在输入汉字时,切换全角与半角状态通常用以下两种方法:

- 用 Shift+Space 组合键快速切换"全角/半角"状态。
- 单击输入法状态条中的"半角"图标,可转换到"全角"状态,反之亦然。

在全角状态下,输入的字符和数字占一个汉字的位置;而在半角状态下,输入的字符和数字仅占半个汉字的位置。

例如,在"写字板"中,使用"微软拼音—简捷2010",在半角和全角状态下分别输入1～5,如图1-26所示。

(4) 中英文标点切换。在输入汉字时,切换中英文标点通常用以下两种方法:

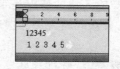

图1-26 半角/全角输入

- 用"Ctrl+."组合键快速切换中英文标点。
- 单击输入法状态条中的"中文标点"图标可转换至"英文标点"图标,反之亦然。

2) 软键盘

软键盘(soft keyboard)是通过软件模拟的键盘,可以通过单击输入需要的各种字符。一般在一些银行的网站上要求输入账号和密码时很容易看到。使用软键盘是为了防止木马记录键盘的输入。Windows 7系统提供了13种软键盘布局,如图1-27所示。

(1) 激活与关闭软键盘。单击输入法状态条中的"软键盘"图标,即可激活软键盘;单击软键盘图标,可打开13种键盘布局,可选择其中任何一种。

(2) 使用软键盘。

- 通过"PC键盘"输入汉字,如图1-28所示。例如,用拼音输入法输入汉字"你",操作如下:

单击"PC键盘"上的N、I键,然后单击Space键,在弹出的文字列表中选择"你"即可。

图1-27 软键盘布局

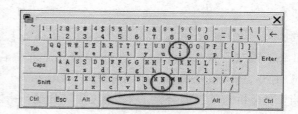

图1-28 PC键盘

- 通过"数学符号"键盘输入">""=""÷"和"∑"等运算符号,如图1-29所示。

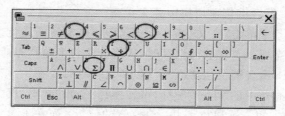

图1-29 数学符号键盘

- 通过"特殊符号"键盘输入"☆""◇""→""&"等符号,如图1-30所示。

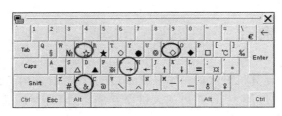

图1-30 特殊符号键盘

2. 五笔字型输入法

五笔字型输入法是我国的王永民教授发明的,所以又称为"王码",现在已被微软公司收购,微软公司经过升级后提供86和98两种版本,人们常用的是86版。

五笔字型输入法的优点是输入者无须知道汉字的发音,编码规则是指一个汉字由哪几个字根组成。每个汉字或词组最多击4个键便可输入,重码率极低,可实现盲打,它是目前输入汉字速度较快的一种输入法。

五笔字根是指组成汉字的最常用笔画或部首,共归纳了130个基本字根,分布在25个英文字母键位上(Z键除外),这些字根是组字和拆字的依据。

汉字有五种笔画:横、竖、撇、捺、折,它们分布在键盘上的5个区中,为了便于记忆,把每个区各键位的字根编成口诀如下:

- 五笔字型均直观,依照笔顺把码编;
- 键名汉字打四下,基本字根请照搬;
- 一二三末取四码,顺序拆分大优先;
- 不足四码要注意,交叉识别补后边。

末笔字型交叉识别码是:

末笔画的区号(十位数,1~5)+字形代码(个位数,1~3)=对应的字母键

其中,字形代码为左右型1、上下型2、杂合性3。

1) 键名汉字

连击四次。例如,月(eeee)、言(yyyy)、口(kkkk)。

2) 成字字根

键名+第一、二、末笔画,不足4码时按空格。例如,雨(fghy)、马(cnng)、四(lh空格)。

3) 单字

操(rkks)、鸿(iaqg)、否(gik空格)、会(wfcu)、位(wug空格)。

4) 词组

- 两字词:每字各取前两码。例如,奋战(dlhk)、显著(joaf)、信息(wyth)。
- 三字词:取前两字的第一码、最后一字的前两码。例如,计算机(ytsm)、红绿灯(xxos)、实验室(pcpg)。
- 四字词:每字各取其第一码。例如,众志成城(wfdf)、四面楚歌(ldss)。
- 多字词:取第一、二、三及最末一字的第一码。例如,中国共产党(klai)、中华人民

共和国(kwwl)、百闻不如一见(dugm)。

1.5 多媒体技术

多媒体技术是当今计算机发展的一项新技术,是一门综合性信息技术,它把电视的声音和图像功能、印刷业的出版能力、计算机的人机交互能力、因特网的通信技术有机地融于一体,对信息进行加工处理后再综合地表达出来。多媒体技术改善了信息的表达方式,使人们通过多种媒体得到实体化的形象,从而吸引了人们的注意力。多媒体技术也改变了人们使用计算机的方式,进而改变了人们的工作和学习方式。多媒体技术涉及的知识面非常广泛,随着计算机软件、硬件技术、大容量存储技术和网络通信技术的不断发展,多媒体技术应用领域不断扩大,实用性也越来越强。

1.5.1 多媒体的基本概念

大家学习多媒体技术首先要明确几个基本概念,即媒体、多媒体以及多媒体技术。

1. 媒体

媒体(media)是指承载或传递信息的载体。日常生活中,大家熟悉的报纸、书刊、杂志、广播、电影及电视均是媒体,都以它们各自的媒体形式进行着信息的传播。它们中有的以文字作为媒体,有的以图像作为媒体,有的以声音作为媒体,还有的将文、声、图、像综合在一起作为媒体,同样的信息内容,在不同领域中采用的媒体形式是不同的。报纸书刊领域采用的媒体形式为文字、表格和图片;绘画领域采用的媒体形式是图形、文字和色彩;摄影领域采用的媒体形式是静止图像、色彩;电影、电视领域采用的是图像或运动图像、声音和色彩。

根据国际电信联盟(ITU)的定义,媒体可分为表示媒体、感觉媒体、存储媒体、显示媒体和传输媒体5大类,如表1-11所示。

表1-11 媒体的表现形式

媒体类型	媒体特点	媒体形式	媒体实现方式
表示媒体	信息的处理方式	计算机数据格式	ASCII码、图像、音频、视频编码等
感觉媒体	人们感知客观环境的信息	视、听、触觉	文字、图形、图像、动画、视频和声音等
存储媒体	信息的存储方式	存取信息	内存、硬盘、光盘、纸张
显示媒体	信息的表达方式	输入、输出信息	显示器、投影仪、数码摄像机、扫描仪等
传输媒体	信息的传输方式	传输介质	电磁波、电缆、光缆等

人类利用视觉、听觉、触觉、味觉和嗅觉感受各种信息。其中通过视觉得到的信息最多,其次是听觉和触觉,三者一起得到的信息达到了人们感受到信息的95%。因此感觉媒体是人们接受信息的主要来源,而多媒体技术则充分利用了这种优势。

2. 多媒体

"多媒体"一词译自英语Multimedia,它是多种媒体信息的载体,信息借助载体得以交流传播。多媒体是指信息的多种表现形式的有机结合,即利用计算机技术把文字、图形、图像、声音等多种媒体信息综合为一体,并进行加工处理,即录入、压缩、存储、编辑、输出等。广义上的多媒体概念中,不但包括了多种的信息形式,也包括了处理和应用这些信息的硬件和软件。与传统媒体相比,多媒体具有以下特征:

(1)信息载体的多样性:指信息媒体的多样化和多维化。计算机利用数字化方式,能够综合处理文字、声音、图形、图像、动画和视频等多种信息,从而为用户提供一种集多种表现形式为一体的全新的用户界面,便于用户更全面、更准确地接受信息。

(2)信息的集成性:指将多媒体信息有机地组织在一起,共同表达一个完整的概念。如果只是将各种信息存储在计算机中而没有建立各种媒体之间的联系,如只能显示图形或只能播出声音,则不能算是媒体的集成。

(3)多媒体的交互性:指用户可以利用计算机对多媒体的呈现过程进行干预,从而更个性化地获得信息。

(4)实时性:指由于多媒体集成时,其中的声音及活动的视频图像是和时间密切相关的,因此,多媒体技术支持对声音和视频等时基媒体提供实时处理的能力。

(5)非线性:以往人们读/写文本时,大都采用线性顺序地读/写,循序渐进地获取知识。多媒体的信息结构形式一般是一种超媒体的网状结构,它改变了人们传统的读/写模式,借用超媒体的方法把内容以一种更灵活、更具变化的方式呈现给使用者。超媒体不仅为用户浏览信息和获取信息带来极大地便利,也为多媒体的制作带来了极大的便利。

(6)数字化:在实际应用中必须要将各种媒体信息转换为数字化信息后,计算机才能对数字化的多媒体信息进行存储、加工、控制、编辑、交换、查询和检索,所以,多媒体信息必须是数字化信息。

3. 多媒体技术

多媒体技术是一种基于计算机技术处理多种信息媒体的综合技术,包括数字化信息的处理技术、多媒体计算机系统技术、多媒体数据库技术、多媒体通信技术和多媒体人机界面技术等。多媒体技术具有多样性、集成性、交互性、实时性、非线性和数字化等特点,其应用产生了许多新的应用领域。多媒体技术融合了计算机硬件技术、计算机软件技术以及计算机美术、计算机音乐等多种计算机应用技术。多种媒体的集合体将信息的存储、传输和输出有机地结合起来,使人们获取信息的方式变得丰富,引领人们走进了一个多姿多彩的数字世界。

多媒体的关键技术包括数据压缩技术、大规模集成电路制造技术、媒体同步、多媒体网络、超媒体等。

1.5.2　多媒体的基本元素

多媒体是多种信息的集成应用,其基本元素主要有文本、图形、图像、音频、动画及视频等。

1. 文本

文本(text)是文字、字符及其控制格式的集合。通过对文本显示方式(包括字体、大小、格式、颜色及文本效果等)进行控制,多媒体系统可以使显示的文字信息更容易理解。

2. 图形

常见的图形(graphic)包括工程设计图、美术字体等,它们的共同特点是均由点、线、圆、矩形等几何形状构成。由于这些形状可以方便地用数学方法表示,如直线可以用起始点和终止点坐标表示,圆可以用圆点坐标和半径表示。因此,在计算机中通常用一组指令来描述这些图形的构成,称为矢量图形。

由于矢量图形是用数学方法描述的,因此在还原显示时可以方便地进行旋转、缩放和扭曲等操作,并保持图形不会失真。同时,因为去掉了一些不相关信息,所以矢量图形的数据量大大缩小。

3. 图像

图像(image)与图形的区别在于组成图像的不是具有规律的各种线条,而是具有不同颜色或灰度的点,照片就是图像的一种典型例子。

图像的分辨率是影响图像质量的重要指标,以水平和垂直两个方向上的像素数量来表示。如分辨率 800×600 表示一幅图像在水平方向上有 800 个像素点,在垂直方向上有 600 个像素点。显然,图像的分辨率越高,则组成图像的像素就越多,图像的显示质量也就越高。

图像的灰度是决定图像质量的另一个重要指标。在图像中,如果一个像素点只有黑、白两种颜色,则可以只用一个二进制位表示;如果要表示多种颜色,则必须使用多个二进制位。如果用 8 个二进制位表示一个像素,则每个像素可以表示 256 种颜色;如果用 24 个二进制位表示一个像素,则可以有 1667 多万种颜色,这就是所谓的"真彩色"。

由此可见,与图形相比,一幅数字图像会占据更大的存储空间,而且,如果图像色彩越丰富、画面越逼真,则图像的像素也就越多、灰度也就越大,图像的数据量也就越大。为了减少存储容量,提高处理速度,通常会对图像进行各种压缩。

4. 音频

音频(audio)是指音乐、语言及其他的声音信息。为了在计算机中表示声音信息,必须把声波的模拟信号转换成为数字信号。其一般过程为:首先在固定的时间间隔内对声音的模拟信号进行采样,然后将采样到的信号转换为二进制数表示,按一定的顺序组织成声音文件,播放时再将存储的声音文件转化为声波播出。

当然,用于表示声音的二进制数位越多,则量化越准确,恢复的声音也就越逼真,所占据的存储空间也就越大。

5. 动画

动画(animation)是运动的图画,实质是一幅幅静态图像或图形的快速连续播放。动画的连续播放既指时间上的连续,也指图像内容上的连续,即播放的相邻两幅图像之间内容相差很小。动画与视频的区别在于动画的图像是由人工绘制出来的。

6. 视频

视频（video）的实质就是一系列有联系的图像数据连续播放，便形成了视频。当静态图像以每秒 15～30 帧的速度连续播放时，由于人眼的视觉暂留效应，人会感觉不到图像画面之间的间隔，从而产生画面连续运动的感觉。视频图像可来自录像带、摄像机等视频信号源的影像，如录像带、影碟上的电影/电视节目、电视、摄像等。

由于视觉图像的每一帧其实就是一幅静态图像，因此，视频信息所占据的存储空间会更加巨大。

1.5.3　多媒体计算机

多媒体计算机（Multimedia Personal Computer，MPC），实际上是对具有多媒体处理能力的计算机系统的统称。多媒体计算机系统建立在普通计算机系统基础之上，涉及的科学技术领域除了计算机技术之外，还有声、光、电磁等相关学科，是一门跨学科的综合技术。它是应用计算机技术和其他相关学科的综合技术，将各种媒体以数字化的方式集成在一起，从而使计算机具有处理、存储、表现各种媒体信息的综合能力和交互能力。

1. 多媒体计算机的关键技术

多媒体计算机关键技术主要有以下几项。

（1）视频和音频数据的压缩和解压缩技术。视频信号和音频信号数据量大得惊人，这是制约多媒体技术发展和应用的最大障碍。一帧中等分辨率（640×480）真彩色（24 位）数字视频图像的数据量约占 0.9MB 的空间，如果存放在容量为 650MB 的光盘中，以每秒 30帧的速度播放，只能播放约 20s；双通道立体声的音频数字数据量为 1.4MB/s，一个容量为650MB 的光盘只能存储约 7 分钟的音频数据；一部放映时间为 2 小时的电影或电视剧，其视频和音频的数据量共约占 208800MB 的存储空间，这是现代存储设备根本无法解决的。所以说一定要把这些信息压缩后存放，并且在播放时解压缩。所谓图像压缩是指图像以像素存储的方式，经过图像转换、量化和高速编码等处理转换成特殊形式的编码，从而大大降低计算机所需存储和实时传输的数据量。

（2）专用芯片。由于多媒体计算机要进行大量的数字信号处理、图像处理、压缩和解压缩及解决多媒体数据之间关系等有关问题，需要使用专用芯片。这种芯片包含很多功能，集成度可达上亿个晶体管。

（3）大容量存储器。目前，CD 光盘得到广泛应用，但其容量日益不能满足多媒体应用的需求，提升大容量光盘存储技术是目前迫切需要解决的问题。

（4）研制适用于多媒体的软件。多媒体操作系统为多媒体计算机用户开发应用系统设置了具有编辑功能和播放功能的创作系统软件以及各种多媒体应用软件。

2. 重要硬件配置

多媒体计算机的主要硬件配置，除了必须包括 CD-ROM 外，还必须包括音频卡和视频卡，这方面既是构成计算机的重要组成部分，也是衡量一台 MPC 功能强弱的基本要素。

1) 音频卡

音频卡又称为声卡,是多媒体计算机的标准配件之一,主要作用是对声音信息进行获取、编辑、播放等处理,为话筒、耳机、音箱、CD-ROM 以及乐器数字接口(Musical Instrument Digital Interface,MIDI)键盘、合成器等音乐设备提供数字接口和集成能力。声卡可以集成在主板上,也可以是单独部件,通过插入扩展槽中供用户使用,其主要性能指标如下。

(1) 采样频率。采样频率是单位时间内的采样次数。一般来说,语音信号的采样频率是语音所必需的频率宽度的两倍以上。人耳可听到的频率为 20Hz~22kHz,所以对声频卡,其采样频率为最高频率 22kHz 的两倍以上,即采样频率应在 44kHz 以上。较高的采样频率能获得较好的声音还原。目前声频卡的采样频率一般为 44.1kHz、48kHz 或更高。

(2) 采样值编码位数。采样值编码位数是记录每次采样值使用的二进制编码位数。而二进制编码位数直接影响还原声音的质量。当前声卡有 16 位、32 位和 64 位等。编码位数越长、声音还原效果越好。

2) 视频卡

计算机处理视频信息需要使用视频卡,它是对所有用于输入/输出视频信号的接口功能卡的总称。目前常用的视频卡主要有 DV 卡和视频采集卡等。DV 卡的作用是将数字摄像机或录像带中的数字视频信号用数字方式直接输入计算机中。视频采集卡先将录像带或电视中模拟信号变成数字信号,再输入计算机。

1.5.4　多媒体技术的应用

随着多媒体技术日新月异的发展,多媒体技术的应用也越来越广泛,几乎涉及社会和生活的各个领域。多媒体技术的标准化、集成化以及多媒体软件技术的发展使信息的接收、处理和传输更方便、快捷。多媒体技术的典型应用包括以下几个方面:

1. 教育和培训

由于多媒体具有非线性和多样性的特点,提供了丰富多彩的人机交流方式,而且反馈及时,所以学习者可以按自己的学习基础和学习兴趣选择自己所要学习的内容,提高学习的自主性与参与性。利用多媒体技术开展培训教学工作内容直观,寓教于乐,有助于提高学习效率。

2. 咨询和演示

在销售、导游或宣传等活动中,使用多媒体技术编制的软件能够图文并茂地展示产品、游览景点和宣传丰富多彩的内容,使用者可获得自己感兴趣的相关信息。并且,公司、企业、学校、政府部门以及个人等还可以建立自己的信息网站进行自我展示和信息服务。

3. 娱乐和游戏

多媒体技术的出现使得影视作品和游戏产品制造发生了巨大的变化。计算机和网络游戏由于具有多媒体的感官刺激,游戏者通过与计算机的交互体会到身临其境的感觉,趣味性和娱乐性大大增强。

4．电子出版

电子出版物是指以数字代码方式将图、文、声、像等信息编辑加工后存储在磁、光和电介质上，通过计算机或者具有类似功能的设备读取使用，用以表达思想、普及知识和积累文化。它具有多媒体、交互性、高容量、易检索等特征。例如以光盘形式发行的电子图书，集文字、图像、声音、动画和视频于一身，具有容量大、体积小、成本低等特点。随着多媒体技术的发展，光盘出版物逐渐呈现快速发展的趋势。

5．视频会议系统

视频会议系统（Video Conferencing System）是人们的交流方式和科技相融合的产物。它是一个不受地域限制、建立在宽带网络基础上的双向、多点、实时的视音频交互系统。它使在地理上分散的用户可以通过图像、声音、文本等多种方式交流信息，支持人们远距离进行实时信息交流与共享，开展协同学习和工作，就如同所有人都在同一个房间面对面地工作一样，极大地方便了协作成员之间真实直观的交流，从而真正实现"天涯共一室"的梦想。充分利用网络视频会议系统将信息传递生动化，建立基于视/音频多媒体技术互动的对话渠道，是对现有的网络平台价值的一种提升。

6．视频服务系统

诸如视频点播、视频购物、电子商务等视频服务系统拥有大量的用户，是多媒体技术的又一个应用热点。

多媒体技术的应用远不止上面所列举的这些，只要大家用心去观察、感受，就会发现一个绚丽多姿的多媒体世界正在形成，让人流连忘返，更加热爱生活，享受生活。

1.5.5　流媒体技术

流媒体技术是指一边下载一边播放来自网络服务器上的音频和视频信息，而不需要等到整个多媒体文件下载完毕就可以观看的技术。流媒体技术实现了连续、实时的传送。

在流媒体技术出现之前，如果要播放网上的视频或音频，必须先将整个文件下载并保存到本地计算机上，然后才可以播放，这种播放方式称为下载播放。下载播放是一种非实时传输的播放，其实质是将媒体文件作为一般文件对待。它将播放与下载分开，播放与网络的传输速率无关。下载播放的优点是可以获得高质量的影音作品，一次下载，可以多次播放；缺点是需要较长的下载时间，客户端需要有较大容量的存储设备。下载播放只能使用预先存储的文件，不能满足实况直播的需要。

流式播放采用边下载边播放的方式，经过短暂的缓冲即可在用户终端上对视频或音频进行播放，媒体文件的剩余部分将在后台由服务器继续向用户端不断传送。但播放过的数据不保留在用户端的存储设备上。流式播放的优点是随时传送，随时播放，能够应用于现场直播、突发事件报道等对实时性传输要求较高的场合。

流媒体技术被广泛应用于网上直播、网络广告、视频点播、网络电台、远程教育、远程医疗、企业培训和电子商务等多种领域。

流式播放的主要缺点是，当网络传输速率低于流媒体的播放速率或网络拥塞时，会造成播放的声音、视频时断时续。

目前,流媒体格式的文件有很多,如 asf、rm、ra、mpg、flv 等,不同格式的文件要用不同的播放软件来播放,常用的流媒体播放软件有 RealNetworks 公司的 RealPlayer、Apple 公司的 QuickTime 和微软公司的 Windows Media Player。

越来越多的网站也提供了在线播放视频、音频的服务,如优酷、土豆网、中国网络电视台等。打开 IE 浏览器,进入这些网站后就可以根据窗口的提示进行节目的点播,然后就可以播放。通常,播放窗口中除了视频画面外,还有进度条、时间显示、音量调节、播放/暂停、快进及后退等控制组件。

1.6　计算机安全

随着计算机的快速发展以及计算机网络的普及,计算机安全问题越来越受到人们广泛的重视与关注。国际标准化组织(ISO)对计算机安全的定义是:为数据处理系统建立和采取的技术和管理的安全保护,保护计算机硬件、软件、数据不因偶然或恶意的原因而遭破坏、更改和泄露。

对于计算机安全的威胁多种多样,主要是自然因素和人为因素。自然因素是指一些意外事故的威胁;人为因素是指人为的入侵和破坏,主要是计算机病毒和网络黑客。

计算机安全可以分为管理安全、技术安全和环境安全三个方面。本节只讨论计算机病毒对计算机的破坏以及如何防护。

1.6.1　计算机病毒

1. 计算机病毒的概念

计算机病毒(Computer Virus)在《中华人民共和国计算机信息系统安全保护条例》中有明确定义:"病毒指编制者在计算机程序中插入的破坏计算机功能或者数据的代码,能影响计算机使用,并且能够自我复制的一组计算机指令或者程序代码。"通俗地讲,病毒就是人为的特殊程序,具有自我复制能力、很强的感染性、一定的潜伏期、特定的触发性和极大的破坏性。

2. 计算机病毒的特征

(1) 非授权可执行性。

计算机病毒隐藏在合法的程序或数据中,当用户运行正常程序时,病毒伺机窃取到系统的控制权,得以抢先运行,然而此时用户还认为在执行正常程序。

(2) 隐蔽性。

计算机病毒是一种具有较高编程技巧且短小精悍的可执行程序,它通常总是隐藏在操作系统、引导程序、可执行文件或数据文件中,不易被人们发现。

(3) 传染性。

传染性是计算机病毒最重要的一个特征。病毒程序一旦侵入计算机系统就通过自我复制迅速传播,计算机病毒具有再生与扩散能力。计算机病毒可以从一个程序传染到另一个程序,也可以从一台计算机传染到另一台计算机,还可以从一个计算机网络传染到另一个计算机网络。

（4）潜伏性。

计算机病毒具有依附于其他媒体而寄生的能力,病毒可以悄悄隐藏起来,这种媒体称之为计算机病毒的宿主。入侵计算机的病毒可以在一段时间内不发作,然后在用户不察觉的情况下进行传染。一旦达到某种条件,隐藏潜伏的病毒就肆虐地进行复制、变形、传染和破坏。

（5）表现性或破坏性。

无论何种病毒程序,一旦侵入系统都会对操作系统的运行造成不同程度的影响。即使不直接产生破坏作用的病毒程序,也要占用系统资源。而绝大多数病毒程序要显示一些文字或图像,影响系统正常运行,还有一些病毒程序删除文件,甚至摧毁整个系统和数据,使之无法恢复,造成无可挽回的损失。

（6）可触发性。

计算机病毒一般都有一个或几个触发条件,用来激活病毒的表现部分或破坏部分。触发的实质是一种条件的控制,病毒程序可以依据设计者的要求在一定条件下实施攻击。这些条件可能是病毒设计好的特定字符、某个特定日期或特定时刻,或者是病毒内置的计数器达到一定次数等。一旦满足触发条件或者激活病毒的传染机制,病毒就会进行传染。

3. 计算机病毒的类型

目前,计算机病毒的种类繁多,其破坏性的表现方式也很多。据资料介绍,全世界目前已发现的计算机病毒已超过 15 000 种,种类不一,分类的方法也很多,一般可以有三种分类的方法:按感染方式可分为引导型病毒、一般应用程序型和系统程序型病毒;按寄生方式可分为操作系统型病毒、外壳型病毒、入侵型病毒、源码型病毒;按破坏情况可分为良性病毒和恶性病毒。以下就综合考虑分五种病毒类型进行说明。

（1）引导型病毒。

引导型病毒又称操作系统型病毒,主要寄生在硬盘的主引导程序中,当系统启动时进入内存伺机传染和破坏。典型的引导型病毒有大麻病毒、小球病毒等。

（2）文件型病毒。

文件型病毒一般感染可执行文件(扩展名为.com 或.exe 的文件)。在用户调用染毒的可执行文件时,病毒抢先被运行,然后驻留内存传染其他文件,如 CIH 病毒。

（3）宏病毒。

宏病毒是利用办公自动化软件(如 Word、Excel 等)提供的"宏"命令编制的病毒,通常寄生于文档或用模板编写的宏中。一旦用户打开了感染病毒的文档,宏病毒即被激活并驻留在普通模板上,使所有能自动保存的文档都感染这种病毒。宏病毒可以影响文档的打开、存储、关闭等操作,可删除文件、随意复制文件、修改文件名或存储路径、封闭有关菜单,还可造成文件不能正常打印,使人们无法正常使用文件。

（4）网络病毒。

因特网的广泛使用使利用网络传播病毒成为病毒发展的新趋势。网络病毒一般利用网络的通信功能,将自身从一个结点发送到另一个结点,并自行启动。它们对网络计算机,尤其是网络服务器主动进行攻击,不仅非法占用了网络资源,而且导致网络堵塞,甚至造成整个网络系统的瘫痪。蠕虫病毒(Worm)、特洛伊木马(Trojan)病毒、冲击波(Blaster)病毒、电子邮件病毒等都属于网络病毒。

(5) 混合型病毒。

混合型病毒是以上两种或两种以上病毒的混合。例如,有些混合型病毒既能感染磁盘的引导区,又能感染可执行文件;有些电子邮件病毒则是文件型病毒和宏病毒的混合体。

4. 计算机感染病毒后的常见症状

了解计算机感染病毒后的各种症状有助于及时发现病毒,计算机感染病毒后的常见症状有如下几种:

(1) 屏幕显示异常。屏幕上出现异常图形,有时出现莫名其妙的问候语,或直接显示某种病毒或某几种病毒的标志信息。

(2) 系统运行异常。原来能正常运行的程序现在无法运行或运行速度明显减慢,经常出现异常死机,或无故重新启动,或蜂鸣器无故发声等。

(3) 硬盘存储异常。硬盘空间突然减小,经常无故读/写磁盘,或磁盘驱动器"丢失"等。

(4) 内存异常。内存空间骤然变小,出现内存空间不足,不能加载执行文件的提示。

(5) 文件异常。例如,文件名称、扩展名、日期等属性被更改,文件长度加长,文件内容改变,文件被加密,文件打不开,文件被删除,甚至硬盘被格式化等。莫名其妙地出现许多来历不明的隐藏文件或者其他文件。可执行文件运行后神秘地消失或者产生出新的文件。某些应用程序被屏蔽,不能运行。

(6) 打印机异常。不能打印汉字或打印机"丢失"等。

(7) 硬件损坏。例如,CMOS 中的数据被改写,不能继续使用;BIOS 芯片被改写等。

1.6.2　网络黑客

黑客(hacker)原指那些掌握高级硬件和软件知识能剖析系统的人,但现在"黑客"已变成了网络犯罪的代名词。黑客就是利用计算机技术、网络技术非法侵入、干扰、破坏他人计算机系统,或擅自操作、使用、窃取他人的计算机信息资源,对电子信息交流和网络实体安全具有威胁性和危害性的人。

黑客攻击网络的方法是不停寻找因特网上的安全缺陷,以便乘虚而入。黑客主要通过掌握的计算机技术和网络技术进行犯罪活动,如窥视政府、军队的机密信息,企业内部的商业秘密,个人的隐私资料等;截取银行账号,信用卡密码,以盗取巨额资金;攻击网上服务器,或取得其控制权,继而修改、删除重要文件,发布不法言论等。

1.6.3　计算机病毒和黑客的防范

计算机病毒和黑客的出现给计算机安全提出了严峻的挑战,解决问题最重要的一点就是树立"预防为主,防治结合"的思想,树立计算机安全意识,防患于未然,积极地预防黑客的攻击和计算机病毒的入侵。

1．防范措施

（1）对外来的计算机、存储介质（光盘、闪存盘、移动硬盘等）或软件要进行病毒检测，确认无病毒后才能使用。

（2）在别人的计算机上使用自己的闪存盘或移动硬盘的时候必须处于写保护状态。

（3）不要运行来历不明的程序或使用盗版软件。

（4）不要在系统盘上存放用户的数据和程序。

（5）对于重要的系统盘、数据盘以及磁盘上的重要信息要经常备份，以便遭到破坏能及时得到恢复。

（6）利用加密技术对数据与信息在传输过程中进行加密。

（7）利用访问控制权限技术规定用户对文件、数据库、设备等的访问权限。

（8）不定时更换系统的密码，提高密码的复杂程度，以增强入侵者破译的难度。

（9）迅速隔离被感染的计算机。当计算机发现病毒或异常时应立刻断网，以防止计算机受到更多的感染，或者成为传播源，再次感染其他计算机。

（10）不要轻易下载和使用网上的软件；不要轻易打开来历不明的邮件中的附件；不要浏览一些不太了解的网站；不要执行从因特网下载后未经杀毒处理的软件或文档；调整好浏览器的安全设置，并且禁止一些脚本和 ActiveX 控件的运行，防止恶性代码的破坏。对于通过网络传输的文件，应在传输前和接收后使用反病毒软件进行检测和清除病毒，以确保文件安全。

（11）关闭或删除系统中不需要的服务。默认情况下，许多操作系统会安装一些辅助服务，如 FTP 客户端、Telnet 等。这些服务为攻击者提供了方便，如果用户不需要使用这些功能，则可删除它们，这样可以大大减少被攻击的可能性。

（12）购买并安装正版的具有实时监控功能的杀毒卡或反病毒软件，时刻监视系统的各种异常并及时报警，以防止病毒的入侵。并要经常更新反病毒软件的版本，以及升级操作系统，安装堵塞漏洞的补丁。

（13）对于网络环境应设置"病毒防火墙"。

2．设置防火墙

防火墙是指设置在不同网络（如可信任的企业内部网，或不可信的公共网，或网络安全域）之间的一系列部件的组合。它可通过监测、限制、更改跨越防火墙的数据流尽可能地对外部屏蔽网络内部的信息、结构和运行状况，以此来实现网络的安全保护。

在逻辑上，防火墙是一个分离器，也是一个限制器，也是一个分析器，有效地监控了内部网和 Internet 之间的任何活动，保证了内部网络的安全。典型的防火墙具有以下 3 方面的基本特征。

（1）内部、外部网络之间的所有网络数据流都必须经过防火墙。

（2）只有符合安全策略的数据流才能够通过防火墙。

（3）防火墙自身具有非常强的抗攻击能力。

目前常见的防火墙有 Windows 防火墙、天网防火墙、江民防火墙、瑞星防火墙及卡巴斯基防火墙等。

3．安装正版杀毒软件

杀毒软件又称反病毒软件,是用于消除计算机病毒、特洛伊木马和恶意软件,保护计算机安全的一类软件的总称,可以对资源进行实时监控,阻止外来侵袭。杀毒软件通常集成病毒监控、识别、扫描和清除及病毒库自动升级等功能。杀毒软件的任务是实时监控和扫描磁盘,其实时监控方式因软件而异。有的杀毒软件是通过在内存中划分一部分空间,将计算机中流过内存的数据与杀毒软件自身所带的病毒库(包含病毒定义)的特征码相比较,以判断是否为病毒。另一些杀毒软件则在所划分到的内存空间中虚拟执行系统或用户提交的程序,根据其行为或结果做出判断。部分杀毒软件通过在系统添加驱动程序的方式进驻系统,并且随操作系统启动。大部分的杀毒软件还具有防火墙的功能。

目前,使用较多的杀毒软件有卡巴斯基、NOD32、诺顿、瑞星、江民、金山毒霸等,具体信息可在相关网站中查询。个别的杀毒软件还提供永久免费使用,如360杀毒软件。

由于计算机病毒种类繁多,新病毒又在不断出现,病毒对反病毒软件来说永远是超前的,也就是说,清除病毒的工作具有被动性。切断病毒的传播途径,防止病毒的入侵比清除病毒更重要。

习题 1

1．单项选择题

(1) 下列叙述中正确的是(   )。

    A．CPU 能直接读取硬盘上的数据

    B．CPU 能直接存取内存储器

    C．CPU 由存储器、运算器和控制器组成

    D．CPU 主要用来存储程序和数据

(2) 1946 年首台电子数字计算机 ENIAC 问世后,冯·诺依曼(Von Neumann)在研制 EDVAC 计算机时提出两个重要的改进,它们是(   )。

    A．引进 CPU 和内存储器的概念   B．采用机器语言和十六进制

    C．采用二进制和存储程序控制的概念   D．采用 ASCII 编码系统

(3) 汇编语言是一种(   )。

    A．依赖于计算机的低级程序设计语言

    B．计算机能直接执行的程序设计语言

    C．独立于计算机的高级程序设计语言

    D．面向问题的程序设计语言

(4) 假设某台式计算机的内存储器容量为 128MB,硬盘容量为 10GB。硬盘的容量是内存容量的(   )。

    A．40 倍   B．60 倍   C．80 倍   D．100 倍

(5) 计算机的硬件主要包括中央处理器(CPU)、存储器、输出设备和(   )。

    A．键盘   B．鼠标   C．输入设备   D．显示器

(6) 根据汉字国标 GB2312-80 的规定,二级次常用汉字个数是(　　　)。

    A. 3000 个　　　　　　B. 7445 个　　　　　　C. 3008 个　　　　　　D. 3755 个

(7) 在一个非零无符号二进制整数之后添加一个 0,则此数的值为原数的(　　　)。

    A. 4 倍　　　　　　　B. 2 倍　　　　　　　C. 1/2 倍　　　　　　D. 1/4 倍

(8) Pentium(奔腾)微机的字长是(　　　)。

    A. 8 位　　　　　　　B. 16 位　　　　　　　C. 32 位　　　　　　D. 64 位

(9) 下列关于 ASCII 编码的叙述中,正确的是(　　　)。

    A. 一个字符的标准 ASCII 码占一个字节,其最高二进制位总为 1

    B. 所有大写英文字母的 ASCII 码值都小于小写英文字母 a 的 ASCII 码值

    C. 所有大写英文字母的 ASCII 码值都大于小写英文字母 a 的 ASCII 码值

    D. 标准 ASCII 码表有 256 个不同的字符编码

(10) 在 CD 光盘上标记有"CD-RW"字样,此标记表明这光盘(　　　)。

    A. 只能写入一次,可以反复读出的一次性写入光盘

    B. 可多次擦除型光盘

    C. 只能读出,不能写入的只读光盘

    D. RW 是 Read and Write 的缩写

(11) 一个字长为 5 位的无符号二进制数能表示的十进制数值范围是(　　　)。

    A. 1～32　　　　　　B. 0～31　　　　　　C. 1～31　　　　　　D. 0～32

(12) 计算机病毒是指"能够侵入计算机系统并在计算机系统中潜伏、传播,破坏系统正常工作的一种具有繁殖能力的(　　　)"。

    A. 流行性感冒病毒　　　　　　　　B. 特殊小程序

    C. 特殊微生物　　　　　　　　　　D. 源程序

(13) 在计算机中,每个存储单元都有一个连续的编号,此编号称为(　　　)。

    A. 地址　　　　　　　B. 位置号　　　　　　C. 门牌号　　　　　　D. 房号

(14) 在所列出的①字处理软件②Linux③UNIX④学籍管理系统⑤Windows 7⑥Office 2010 这 6 个软件中,属于系统软件的有(　　　)。

    A. ①、②、③　　　　B. ②、③、⑤　　　　C. ①、②、③、⑤　　　D. 全部都不是

(15) 在下列字符中,ASCII 码值最小的一个是(　　　)。

    A. 空格字符　　　　　B. 0　　　　　　　　　C. A　　　　　　　　　D. a

(16) 十进制数 100 转换成二进制数是(　　　)。

    A. 0110101　　　　　B. 01101000　　　　　C. 01100100　　　　　D. 01100110

(17) 在下列设备中,不能作为微机输出设备的是(　　　)。

    A. 打印机　　　　　　B. 显示器　　　　　　C. 鼠标　　　　　　　D. 绘图仪

(18) 世界上公认的第一台电子计算机研制成功的年代是(　　　)年。

    A. 1943　　　　　　　B. 1946　　　　　　　C. 1950　　　　　　　D. 1951

(19) 构成 CPU 的主要部件是(　　　)。

    A. 内存和控制器　　　　　　　　　B. 内存、控制器和运算器

    C. 高速缓存和运算器　　　　　　　D. 控制器和运算器

(20) 二进制数 110001 转换成十进制数是(　　　)。

      A. 47   B. 48   C. 49   D. 51

2. 练习鼠标的使用方法，能够灵活地使用鼠标进行选定和拖动操作。

3. 熟悉键盘的布局，记住常用功能键的位置。

4. 熟悉键盘上常用组合键的使用方法。

5. 将常用输入法设置为系统的默认输入法。

6. 自选题目进行中文打字练习、英文打字练习以及中英文打字练习。

第 2 章

Windows 7操作系统

操作系统(Operating System,OS)是最重要的系统软件,它控制和管理计算机系统软件和硬件资源,提供用户和计算机操作接口界面,并提供软件的开发和应用环境。计算机硬件必须在操作系统的管理下才能运行,人们借助操作系统才能方便、灵活地使用计算机,而Windows则是微软公司开发的基于图形用户界面的操作系统,也是目前使用最为广泛的操作系统。本章首先介绍操作系统的基本知识和概念,之后重点介绍 Windows 7 的使用和操作。

学习目标:

- 理解操作系统的基本概念和 Windows 7 的新特性。
- 掌握构成 Windows 7 的基本元素和基本操作。
- 掌握 Windows 7 资源管理器和文件/文件夹的常用操作。
- 掌握 Windows 7 的系统设置和磁盘维护的基本方法。

2.1 操作系统和 Windows 7

操作系统是最重要、最基本的系统软件,没有操作系统,人与计算机将无法直接交互,无法合理组织软件和硬件有效的工作。通常,没有操作系统的计算机被称为"裸机"。

2.1.1 操作系统概述

1. 什么是操作系统

操作系统是一组控制和管理计算机软、硬件资源为用户提供便捷使用计算机的程序集合。它是配置在计算机上的第一层软件,是对硬件功能的扩充。它不仅是硬件与其他软件系统的接口,也是用户和计算机之间进行交流的界面。操作系统是计算机软件系统的核心,是计算机发展的产物。引入操作系统主要有两个目的:一是方便用户使用计算机。用户输入一条简单的指令就能自动完成复杂的功能,操作系统启动相应程序,调度恰当的资源执行结果;二是统一管理计算机系统的软、硬件资源,合理组织计算机工作流程,以便更有效地发挥计算机的效能。

操作系统是用户和计算机之间的接口,是为用户和应用程序提供进入硬件的界面。如图 2-1 所示为计算机硬件、操

图 2-1　计算机系统层次结构

作系统、其他系统软件、应用软件以及用户之间的层次关系。

2. 操作系统的分类

一般可以把操作系统分为 3 种基本类型,即批处理系统、分时系统和实时系统。随着计算机体系结构的发展,又出现了许多类型的操作系统,它们是个人操作系统、网络操作系统、分布式操作系统和嵌入式操作系统。

(1) 批处理(Batch Processing)操作系统的工作方式是用户将作业交给系统操作员,系统操作员将许多用户的作业组成一批作业之后输入到计算机中,在系统中形成一个自动转接的连续的作业流,然后启动操作系统,系统自动、依次执行每个作业,最后由操作员将作业结果交给用户。批处理操作系统的特点是多道和成批处理。批处理系统分为单道批处理系统和多道批处理系统。

(2) 分时(Time Sharing)操作系统的工作方式是一台主机连接了若干个终端,每个终端有一个用户在使用。用户交互式地向系统提出命令请求,系统接受每个用户的命令,采用时间片轮转方式处理服务请求,并通过交互方式在终端上向用户显示结果。用户根据上步结果发出下道命令。分时操作系统将 CPU 的时间划分成若干个片段,称为时间片。操作系统以时间片为单位,轮流为每个终端用户服务。

(3) 实时操作系统(Real Time Operating System,RTOS)是指使计算机能及时响应外部事件的请求又能在规定的严格时间内完成对该事件的处理,并控制所有实时设备和实时任务协调一致工作的操作系统。实时操作系统要追求的目标是对外部请求在严格时间范围内作出反应,有高可靠性和完整性。其主要特点是资源的分配和调度首先要考虑实时性然后才是效率。此外,实时操作系统应有较强的容错能力。

(4) 网络操作系统是基于计算机网络的在各种计算机操作系统上按网络体系结构协议标准开发的软件,包括网络管理、通信、安全、资源共享和各种网络应用,其目标是相互通信及资源共享。在其支持下,网络中的各台计算机能互相通信和共享资源。其主要特点是与网络的硬件相结合来完成网络的通信任务。

(5) 分布式操作系统是为分布计算系统配置的操作系统。大量的计算机通过网络被连接在一起,可以获得极高的运算能力及广泛的数据共享,这种系统被称作分布式系统。分布式系统中各台计算机无主次之分,系统中若干台计算机可以并列运行同一个程序。该系统用于管理分布式系统资源。

(6) 嵌入式操作系统。顾名思义,嵌入式计算机是将计算机嵌入到其他设备上,这些设备无处不在,大到汽车发动机、机器人,小到电视机、微波炉、移动电话。运行在其上的操作系统被称为嵌入式操作系统,这种操作系统比较简单,只实现所要求的控制功能。

3. 常用操作系统

在计算机的发展过程中出现过许多不同的操作系统,其中最为常用的有 DOS、Mac OS、Windows、Linux、Free BSD、UNIX/Xenix、OS/2 等。

(1) DOS(Disk Operating System)是 Microsoft 公司研制的安装在 PC 机上的单用户命令行界面操作系统,曾经得到广泛应用和普及。其特点是简单易学、硬件要求低,但存储能力有限。

（2）Windows 是指微软公司开发的"视窗"操作系统，是目前世界上用户最多的操作系统。其特点是图形用户界面、操作简便、生动形象。目前使用最多的版本有 Windows Server 2003、Windows 7、Windows10。

（3）UNIX 发展早，优点是具有较好的可移植性，可运行于不同的计算机上，有较好的可靠性和安全性，支持多任务处理、多用户、网络管理和网络应用；缺点是缺乏统一的标准，应用程序不够丰富，不易学习，这些都限制了它的应用。

（4）Linux 的源代码开放，用户可通过 Internet 免费获取 Linux 及生成工具的源代码，然后进行修改，建立一个自己的 Linux 开发平台，开发 Linux 软件。其特点是从 UNIX 发展而来，与 UNIX 兼容，继承了 UNIX 以网络为核心的设计思想，是一个性能稳定的多用户网络操作系统，支持多用户、多任务、多进程和多 CPU。

（5）Mac OS 是运行在 Apple 公司的 Macintosh 系列计算机上的操作系统。它是首个在商用领域获得成功的图形用户界面。其优点是具有较强的图形处理能力；缺点是与 Windows 缺乏较好的兼容性，影响了它的普及。

2.1.2　Windows 7 的新特性

Windows 7 是微软继 Windows XP、Vista 之后的操作系统，它比 Vista 性能更高、启动更快、兼容性更强，具有很多新特性和优点，例如提高了屏幕触控支持和手写识别，支持虚拟硬盘，改善了多内核处理器、开机速度和内核等。2009 年 10 月 22 日微软于美国正式发布 Windows 7，主要的版本有：Windows 7 Home Basic（家庭普通版）、Windows 7 Professional（专业版）、Windows 7 Enterprise（企业版）、Windows 7 Ultimate（旗舰版）。本章将以旗舰版为例介绍 Windows 7 的使用。

Windows 7 主要有如下新特征。

（1）快捷的响应速度。用户希望操作系统能够随时待命，并能够快速响应请求，因此，Windows 7 在设计时更加注重了可用性和响应性。Windows 7 减少了后台活动并支持通过触发启动系统服务，即系统服务仅在需要时才会启动，这样 Windows 7 默认启动的服务比 Windows XP 和 Windows Vista 更少，而计算机的启动速度更快，也更加稳定。同时 Windows 7 在关闭时的速度也要比 Windows Vista 更快，但是个人的用户体验会因具体的硬件和软件配置而异。

（2）程序兼容性好。Windows 7 提供了高度的应用程序兼容性，确保在 Windows Vista 和 Windows Server 2008 上运行的应用程序也能在 Windows 7 上良好地运行。与应用程序方面相同，Microsoft 极大地扩展了能与 Windows 7 兼容的设备和外围设备列表。数以千计的设备通过从用户体验改善计划收集到的数据以及设备和计算机制造商的不懈努力，得以被 Windows 7 识别，并且这些设备正在积极接受 Windows 7 的兼容性测试。如果需要经过更新的设备驱动程序，Microsoft 将努力确保用户可以直接从 Windows Update 获取。

（3）安全可靠的性能。Windows 7 被设计为目前最可靠的 Windows 版本。用户将遇到更少的中断，并且能在问题发生时迅速恢复，因为 Windows 7 将帮助用户修复它们。同时 Windows 7 还有强大的 Process Reflection 功能，使用 Process Reflection，Windows 7 可以捕获系统中失败进程的内存内容，同时通过"克隆"功能恢复该失败进程，从而减少由诊断造成的中断。Windows 7 在诊断和分析失败时，应用程序可以恢复并继续运行。

（4）延长了电池使用时间。Windows 7 延长了移动计算机的电池寿命，能让用户在获得性能的同时延长工作时间。这些省电增强功能包括增加处理器的空闲时间、优化磁盘的读取、自动关闭显示器和能耗更高的 DVD 播放等。同时，Windows 7 对电量的要求比之前版本的 Windows 更低。而且 Windows 7 提供了更明显、更及时、更准确的电池寿命通知，以帮助用户了解耗电情况和剩余电量的寿命。

（5）媒体带来的乐趣。使用 Windows 7 中的 Windows Media Player 新功能，用户可以在家中或城镇区域内欣赏自己的媒体库。其播放功能可以以媒体流方式将音乐、视频和照片从用户计算机传输到立体声设备或电视上（可能需要其他硬件）。借助于远程媒体流，甚至可以从一台运行 Windows 7 的计算机将媒体流通过互联网传输到另一台电脑上欣赏，这就是 Windows 7 多媒体中心的乐趣。

（6）日常工作更轻松：在 Windows 7 中，用户的工作将更加简单和易于操作。用户界面更加精巧、更具响应性，导航也比以往的版本更加便捷。Windows 7 将新技术以全新的方式呈现给用户，无论文件放在哪里或者何时需要，查找和访问都变得更加简单。

2.2　Windows 7 的基本元素和基本操作

作为一个全新的操作系统，Windows 7 和以前版本的 Windows 相比，基本元素仍由桌面、窗口、对话框和菜单等基本部分组成，但对于某些基本元素的组合做了精细、完美与人性化的调整，整个界面发生了较大的变化，更加友好和易用，使用户操作起来更加方便和快捷。

2.2.1　桌面

成功启动并进入 Windows 7 系统后，呈现在用户面前的屏幕上的区域称为桌面，桌面主要由桌面图标、桌面背景、任务栏 3 个部分组成。任务栏主要包括"开始"按钮、快速启动区、活动任务区、语言栏、系统提示区和"显示桌面"按钮等部分。在屏幕最下方有一长方条称为任务栏，任务栏最左端的图标是"开始"按钮，如图 2-2 所示。所有的桌面组件、打开的应用程序窗口以及对话框都在桌面上显示。根据系统设置的不同，看到的桌面可能会有差异。

另外，在 Windows 7 中，微软公司将"显示桌面"按钮放置在任务栏时间显示区域的右侧，用于改变以往 Windows XP 系统的操作习惯，单击即可快速显示或隐藏桌面，更加方便用户操作。而且将鼠标指针放置在"显示桌面"按钮上，片刻之间即可预览桌面，使得用户不再用单击"显示桌面"按钮即可预览整个桌面。

1. 桌面图标与桌面背景

桌面上的图标是代表程序、文件、打印信息和计算机信息等的图形，它为用户提供在日常操作下弹出程序或文档的简便方法，这些图标包括"计算机""回收站""网络""用户的文件""控制面板"等。

Windows 7 为我们提供了丰富多彩的桌面，用户可以根据自己的需要，发挥自己的特长，打造极富个性的桌面。

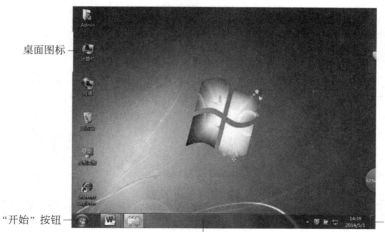

桌面图标——

"开始"按钮——   ——"显示桌面"按钮

任务栏

图 2-2   Windows 7 桌面

（1）隐藏或显示"计算机""网络"和"回收站"等桌面图标。

Windows 7 刚安装好后，桌面上只有一个"回收站"图标。用户可右击桌面，在弹出的桌面快捷菜单中选择"个性化"命令，在打开的"个性化"窗口中单击"更改桌面图标"超链接，弹出"桌面图标设置"对话框，在"桌面图标"组中勾选或不勾选这些复选框以显示或隐藏这些常用图标，然后单击"应用"或"确定"按钮，如图 2-3 和图 2-4 所示。

图 2-3   "个性化"窗口

（2）桌面图标的排列。

用户可以对桌面上的图标进行排列，自动排列的顺序可按名称、大小、项目类型、修改日期等；也可取消自动排列后手动拖动桌面图标。取消自动排列图标的操作是在桌面的快捷

图 2-4 "桌面图标设置"对话框

菜单中选择"查看"命令，在弹出的下一级子菜单中取消"自动排列图标"选项的选中，如图 2-5 所示。

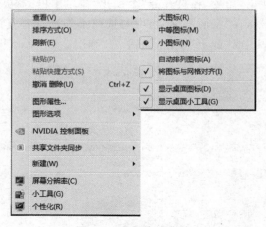

图 2-5 桌面快捷菜单

（3）桌面图标的添加与删除。

用户可以根据需要删除桌面图标，也可以通过程序安装、在桌面新建文件或文件夹、创建快捷方式、复制等方法添加桌面图标。

（4）桌面背景的设置。

桌面背景是 Windows 7 系统桌面的背景图案，是用户最常用的一种美化桌面的方法。启动 Windows 7 后，桌面背景采用的是系统安装时的默认设置。为了使桌面的外观更加美丽、更具个性化，用户除了可以使用 Windows 7 系统提供的背景之外还可以使用保存于计算机中的图片作为桌面背景。设置桌面背景见例 2-1。

【例 2-1】 桌面背景选用一幅自己喜欢的人物照片或自然风景图片，并选用"拉伸"方式覆盖整个桌面。

操作步骤如下：

（1）在打开的"个性化"窗口中单击"桌面背景"超链接，打开"桌面背景"窗口。

（2）在"桌面背景"窗口中，单击"浏览"按钮选择一幅图片，在"图片位置"下拉列表框中选择"拉伸"选项。然后单击"保存修改"按钮即可，如图 2-6 所示。

图 2-6　"桌面背景"窗口

2．任务栏

1）任务栏组成

任务栏是位于屏幕底部的一个水平长条区域，它由"开始"按钮、快速启动区、活动任务区、语言栏、系统通知区和"显示桌面"按钮组成，如图 2-7 所示。对任务栏的操作包括锁定任务栏、改变任务栏大小、自动隐藏任务栏等。

图 2-7　任务栏

（1）"开始"按钮。

"开始"按钮位于任务栏最左端，单击该按钮可以打开"开始"菜单，用户可以从"开始"菜单中启动应用程序或选择所需要的菜单命令。

（2）快速启动区。

用户可以将自己经常需要访问的程序的快捷方式拖入到这个区域中。如果用户想要删除快速启动区中的选项时,可右击对应的"图标",在弹出的快捷菜单中选择"将此程序从任务栏解锁"命令。

(3) 活动任务区。

该区显示了所有当前运行中的应用程序和所有打开的文件夹窗口对应的图标。需要注意的是,如果应用程序或文件夹窗口所对应的图标在"快速启动区"中出现,则其不在"活动任务区"中再出现。此外,为了使任务栏能够节省更多的空间,相同应用程序打开的所有文件只对应一个图标。为了方便用户快速地定位已经打开的目标文件或文件夹,Windows 7还提供了两个强大的功能,即实时预览功能和跳跃快捷菜单功能。

- 实时预览功能:使用该功能可以快速地定位已经打开的目标文件或文件夹。移动鼠标指向任务栏中打开程序所对应的图标可以预览打开的多个窗口界面,如图 2-8 所示,单击预览的窗口界面即可切换到该文件或文件夹。

图 2-8　实时预览功能

- 跳跃快捷菜单功能:右击"快速启动区"或"活动任务区"中的图标,弹出"跳跃"快捷菜单,使用"跳跃"快捷菜单可以访问经常被指定程序打开的若干个文件。需要说明的是,不同图标所对应的"跳跃"快捷菜单会略有不同。

(4) 语言栏。

"语言栏"主要用于选择汉字输入方法或切换到英文输入状态。在 Windows 7 中,语言栏可以脱离任务栏,也可以将其最小化融入任务栏中。

(5) 系统通知区。

系统通知区用于显示音量、时钟及一些告知特定程序和计算机设置状态的图标,单击系统通知区中的"显示隐藏的图标"按钮█会弹出常驻内存的项目。

(6) "显示桌面"按钮。

单击该按钮可以实现在当前窗口与桌面之间进行切换。当移动鼠标指向该按钮时可预览桌面,单击该按钮时则可显示桌面。

2) 任务栏设置

(1) 锁定任务栏。

锁定任务栏就是将任务栏锁定,使其不能移动和改变大小,锁定任务栏的操作如下。

① 右击任务栏的空白区域,在弹出的快捷菜单中选择"属性"命令。

② 在打开的"任务栏和「开始」菜单"属性对话框中单击"任务栏"选项卡,在"任务栏外观"组中勾选"锁定任务栏"复选框,如图 2-9 所示。

③ 单击"确定"或"应用"按钮。

（2）改变任务栏大小和位置。

当打开很多程序时任务栏将显得特别拥挤，此时可以通过调整任务栏的大小来解决。方法是在打开的"任务栏和「开始」菜单属性"对话框的"任务栏"选项卡中清除"锁定任务栏"复选标记，然后将鼠标指针指向任务栏的边缘，当指针变为双箭头时拖动边框将任务栏调整为所需大小。改变任务栏的位置只需在该对话框的"屏幕上的任务栏位置"下拉列表框中选择某选项，如图2-10所示，或拖动任务栏到屏幕上的任意位置。

图 2-9　锁定任务栏

图 2-10　改变任务栏大小和位置

（3）隐藏任务栏。

"任务栏和「开始」菜单属性"对话框的"任务栏"选项卡如图2-9所示，选中"自动隐藏任务栏"复选框，单击"确定"或"应用"按钮即可。

2.2.2　窗口和对话框

1. 窗口

窗口是在运行程序时屏幕上显示信息的一块矩形区域。Windows 7 中的每个程序都具有一个或多个窗口用于显示信息。在 Windows 7 中有两种窗口，一种是文件夹窗口，也就是资源管理器窗口，如图2-11所示；另一种是文件窗口，如图2-12所示。

如图2-11所示，文件夹窗口由标题栏、地址栏、搜索栏、窗口控制按钮、菜单栏、工具栏、导航窗格、详细信息面板、窗口工作区、滚动条和状态栏等组成。

如图2-12所示，文件窗口由标题栏、控制菜单图标、快速访问工具栏、窗口控制按钮、功能选项卡、功能区、工作区、滚动条、标尺按钮、状态栏和显示比例缩放区等组成。

由图2-11和图2-12不难看出两种窗口的差异。

（1）虽都有标题栏，但文件夹窗口的标题栏实际上并无标题。

（2）文件夹窗口有地址栏和搜索栏，而文件窗口没有。

（3）文件夹窗口有菜单栏和工具栏，而文件窗口却将昔日 Windows XP 下的菜单栏和工具栏转换成今日 Windows 7 下的功能选项卡和功能区，特别有趣的是，当我们在文件窗

菜单栏　地址栏　标题栏　搜索栏　窗口控制按钮

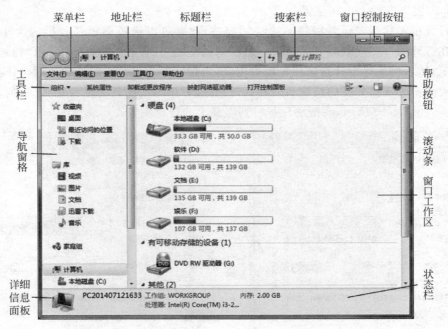

工具栏

帮助按钮

导航窗格

滚动条

窗口工作区

详细信息面板

状态栏

图 2-11　文件夹窗口

控制菜单图标　快速访问工具栏　标题栏　功能选项卡　功能区　窗口控制按钮

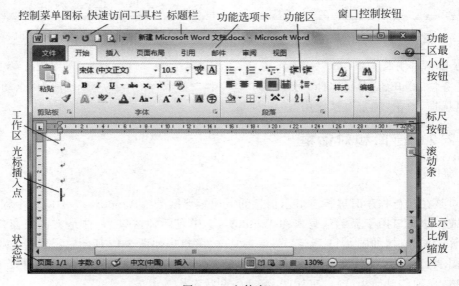

功能区最小化按钮

标尺按钮

工作区　光标插入点

滚动条

状态栏

显示比例缩放区

图 2-12　文件窗口

口的工作区添加一新对象时便立即弹出该对象所对应的功能选项卡,这些重大改变使操作更直观、更方便快捷、更加人性化。

1) 窗口组成

(1) 标题栏。

标题栏位于窗口顶部,用于显示窗口标题,拖动标题栏可以改变窗口的位置。

标题栏一般由控制菜单图标、标题和一组窗口控制按钮组成。

- 控制菜单图标：位于标题栏最左端，双击则关闭该窗口，单击则打开控制菜单，用于对窗口进行还原、移动、最大化、最小化和关闭窗口等操作。
- 窗口控制按钮：位于标题栏最右端，分别是窗口"最小化"按钮 、"最大化/还原"按钮 和"关闭"按钮 ，单击相应按钮完成的功能和执行控制菜单相应命令是一样的。

（2）地址栏。

地址栏显示当前窗口文件在系统中的位置。其左侧包括"返回"按钮 和"前进"按钮 ，用于打开最近浏览过的窗口。

（3）搜索栏。

搜索栏用于快速搜索计算机中的文件。

（4）菜单栏。

菜单栏又称系统菜单，它集合了对文件夹或应用程序操作的所有命令，按操作类别划分为多个菜单构成的菜单组，一般包括"文件""编辑""查看""工具"和"帮助"等菜单，单击某菜单会打开下一级下拉式子菜单，再选择相应命令完成相应操作。

（5）工具栏。

工具栏会根据窗口中显示或选择的对象同步进行变化，以便用户进行快速操作。其中单击"组织"按钮 组织▼ 将弹出如图 2-13 所示的下拉式菜单，可以选择各种文件管理操作，如复制、删除等。

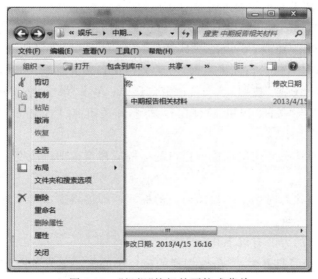

图 2-13 "组织"按钮的下拉式菜单

（6）导航窗格。

导航窗格位于工作区的左边区域，用于显示系统中的文件列表，当处于全部收缩状态时仅显示"收藏夹"和"桌面"两个部分。单击其前面的"扩展"按钮可以打开相应的列表。例如，单击"桌面"前的"扩展"按钮，可展开包括"库""计算机""网络"等部分。

（7）详细信息面板。

详细信息面板提供了当前右窗格中所显示对象的详细信息。

（8）滚动条。

Windows 7 窗口中一般包括垂直滚动条和水平滚动条两种。只有当窗口中的内容显示不完整时才会出现滚动条,拖动水平或垂直方向上的滚动条可沿水平或垂直方向移动窗口中的内容以便用户浏览。

（9）窗口工作区。

对于文件夹窗口,窗口工作区用于显示当前窗口中存放的文件和文件夹;对于文件窗口工作区则用于输入和编辑文件内容。

（10）状态栏。

对于文件夹窗口,状态栏用于显示计算机的配置信息或当前窗口中选择对象的信息;对于文件窗口,状态栏则用于显示输入编辑内容时的状态。

需要说明的是,文件窗口中的"快速访问工具栏""功能选项卡""功能区""标尺"等部分将在介绍 Office 办公软件时阐述,故在此不再说明。

2）窗口操作

（1）打开窗口。

在 Windows 7 中,用户启动一个程序、打开一个文件或文件夹时都将打开一个窗口。打开对象窗口的具体方法有以下几种。

- 双击一个对象图标将打开对象窗口。
- 选中对象后按 Enter 键即可打开对象窗口。
- 在对象图标上右击,在弹出的快捷菜单中选择"打开"命令。

（2）窗口的最大化/还原、最小化、关闭操作。

单击"最大化"按钮,使窗口充满桌面,对于文档窗口是充满所对应的应用程序窗口,此时"最大化"按钮变成"还原"按钮,单击可使窗口还原;单击"最小化"按钮,将使窗口缩小为任务栏上的按钮;单击"关闭"按钮,将使窗口关闭,即关闭窗口对应的应用程序。

（3）改变窗口的大小。

当窗口处于还原状态时用鼠标拖动窗口的边框或视窗角即可改变窗口的大小。

（4）移动窗口。

当窗口处于还原状态时用鼠标拖动窗口的标题栏即可将窗口移动到指定的位置。

（5）窗口之间的切换。

常用的切换窗口的方法有以下几种。

- 当多个窗口同时打开时,单击要切换的窗口中的某一点或单击要切换到的窗口中的标题栏可以切换到该窗口。
- 在任务栏上单击某窗口对应的按钮也可切换到该按钮对应的窗口。
- 利用 Alt＋Tab 或 Alt＋Esc 组合键也可以在不同窗口之间进行切换。

（6）在桌面上排列窗口。

Windows 7 提供了排列窗口的命令,可使窗口在桌面上有序排列。右击任务栏的空白处,在弹出的快捷菜单中选择"层叠窗口""堆叠显示窗口"或"并排显示窗口"命令,可使窗口按要求进行有序排列。

2．对话框

在 Windows 7 中，选择带有省略号的菜单命令或单击"功能区"中的某功能按钮，如在 Word 窗口中单击"字体"组的"字体"按钮或"段落"组的"段落"按钮都会在屏幕上弹出一个特殊的窗口，在该窗口中列出了该命令或该按钮所需的各种参数、项目名称、提示信息及参数的可选项，这种窗口称为对话框，如图 2-14 所示。

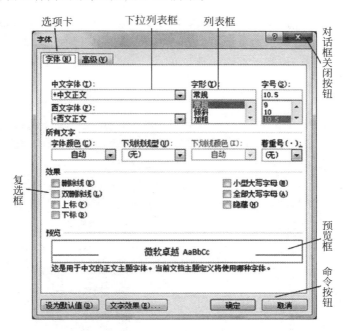

图 2-14　"字体"对话框

对话框是一种特殊的窗口，它没有控制菜单图标、最大/最小化按钮，对话框的大小不能改变，但可以用鼠标将其拖动或关闭。

Windows 7 对话框中通常有以下几种控件。

（1）选项卡：在更为复杂的对话框中需要在有限的空间内显示更多的信息，这时就设计了多个功能组，每个功能组对应一个主题，每个主题对应一个选项卡，选择某选项卡则完成一个功能组合。

（2）文本框（输入框）：接受用户输入信息的区域。

（3）列表框：列表框中列出可供用户选择的各种选项，这些选项叫作条目。用户单击某个条目即可将其选中。

（4）下拉列表框：与文本框相似，右端带有一个指向下的按钮，单击该下三角按钮会展开一个列表，在列表框中选中某一条目会使文本框中的信息发生变化。

（5）单选按钮：一组相关的选项，在这组选项中必须选中且只能选中一个选项。

（6）复选框：在复选框中给出了一些具有开关状态的设置项，可选中其中一个或多个，也可一个都不选。

（7）微调框：一般用来接收数字，可以直接输入数字，也可以单击"微调"按钮来增大数值或减小数值。

（8）预览框：用于预览所选对象或所设置对象的外观效果。

（9）命令按钮：在对话框中选择了各种参数，在进行各种设置之后，用鼠标单击命令按钮即可执行相应命令按钮的操作。

2.2.3　菜单

菜单主要用于存放各种操作命令，如果要执行菜单上的命令，只需单击相应的菜单项，然后在弹出的菜单中单击某个命令即可。在 Windows 7 中常用的菜单类型主要包括 4 类，即"开始"菜单、系统菜单、控制菜单和快捷菜单。

1. "开始"菜单

"开始"菜单是应用程序运行的总起始点，通过单击"开始"按钮打开该菜单组。在 Windows 7 中，"开始"菜单在原有"开始"菜单基础上进行了许多新的改进，其功能得到了进一步增强，更加方便用户打开经常使用的文件，而且按最近启动的应用程序分门别类显示，还可直接单击打开最近常用的文件。单击"开始"按钮打开左、右两个列表项，分别以垂直排列方式显示。左列表项包括最近启动的程序区域、系统"所有程序"列表按钮和搜索框；右列表项包括"用户账户"按钮、Windows 文件夹、内置功能图标和系统关机按钮及关机选项按钮等，如图 2-15 所示。

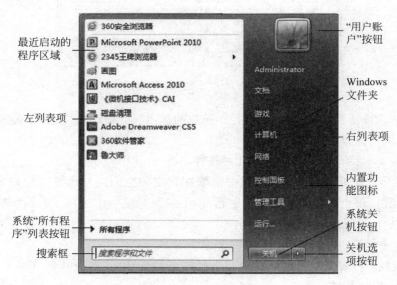

图 2-15　"开始"菜单

1）最近启动的程序区域

在"开始"菜单中，"最近启动的程序"区域中会显示用户最近打开运行的应用程序，将鼠标指针移至某个程序时在列表右侧即可显示该程序最近打开的文件名称，切换快捷，查看方便。

2）系统"所有程序"列表按钮

单击下方的系统"所有程序"列表按钮可以将系统所有程序列表显示于该按钮的上方。

3）搜索框

利用搜索框可十分方便地查找到想要的程序和文件。在搜索框中输入搜索关键词,系统便立即搜索相应的程序或文件,并显示于搜索框的上方。

4）"用户账户"按钮

单击该按钮,可以快速打开用来设置账户的窗口。

5）Windows 文件夹

Windows 文件夹包括个人文件夹、文档、图片、音乐、游戏和计算机等。

6）内置功能图标

内置功能图标包含控制面板、设备和打印机、默认程序、帮助和支持等图标,单击某图标即可打开相应的窗口,用于查看或设置相应的内置功能。

7）系统关机按钮及关机选项按钮

"开始"菜单提供了用于关闭计算机的按钮,单击右侧的"关机"按钮即可关闭计算机,单击右侧的"关机选项"按钮 即可弹出"关机选项"菜单,包括注销、切换、锁定或重新启动计算机系统,也可以使系统处于休眠或睡眠状态。

2．系统菜单

文件夹窗口中的菜单栏被称为系统菜单。在 Windows 7 环境下该菜单栏默认不显示,为操作方便,用户可设置显示文件夹窗口中的菜单栏,方法是在打开的任意一个文件夹窗口中单击"组织"→"布局"→"菜单栏"选项,在"菜单栏"选项前打钩,即可添加该菜单栏。如果要使该菜单栏隐藏,仍使用以上方法,去掉"菜单栏"选项前的钩即可。该菜单栏主要包括"文件""编辑""查看""工具"和"帮助",系统菜单如图 2-16 所示。

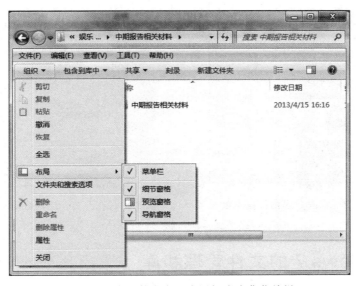

图 2-16 在文件夹窗口中添加或隐藏菜单栏

该菜单栏主要用于在文件夹窗口中对所选对象的操作。值得注意的是,当在某一文件夹窗口中添加了菜单栏后,之后在任何新打开的文件夹窗口中都会包含该菜单栏。

3．控制菜单

每一个打开的文件窗口标题栏最左端都有一个控制菜单图标。控制菜单就是指单击该控制菜单图标打开的菜单，如图 2-17 所示。不难看出，控制菜单主要用于对整个文件窗口的操作，即实现窗口的还原、移动、改变大小、最小化、最大化和窗口的关闭操作。

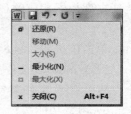

图 2-17　"控制"菜单

4．快捷菜单

无论是昔日的 Windows XP 还是今天的 Windows 7，用户在使用菜单时最喜欢使用的菜单还是快捷菜单，这是因为快捷菜单方便、快捷。快捷菜单是右击一个项目或一个区域时弹出的菜单列表。如图 2-18 和图 2-19 所示，分别为右击 D 盘和右击 D 盘空白区域弹出的快捷菜单，可见选择不同对象或不同区域所弹出的快捷菜单是不一样的。使用鼠标选择快捷菜单中相应选项即可对所选对象实现"打开""删除""复制""发送""创建快捷方式"等操作。

图 2-18　右击 D 盘的快捷菜单

图 2-19　右击 D 盘空白区域的快捷菜单

2.3　Windows 7 的文件管理和库

计算机中所有的程序、数据等都是以文件的形式存放在计算机中的。在 Windows 7 操作系统中，"计算机"与"Windows 资源管理器"都是 Windows 提供的用于管理文件和文件夹的工具，二者的功能类似，都具有强大的文件管理功能。

2.3.1　文件管理的基本概念

文件和文件夹是文件管理中两个非常重要的对象,所以要首先介绍这两个基本概念。另外在对文件和文件夹的操作过程中经常要完成文件和文件夹的复制、移动和删除等操作,因此这里还涉及两个重要对象,即剪贴板和回收站。所以本节主要介绍文件、文件夹、剪贴板和回收站的基本概念及相关知识。

1. 文件

文件是计算机中一个非常重要的概念,它是操作系统用来存储和管理信息的基本单位。在文件中可以保存各种信息,它是具有名字的一组相关信息的集合。编制的程序、文档以及用计算机处理的图像、声音信息等都要以文件的形式存放在磁盘中。

1）文件命名

每个文件都必须有一个确定的名字,这样才能做到对文件按名存取的操作。通常文件名称由文件名和扩展名两部分组成,而文件名可由最多225个字符组成,文件名不能包含"\""/"":"" * ""<"">""|""、等字符。

计算机中所有的信息都是以文件的形式进行存储的,如程序、文档、图像、声音信息等。由于不同类型的信息有不同的存储格式与要求,相应地就会有多种不同的文件类型,这些不同的文件类型一般通过扩展名来标明。表 2-1 列出了常见的扩展名及其含义。

表 2-1　常见的文件扩展名及其含义

扩　展　名	含　　义	扩　展　名	含　　义
.com	系统命令文件	.exe	可执行文件
.sys	系统文件	.rtf	带格式的文本文件
.docx	Word 2010 文档	.obj	目标文件
.txt	文本文件	.swf	Flash 动画发布文件
.xlsx	Excel 2010 文档	.zip	ZIP 格式的压缩文件
.pptx	PowerPoint 2010 文档	.rar	RAR 格式的压缩文件
.html	网页文件	.cpp	C++语言源程序
.bak	备份文件	.java	Java 语言源程序

2）文件通配符

在文件操作中有时需要一次处理多个文件,当需要成批处理文件时有两个特殊符号非常有用,它们就是文件通配符" * "和"?"。在文件操作中使用" * "代表任意多个 ASCII 码字符;在文件操作中使用"?"代表任意一个字符。在文件搜索等操作中,灵活使用通配符可以很快地匹配出含有某些特征的多个文件或文件夹。

3）文件属性

文件属性是用于反映该文件的一些特征的信息,常见的文件属性一般分为以下三类。

（1）时间属性。

- 文件的创建时间：该属性记录了文件被创建的时间。
- 文件的修改时间：文件可能经常被修改,文件修改时间属性会记录下文件最近一次被修改的时间。
- 文件的访问时间：文件会经常被访问，文件访问时间属性记录了文件最近一次被访问的时间。

（2）空间属性。
- 文件的位置：文件所在的位置，一般包含盘符、文件夹。
- 文件的大小：文件的实际大小。
- 文件所占磁盘空间：文件实际所占的磁盘空间。由于文件存储以磁盘簇为单位，因此文件的实际大小与文件所占的磁盘空间在很多情况下是不同的。

（3）操作属性。
- 文件的只读属性：为防止文件被意外修改，可以将文件设为只读属性，只读属性的文件可以被打开，除非将文件另存为新的文件，否则不能将修改的内容保存下来。
- 文件的隐藏属性：对重要文件可以将其设为隐藏属性，一般情况下隐藏属性的文件是不显示的，这样可以防止文件被误删除、被破坏等。
- 文件的系统属性：操作系统文件或操作系统所需要的文件具有系统属性，具有系统属性的文件一般存放在磁盘上的固定位置。
- 文件的存档属性：当建立一个新文件或修改旧的文件时系统会把存档属性赋予这个文件，当备份程序备份文件时会取消存档属性，这时，如果又修改了这个文件，则它又获得了存档属性。所以，备份文件程序可以通过文件的存档属性识别出该文件是否备份过或做过修改。

2．文件夹（文件目录）

为了便于对文件的管理，Windows 操作系统采用类似于图书馆管理图书的方法，按照一定的层次目录结构对文件进行管理，称为树形目录结构。

所谓的树形目录结构就像一颗倒挂的树，树根在顶层，称为根目录，根目录下可有若干个（第一级）子目录或文件，在子目录下还可以有若干个子目录或文件，一直可以嵌套若干级。

在 Windows 中，这些子目录称为文件夹，文件夹用于存放文件和子文件夹。用户可以根据需要把文件分成不同的组并存放在不同的文件夹中。

在对文件夹中的文件进行操作时，作为系统应该知道这个文件的位置，即它在哪个磁盘的哪个文件夹中。对文件位置的描述称为路径，如"D:\Test\Sub1\会议记录.docx"指示了"会议记录.docx"文件的位置在 D 盘的 Test 文件夹下的 Sub1 子文件夹中。

3．剪贴板

为了在应用程序之间交换信息，Windows 提供了剪贴板的机制。剪贴板是内存中一个临时数据存储区，在进行剪贴板的操作时总是通过"复制"或"剪切"命令将选定的对象送入剪贴板，然后在需要接收信息的窗口内通过"粘贴"命令从剪贴板中取出信息。

虽然"复制"和"剪切"命令都是将选定的对象送入剪贴板，但这两个命令是有区别的。"复制"命令是将选定的对象复制到剪贴板，因此执行完"复制"命令后，原来的信息仍然保留，同时剪贴板中也具有该信息；"剪切"命令是将选定的对象移动到剪贴板，执行完"剪切"

命令后,剪贴板中具有该信息,而原来的信息将被删除。

如果进行多次的"复制"或"剪切"操作,剪贴板总是保留最后一次操作时送入的内容。但是,一旦向剪贴板中送入了信息,在下一次"复制"或"剪切"操作之前剪贴板中的内容将保持不变。这也意味着可以反复使用"粘贴"命令,将剪贴板中的信息送至不同的程序或同一程序的不同地方。

在 Windows 7 环境下,几乎打开的所有文件窗口都有一个剪贴板功能组,该功能组一般包括剪切、复制、格式刷和粘贴 4 个按钮,如图 2-20 所示。这 4 个按钮主要用于完成对象的剪切、复制、格式复制和对象的粘贴操作。

图 2-20　"剪贴板"功能组

4. 回收站

回收站是硬盘上的一块存储区,被删除的对象往往先放入回收站,并没有被真正地删除,回收站窗口如图 2-21 所示。将所选文件移到回收站中是一个不完全的删除。如果下次需要使用这个被删除的文件时,可以从回收站的"文件"菜单中选择"还原"命令将其恢复成正常的文件,自动放回原来的位置;当确定不再需要时可以从回收站的"文件"菜单中选择"删除"命令将其真正从回收站中删除;还可以从回收站"文件"菜单中选择"清空回收站"命令将回收站的全部内容删除。

回收站的存储空间可以调整。在"回收站"图标上右击,在弹出的快捷菜单中选择"属性"命令,打开如图 2-22 所示的"回收站 属性"对话框,通过该对话框可以调整回收站的存储空间。

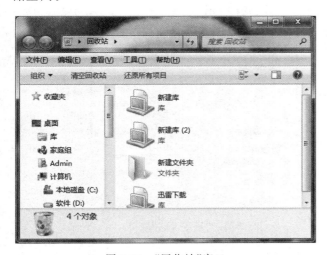

图 2-21　"回收站"窗口

图 2-22　"回收站 属性"对话框

2.3.2　文件和文件夹的管理

在 Windows 7 中,单击"开始"按钮,选择"所有程序"→"附件"→"Windows 资源管理器"选项,或右击"开始"按钮,从弹出的快捷菜单中选择"打开 Windows 资源管理器"命令,都可以打开"Windows 资源管理器"窗口;"Windows 资源管理器"窗口就是一个"库"窗口,在"库"窗口中单击导航窗格中的任意一个目录即可打开任意一个相应目录的文件夹窗口。所以在 Windows 7 中既可以在文件夹窗口中操作文件和文件夹,也可以在"Windows 资源管理器"窗口中管理文件和文件夹。

1. 打开文件夹

文件夹窗口可以让用户在一个独立的窗口中对文件夹中的内容进行操作。打开文件夹的方法通常是在桌面双击"计算机"图标,打开"计算机"窗口,再双击窗口中要操作的盘区的图标,打开该盘符图标所对应的窗口,右窗格显示该盘区中的所有文件或者文件夹图标。如果需要对某一文件夹下的内容进行操作,则需要再双击该文件夹打开相应的文件夹窗口。如果需要的话,还可以依次打开其下的各级子文件夹窗口。

2. 文件和文件夹的显示和排序

Windows 7 提供了多种方式来显示文件或文件夹。选择文件夹窗口中的"查看"和"排序方式"快捷菜单选项可以改变文件夹窗口中内容的显示方式和排序方式。

1)文件和文件夹的显示方式

在文件夹窗口中的空白处右击并选择"查看"选项,弹出其下一级子菜单,主要包括"超大图标""大图标""中等图标""小图标""列表""详细信息""平铺"和"内容"8 种方式,如图 2-23 所示。选择其中任意一个选项即可按要求显示文件夹窗口中的文件和文件夹。

2)文件和文件夹的排序方式

用户可以按照文件和文件夹的名称、类型、大小和修改日期对文件夹窗口中的文件和文件夹进行排列显示,以方便对文件进行管理,如图 2-24 所示。

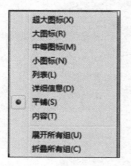

图 2-23　"查看"菜单

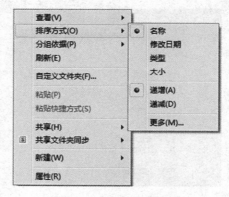

图 2-24　"排序方式"菜单

3. 文件和文件夹的显示与隐藏

1)显示/隐藏文件和文件夹

用户在文件夹窗口中看到的可能并不是全部的内容,有些内容当前可能没有显示出来,这是因为 Windows 7 在默认情况下会将某些文件(如隐藏文件)隐藏起来不显示。为了能够显示所有文件和文件夹,可进行如下设置。

(1)选择"组织"→"文件夹和搜索选项"命令或单击"工具"→"文件夹选项"菜单,弹出

"文件夹选项"对话框。

（2）选择"查看"选项卡。

（3）在"隐藏文件和文件夹"下的两个单选按钮中选中"显示隐藏的文件、文件夹和驱动器"单选按钮，如图 2-25 所示。

【说明】 上述设置是对整个系统而言的，即如果在任何一个文件夹窗口中进行了上述设置后，在之后打开的其他所有文件夹窗口下都能看到所有文件和文件夹。

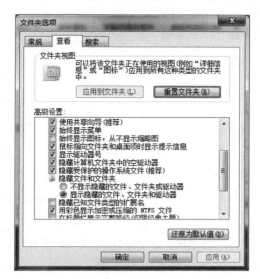

图 2-25 "文件夹选项"对话框

2）显示/隐藏文件的扩展名

通常情况下，在文件夹窗口中看到的大部分文件只显示了文件名的信息，而其扩展名并没有显示。这是因为默认情况下 Windows 7 对于已在注册表中登记的文件只显示文件名，而不显示扩展名。也就是说，Windows 7 是通过文件的图标来区分不同类型的文件的，只有那些未被登记的文件才能在文件夹窗口中显示其扩展名。

如果想看到所有文件的扩展名，可以选择"组织"→"文件夹和搜索选项"命令，弹出"文件夹选项"对话框，然后在"查看"选项卡中取消选中"隐藏已知文件类型的扩展名"复选框。如图 2-25 所示。

【说明】 该项设置也是对整个系统而言的，而不是仅仅对当前文件夹窗口。

4. 新建文件和文件夹

新建文件和文件夹的最简便的方法如下。

（1）右击文件夹窗口的空白处或桌面，在弹出的快捷菜单中选择"新建"命令。

（2）在下一级菜单中选择某一类型的文件或文件夹命令，如图 2-26 所示。

（3）输入文件名或文件夹名。新建文件和文件夹的名字默认为"新建"，如图 2-27 所示。

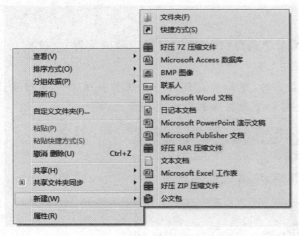

图 2-26 "新建"的下一级菜单   图 2-27 新建文件和文件夹名

5. 创建文件或文件夹的快捷方式

用户可为自己经常使用的文件或文件夹创建快捷方式,快捷方式只是将对象(文件或文件夹)直接链接到桌面或计算机任意位置,其使用和一般图标一样,这就减少了查找资源的操作,提高了用户的工作效率。创建快捷方式的操作如下。

(1) 右击要创建快捷方式的文件或文件夹。

(2) 在弹出的快捷菜单中选择"创建快捷方式"或选择"发送到"→"桌面快捷方式"命令,如图 2-28 所示。前者创建的快捷方式与对象同处一个位置,后者创建的快捷方式在桌面上。

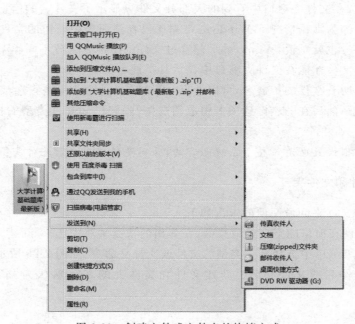

图 2-28 创建文件或文件夹的快捷方式

6．文件或文件夹重命名

有时需要更改文件或文件夹的名字，这时可以按照下述方法之一进行操作。

（1）选定要重命名的对象，然后单击对象的名字，再输入对象名。

（2）右击要重命名的对象，在弹出的快捷菜单中选择"重命名"命令，然后输入对象名。

（3）选定要重命名的对象，然后选择"文件"→"重命名"命令，再输入对象名。

（4）选定要重命名的对象，然后按F2键，再输入对象名。

【说明】 文件的扩展名一般是默认的，如Word 2010文件的扩展名是.docx，当更改文件名时只需更改它的名字部分，而不需要更改扩展名。例如，"计算机应用基础.docx"改名为"大学计算机基础.docx"，只需将"计算机应用基础"改为"大学计算机基础"即可。

2.3.3 文件和文件夹的操作

文件和文件夹的操作主要包括文件和文件夹的选定，文件和文件夹的复制、移动和删除，撤销与恢复，文件和文件夹的搜索等，这些是人们在日常工作中经常进行的操作。

1．选定文件和文件夹

在Windows中进行操作，首先必须选定对象，再对选定的对象进行操作。下面介绍选定对象的几种方法。

1）选定单个对象

单击文件、文件夹或快捷方式图标，则选定被单击的对象。

2）同时选定多个对象的操作

（1）按住Ctrl键，依次单击要选定的对象，则这些对象均被选定。

（2）用鼠标左键拖动形成矩形区域，区域内的对象均被选定。

（3）如果选定的对象连续排列，先单击第一个对象，然后在按住Shift键的同时单击最后一个对象，则从第一个对象到最后一个对象之间的所有对象均被选定。

（4）在文件夹窗口中单击菜单"编辑"→"全部选定"命令或按Ctrl+A组合键，则当前窗口中的所有对象均被选定。

2．移动或复制文件和文件夹

有多种方法可以完成移动和复制文件和文件夹的操作，即利用鼠标右键或左键的拖动以及利用Windows的剪贴板。

1）鼠标右键操作

首先选定要移动或复制的文件或文件夹，按下鼠标右键拖动至目标位置，然后释放按键，此时会弹出菜单提问"复制到当前位置""移动到当前位置""在当前位置创建快捷方式"和"取消"，根据要做的操作选择其一即可，如图2-29所示。

图2-29 用鼠标右键拖动形成的菜单

2）鼠标左键操作

首先选定要移动或复制的文件或文件夹,按住鼠标左键不放拖动至目标位置,然后释放按键。左键拖动不会出现菜单,但根据不同的情况所做的操作可能是移动、复制或复制快捷方式。

（1）对于多个对象或单个非程序文件,如果在同一盘区拖动,例如从 F 盘的一个文件夹拖到 F 盘的另一个文件夹,则为移动;如果在不同盘区拖动,例如从 F 盘的一个文件夹拖到 E 盘的一个文件夹,则为复制。

（2）在同一盘区,在拖动的同时按住 Ctrl 键则为复制,在拖动的同时按住 Shift 键或不按则为移动。

（3）如果将一个程序文件从一个文件夹拖动至另一个文件夹或桌面上,Windows 7 会把源文件留在原文件夹中,而在目标文件夹建立该程序的快捷方式。

3）利用 Windows 剪贴板的操作

利用剪贴板进行文件和文件夹的移动或复制的常规操作如下。

（1）选定要移动或复制的文件和文件夹。

（2）如果是复制,则选择“复制”命令,或按 Ctrl＋C 组合键;如果是移动,则选择“剪切”命令,或按 Ctrl＋X 组合键。

（3）选定接收对象的位置,即打开目标位置的文件夹窗口或切换至桌面。

（4）选择“粘贴”命令,或按 Ctrl＋V 组合键。

3. 撤销与恢复操作

在执行了移动、复制、更名等操作后,如果用户又改变了主意,可选择“编辑”→“撤销”命令,也可选择“组织”→“撤销”命令,还可以按 Ctrl＋Z 组合键,这样就可以取消刚才的操作。如果取消了刚才的操作后又想恢复刚才的操作,则可选择“编辑”→“恢复”命令,也可选择“组织”→“恢复”命令,还可以按 Ctrl＋Y 组合键,这样又恢复了刚才被撤销的操作。

4. 删除文件或文件夹

删除文件或文件夹最快捷的方法就是用 Delete 键。先选定要删除的对象,再按 Delete 键,然后在弹出的“删除文件”或“删除文件夹”对话框中单击“是”按钮即可删除。此外还可以用如下方法删除。

（1）右击要删除的对象,在弹出的快捷菜单中选择“删除”命令。

（2）选定要删除的对象,然后将其直接拖至回收站。

不论采用哪种方法,在进行删除前系统都会给出提示信息让用户确认,确认后系统才将文件或文件夹删除。需要说明的是,在一般情况下,Windows 并不真正地删除文件或文件夹,而是将被删除的项目暂时放在回收站中。实际上,回收站是硬盘上的一块区域,被删除的文件或文件夹会被暂时存放在这里,如果发现删除有误,可以通过回收站恢复。

在删除文件或文件夹时,如果是按住 Shift 键的同时按 Delete 键删除,则被删除的文件或文件夹不进入回收站,而是真正在物理上被删除了,在做这个操作时请大家一定要慎重。

5. 恢复删除的文件、文件夹和快捷方式

如果用户在删除后立即改变了主意,可通过选择“撤销”命令来恢复删除。但是对于已经删除一段时间的文件和文件夹,需要到回收站中查找并进行恢复。

1) 回收站的操作

双击"回收站"图标,打开"回收站"窗口,在其中会显示最近删除的项目名字、位置、日期、类型和大小等信息。选定需要恢复的对象,此时工具栏会出现"还原此项目"按钮,单击该按钮,或选择"文件"→"还原"命令,即可将文件或文件夹恢复至原来的位置,还可以右击要恢复的对象,在弹出的快捷菜单中选择"还原"命令。如果在恢复过程中,原来的文件夹不存在,Windows 7会要求重新创建文件夹。

需要说明的是,从U盘或网络服务器中删除的项目不保存在回收站中。此外,当回收站中的内容过多时,最先进入回收站的项目将被真正地从硬盘中删除。因此,回收站中只能保存最近删除的项目。

2) 清空回收站

如果回收站中的文件过多,也会占用磁盘空间。因此,如果某文件确实不需要了,应该将其从回收站中清除(真正地删除),这样就可以释放一些磁盘空间。

在"回收站"窗口中选定需要删除的文件,按Delete键,在回答了确认信息后就完成了真正删除。如果要清空回收站,单击工具栏上的"清空回收站"按钮或执行"文件"→"清空回收站"命令即可,如图2-21所示。

6. 设置文件或文件夹的属性

具体操作为右击文件或文件夹,在弹出的快捷菜单中选择"属性"命令,打开其"属性"对话框,图2-30和图2-31分别为文件夹属性和文件属性对话框,然后在属性对话框中选择需要设置的"只读"属性和"隐藏"属性,若要设置"存档"属性则需要单击"高级"按钮,在打开的"高级属性"对话框中进行相应设置,然后单击"确定"或"应用"按钮。

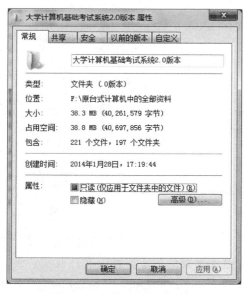

图 2-30 文件夹属性对话框

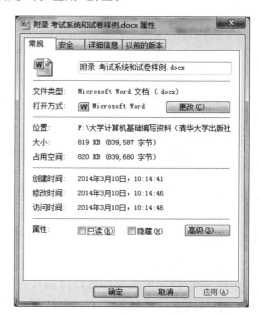

图 2-31 文件属性对话框

从图 2-30 和图 2-31 中可以看出，在属性对话框中还显示了文件夹或文件许多重要的统计信息，如文件的大小、创建或修改的时间、位置、类型等。

7. 文件和文件夹的搜索

当计算机中的文件和文件夹过多时，用户在短时间内难以找到，这时用户可借助 Windows 7 的搜索功能帮助用户快速搜索到需要及时使用的文件或文件夹。

1) 使用"开始"菜单上的搜索框

单击"开始"按钮，在弹出的"开始"菜单中的"搜索程序和文件"文本框中输入想要查找的信息，如想要查找计算机中所有的"图表"信息，只要在文本框中输入"图表"，输入后系统便立即开始查找并将与输入文本相匹配的项都显示在"开始"菜单上。

需要说明的是，通过"开始"菜单进行搜索时搜索结果中仅显示已建立索引的文件。计算机上的大多数文件会自动建立索引。例如，包含在库中的所有内容都会自动建立索引。索引就是一个有关计算机中的文件的详细信息的集合，通过索引可以通过文件的相关信息快速、准确地搜索到想要的文件。

2) 使用文件夹窗口中的搜索栏

如果想要查找的文件或文件夹位于某个特定的文件夹中，则可打开某个特定的文件夹窗口，然后在窗口顶部的搜索栏（又称"搜索"文本框）中进行查找。

例如，要在 D 盘中查找所有的文本文件，则需首先打开 D 盘文件夹窗口，然后在"搜索"文本框中输入" * .txt"，系统立即开始搜索并将搜索结果显示于右窗格，如图 2-32 所示。

图 2-32　在 D 盘中搜索文本文件

如果用户想要基于一个或多个属性搜索文件或文件夹，则搜索时可在文件夹窗口的"搜索"文本框中使用搜索筛选器指定属性，从而更加快速地查找到指定属性的文件或文件夹。

例如，查找 F 盘中上星期修改过的所有" * .jpg 文件"，则需首先打开 F 盘窗口，然后在"搜索"文本框中输入" * .jpg"并单击"搜索"文本框，从弹出的下拉列表中选择"修改日期"→

"上星期",如图2-33所示,系统立即开始搜索,并将搜索结果显示于右窗格。

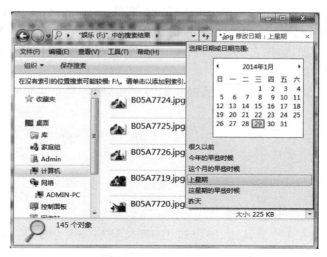

图2-33 在F盘中搜索上星期修改过的".jpg"文件

又如查找"计算机"上所有大于128MB的文件,则应该打开"计算机"窗口,在"搜索"文本框中单击,在弹出的下拉列表中选择"大小"→"巨大(＞128MB)",系统立即开始搜索并将搜索结果显示于右窗格,如图2-34所示。

图2-34 查找计算机上所有大于128MB的文件

2.3.4 库的创建和设置

库是Windows 7中的新增功能。所谓"库",就是专用的虚拟视图,用户可以将磁盘上不同位置的文件夹添加到库中,并在库这个统一的视图中浏览不同文件夹内容。库有点类似于文件夹,当用户打开库时将看到一个或多个文件。与文件夹不同的是,库可以收集存储在计算机多个位置中的文件,并将其显示于一个库集合,而无须从其存储位置移动这些文件。

库的特点如下。

（1）一个库中可以包含多个文件夹，同时一个文件夹也可以被包含在多个不同的库中。

（2）库并不存储项目，它好似访问文件的快捷连接，用户可以从库快速访问磁盘上不同文件夹中的文件。例如，如果在磁盘上的多个文件夹中有图片文件，则可以使用图片库同时访问所有文件夹中的图片文件。

（3）库中链接会随着原始文件夹的变化而自动更新，并且可以以同名的形式存在于文件库中。

（4）通过库对文件的操作就是对磁盘上的实际文件操作，因此，删除库中文件就是删除磁盘上的对应文件。

以下是对库进行的常用操作。

1．新建库

系统安装成功时有4个默认库，即视频、图片、文档和音乐，用户的"我的文档"文件夹会默认放于文档库中。用户也可以新建库用于其他集合中。

新建库的操作步骤如下。

（1）打开资源管理器窗口。

（2）单击导航窗格中的"库"图标打开"库"窗口。

（3）在"库"窗口的"工具栏"中单击"新建库"按钮，或选择"文件"→"新建"→"库"命令，或在"库"窗口的空白处右击，在弹出的快捷菜单中选择"新建"→"库"命令，则"新建库"图标出现在"库"窗口的右窗格中，如图2-35所示。

（4）为新建库命名。

图2-35　在"库"窗口新建库

2．库的设置

新建库完成后，就要将文件夹包含到库中，这就是库的设置。

　　下面以"视频"库的设置为例说明其操作步骤。

　　(1) 在打开的"库"窗口中,右击"视频"图标,从弹出的快捷菜单中选择"属性"命令,打开"视频属性"对话框,如图 2-36 所示。

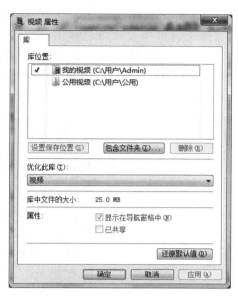

图 2-36　"视频属性"对话框一

　　(2) 在"视频属性"对话框的"库位置"栏中默认包含有"我的视频"和"公用视频"。单击"包含文件夹"按钮打开"将文件夹包括在'视频'中"对话框,在左窗格目录树中选中某个目录名,如选择 Admin,则在右窗格显示该目录名下的文件夹,选中某个文件夹,如选择"我的图片",此时,在"文件夹"文本框中出现了"我的图片"文字,如图 2-37 所示。

图 2-37　"将文件夹包括在'视频'中"对话框

（3）单击"包括文件夹"按钮，则返回到"视频 属性"对话框。

（4）按此方法还可以添加多个文件夹。如图 2-38 所示为添加了"我的图片""我的音乐"文件夹的"视频属性"对话框。

（5）待需要的文件夹全部添加完后单击"确定"或"应用"按钮，最后关闭对话框。

（6）如果需要对库中的文件夹设置保存位置或移出，则只要在"视频 属性"对话框的"库位置"栏选中某个文件夹，然后单击"设置保存位置"或"删除"按钮；如果需要将添加到"库位置："栏的全部文件夹移出，只需单击"还原默认值"按钮。最后单击"确定"或"应用"按钮，以上操作才生效，如图 2-39 所示。

图 2-38　"视频 属性"对话框二

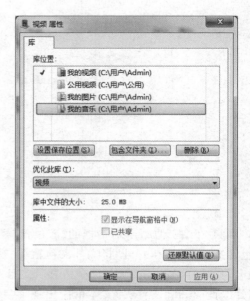

图 2-39　"视频 属性"对话框三

2.4　Windows 7 的系统设置和磁盘维护

Windows 7 的系统设置包括账户、外观和主题、鼠标与键盘、区域与时间等的设置，以及安装与卸载程序，备份与还原数据等。限于篇幅，本节仅介绍账户设置、Windows 7 系统外观和主题的设置，最后简单介绍磁盘维护。

2.4.1　账户设置

当多个用户同时使用一台计算机时，需要在系统中创建多个账户，不同用户可以在各自的账户下进行操作，这样更能保证各自文件的安全。Windows 7 支持多用户使用，只需为每个用户建立一个独立的账户，每个用户可以按照自己的喜好和习惯配置个人选项，每个用户可以用自己的账号登录系统，并且多个用户之间的系统设置可以是相对独立、互不影响的。

在 Windows 7 中，系统提供了 3 种不同类型的账户，分别为管理员账户、标准账户和来宾账户，不同的账户使用权限不同。管理员账户拥有最高的操作权限，有完全访问权，可以作任何需要的修改；标准账户可以执行管理员账户下几乎所有操作,但只能更改不影响其他用户或计算机安全的系统设置；来宾账户针对的是临时使用计算机的用户,拥有最低的使用权限,不能对系统设置进行修改,只能进行最基本的操作,该账户默认没有被启用。

1. 建立新账户

创建一个新账户的操作步骤如下。

(1) 单击"开始"按钮,在打开的"开始"菜单的左列表项中选择"控制面板"命令,打开"控制面板"窗口,如图 2-40 所示。

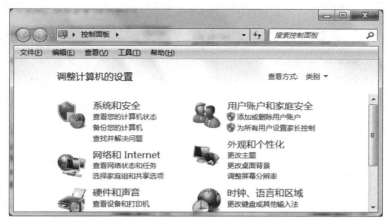

图 2-40 "控制面板"窗口

(2) 在"控制面板"窗口的"用户账户和家庭安全"组中单击"添加或删除用户账户"超链接,打开"管理账户"窗口,如图 2-41 所示,窗口的上半部分显示的是系统中所有的有用账户,当成功创建新用户账户后,新账户会在该窗口中显示。

图 2-41 "管理账户"窗口

（3）在"管理账户"窗口中单击"创建一个新账户"超链接，打开如图 2-42 所示的"创建新账户"窗口，输入新账户名称，单击"创建账户"按钮，完成一个新账户的创建。

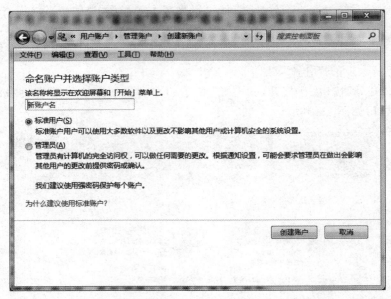

图 2-42　"创建新账户"窗口

2．设置账户

在图 2-41 所示的"管理账户"窗口中单击该账户名，如图中的"student"账户，打开如图 2-43 所示的"更改账户"窗口，可进行更改账户名称，创建、修改或删除密码（若该用户已创建密码，则是修改、删除密码），更改图片，删除账户等操作。

图 2-43　"更改账户"窗口

1）创建密码

单击图 2-43 所示的"更改账户"窗口中的"创建密码"超链接，打开如图 2-44 所示的"创建密码"窗口，输入密码，然后单击"创建密码"按钮即可。

图 2-44　"创建密码"窗口

2）更改账户名称和图片

单击图 2-43 所示的"更改账户"窗口中的"更改账户名称"超链接，打开如图 2-45 所示的"重命名账户"窗口，输入新账户名，然后单击"更改名称"按钮即可。

单击图 2-43 所示的"更改账户"窗口中的"更改图片"超链接，打开如图 2-46 所示的"选择图片"窗口，选择要更改的图片，然后单击"更改图片"按钮即可。

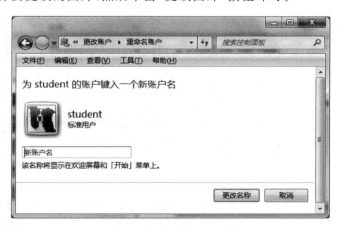

图 2-45　"重命名账户"窗口

3）删除账户

在图 2-41 所示的"管理账户"窗口中，选择要删除的账户名，在打开的如图 2-43 所示的"更改账户"窗口中单击"删除账户"超链接，该账户将被删除。

图 2-46　"选择图片"窗口

3."家长控制"功能

为了能让家长方便地控制孩子使用计算机,Windows 7 提供了"家长控制"功能,使用该功能可对指定账户的使用时间及使用程序进行限定,还可以对孩子玩的游戏类型进行限定。

2.4.2　外观和主题的设置

与之前版本的 Windows 相比,Wingdows 7 拥有更加绚丽的外观和主题,用户可以根据自己的喜好更改默认的外观和主题样式,进行个性化的设置。

1.设置桌面主题

桌面主题是背景加一组声音、图标以及只需要单击即可帮助用户个性化设置计算机的元素。通俗来说,桌面主题就是不同风格的桌面背景、操作窗口、系统按钮,以及活动窗口和自定义颜色、字体等的组合体。桌面主题可以是系统自带的,也可以通过第三方软件来实现。当用户对某个第三方主题桌面厌倦时可以下载新的主题文件到系统中更新。在Windows 7 中设置桌面主题的方法是右击桌面,并在弹出的快捷菜单中选择"个性化"命令,弹出"个性化"窗口,选择"我的主题"或 Aero 主题,如图 2-47 所示,从中选择一个主题即可。

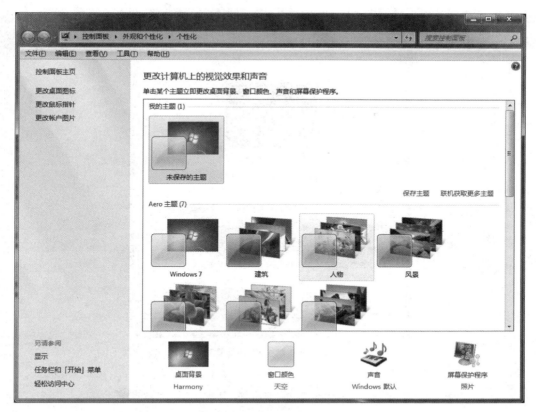

图 2-47 在"个性化"窗口中设置"主题"

2．设置屏幕保护程序

所谓屏幕保护是指当一定时间内用户没有操作计算机时 Windows 7 会自动启动屏幕保护程序。此时工作屏幕内容被隐藏起来而显示一些有趣的画面,当用户按键盘上的任意键或移动一下鼠标时,如果没有设置密码,屏幕就会恢复到以前的图像,回到原来的环境中。

【例 2-2】 选择一组图片作为屏幕保护程序,幻灯片放映速度为"中速",等待时间为 1 分钟。

操作步骤如下。

(1) 在"个性化"窗口中单击"屏幕保护程序"超链接,打开"屏幕保护程序设置"对话框,在"屏幕保护程序"下拉列表中选择"照片"选项,将"等待"设置为 1 分钟,如图 2-48 所示。

(2) 单击"设置"按钮,打开"照片屏幕保护程序设置"对话框,在"幻灯片放映速度"下拉列表框中选择"中速",如图 2-49 所示。

(3) 单击"浏览"按钮,选择预先安排好的一组图片,然后单击"保存"按钮,返回到"屏幕保护程序设置"对话框。

(4) 单击"确定"按钮。

在设置 Windows 7 的屏幕保护程序时,如果同时选中"在恢复时显示登录屏幕"复选框,那么从屏幕保护程序回到 Windows 7 时必须输入系统的登录密码,这样可以保证未经

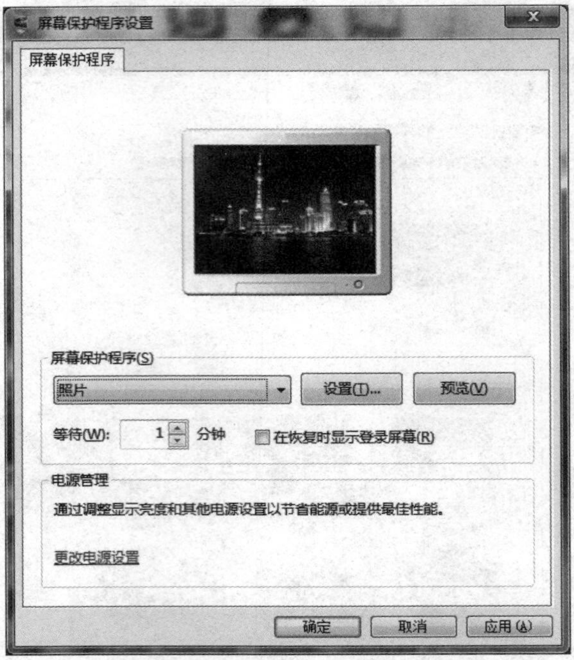

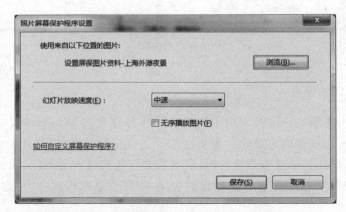

图 2-48　"屏幕保护程序设置"对话框

图 2-49　"照片屏幕保护程序设置"对话框

许可的用户不能进入系统。

3. 设置颜色和外观

在 Windows 7 中,用户可以随意设置窗口、菜单和任务栏的颜色和外观,还可以调整颜色浓度与透明效果。其操作方法如下。

(1)在桌面空白处右击,在弹出的快捷菜单中选择"个性化"命令。

(2)在弹出的"个性化"窗口中单击"窗口颜色"超链接。

(3)在弹出的"窗口颜色和外观"窗口中选择一种方案,并选择是否"启用透明效果"和对"颜色浓度"进行调整,如图 2-50 所示。

（4）单击"保存修改"按钮。

图 2-50 "窗口颜色和外观"窗口

4．设置显示器

在 Windows 7 中，显示器设置主要涉及显示器的分辨率、刷新频率和颜色等参数，恰当的设置使得显示器的图像更加逼真、色彩更加丰富，同时降低屏幕闪烁给用户视力带来的影响。

1）设置显示器的分辨率

分辨率是指显示器所能显示的像素的多少。例如，分辨率为 1024×768 表示屏幕上共有 1024×768 个像素。分辨率越高，显示器可以显示的像素越多，画面越精细，屏幕上显示的项目越小，相对也增大了屏幕的显示空间，同样的区域内能显示的信息也就越多，故分辨率是个非常重要的性能指标。

通过桌面快捷菜单选择"屏幕分辨率"命令，打开"屏幕分辨率"窗口，在"分辨率"下拉列表框中进行调整设置，然后单击"确定"按钮即可，如图 2-51 所示。

2）设置显示器的刷新频率

刷新频率是指图像在屏幕上更新的速度，即屏幕上的图像每秒钟出现的次数，单位为赫兹（Hz）。刷新频率越高，屏幕上图像的闪烁感就越小，稳定性也就越高，对视力的保护也就越好。一般应将刷新频率设置为 75Hz 或 80Hz，而液晶显示器的刷新频率保持默认值。

在"屏幕分辨率"窗口中单击"高级设置"超链接，在打开的"通用即插即用监视器和 Intel（R）HD Graphics 3000 属性"对话框中选择"监视器"选项卡，即可看到"监视器设置屏幕刷新频率"，一般为 60Hz，在"颜色"下拉列表框中可设置屏幕颜色为"真彩色（32 位）"或"增强色（16 位）"，真彩色 32 位画面更加细腻，但更占用电脑显存，如图 2-52 所示。

3）设置屏幕显示模式

在 Windows 7 中，屏幕显示模式是将屏幕分辨率、颜色和屏幕刷新频率 3 种显示设置为一体的模式，只要选择一种模式就可以将 3 种显示设置进行同时更改。

图 2-51 "屏幕分辨率"窗口

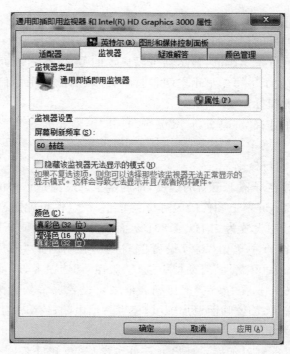

图 2-52 "监视器"选项卡

"通用即插即用监视器和 Intel（R）HD Graphics 3000 属性"对话框如图 2-52 所示，切换到"适配器"选项卡，如图 2-53 所示，单击"列出所有模式"按钮，弹出"列出所有模式"对话框，如图 2-54 所示，在"有效模式列表"列表框中选择需要的显示模式，如选择"1024×768，真彩色（32 位），60 赫兹"，单击"确定"按钮即可。

图 2-53 "适配器"选项卡

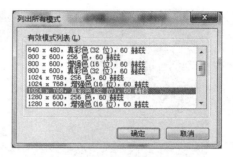

图 2-54 "列出所有模式"对话框

5．设置桌面小工具

在 Windows 7 中，桌面小工具是一些可自定义的小程序，这些小程序可以提供即时信息以及可以轻松访问常用工具的途径。例如，用户可以利用桌面小工具显示图片幻灯片、查看不断更新的标题或查找联系人，而无须打开新的窗口。

1）添加桌面小工具

在默认情况下，桌面小工具库是不会运行的。这时，需要通过单击"开始"按钮，选择"所有程序"→"桌面小工具库"命令，或单击桌面空白处，在弹出的快捷菜单中选择"小工具"命令，打开"桌面小工具库"对话框，如图 2-55 所示。

"桌面小工具库"提供了"CPU 仪表盘""幻灯片放映""图片拼图板""货币""日历""时钟"和"天气"等组件，只要双击其中的某个小工具组件即可将其添加到桌面上。图 2-56 所示为在桌面上添加了"CPU 仪表盘""图片拼图板""日历"和"时钟"组件的 Windows 7 桌面。

2）删除桌面小工具

如果要从桌面上删除某个小工具组件，只要将鼠标指针放于其上，然后单击显示于右上角的"关闭"按钮即可。如图 2-56 所示为将鼠标指针放于"图片拼图板"上的 Windows 7 桌面。

图 2-55 "桌面小工具库"对话框

图 2-56 添加了"桌面小工具"组件的 Windows 7 桌面

2.4.3 磁盘维护

磁盘是程序和数据的载体,它包括硬盘、光盘和 U 盘等,还包括曾经广泛使用的软盘。通过对磁盘进行维护,可以增大数据的存储空间,加大对数据的保护,Windows 7 系统提供了多种磁盘维护工具,如"磁盘查错""磁盘清理"和"磁盘碎片整理"工具。用户通过使用它们能及时方便地扫描硬盘、修复错误,对磁盘的存储空间进行清理和优化,使计算机的运行速度得到进一步提升。

1. 查看磁盘属性和错误

查看磁盘属性和错误就是为了及时发现错误并及时修复。

1）查看磁盘属性

磁盘可视为特殊文件夹，查看其属性与文件夹操作相同。查看磁盘属性的操作如下。

（1）选定需要查看属性的磁盘驱动器并右击。

（2）在弹出的快捷菜单中选择"属性"命令，打开"娱乐（F:）属性"对话框，如图 2-57 所示。

（3）该对话框的"常规"选项卡可查看磁盘卷标、已用空间和可用空间，设置压缩和索引属性，进行磁盘清理；通过"工具"选项卡可以检查磁盘错误、整理磁盘碎片和备份；通过"硬件"选项卡可以查看本机所配置的硬盘情况。

2）磁盘查错

用户经常使用磁盘查错工具来扫描硬盘的启动分区并修复错误，以免因系统文件和启动磁盘的损坏而导致系统不能启动或不能正常工作。磁盘查错的操作步骤如下。

（1）右击需要查错的磁盘驱动器，在弹出的快捷菜单中选择"属性"命令，在打开的"磁盘属性"对话框中单击"工具"选项卡，在"查错"选项区中单击"开始检查"按钮，弹出"正在检查磁盘娱乐（F:）"对话框，如图 2-58 所示。

（2）在该对话框中单击"开始"按钮，系统立即开始检查磁盘错误并显示检查进度。

图 2-57 "娱乐（F:）属性"对话框

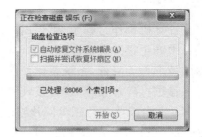

图 2-58 "正在检查磁盘娱乐（F:）"对话框

2. 磁盘清理

在计算机操作过程中使用 IE 浏览器上网或下载安装某些软件之后常常不可避免地会产生一些临时性文件、Internet 缓存文件和垃圾文件，随着时间的推移，它们不仅会占用大量的磁盘存储空间,而且会降低系统性能,因此定期或不定期地进行磁盘清理工作以清除掉这些临时文件和垃圾文件可以有效提高系统性能。磁盘清理的操作如下。

(1)右击需要进行磁盘清理的磁盘驱动器,在弹出的快捷菜单中选择"属性"命令,打开"磁盘属性"对话框,在"常规"选项卡中单击"磁盘清理"按钮,即出现扫描统计释放空间的提示框。

(2)在完成扫描统计等工作后弹出"娱乐(F:)的磁盘清理"对话框,如图 2-59 所示。对话框中的文字说明通过磁盘清理可以获得的空余磁盘空间;在"要删除的文件"列表框中系统列出了指定驱动器上的所有可删除的文件类型。用户可通过这些文件前的复选框来选择是否删除该文件,选定要删除的文件后单击"确定"按钮即可。

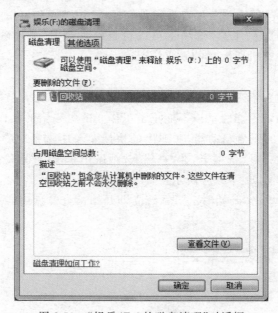

图 2-59 "娱乐(F:)的磁盘清理"对话框

3.磁盘碎片整理

在计算机操作过程中,由于用户频繁地创建、修改和删除磁盘文件,因此不可避免地会在磁盘中产生很多磁盘碎片。这些磁盘碎片不仅会占用磁盘空间,而且会造成计算机访问数据的效率大大降低,系统整体性能下降。为确保系统稳定、高效运行,需要定期或不定期地对磁盘进行碎片整理,通过整理可以重新排列碎片数据。磁盘碎片整理的操作步骤如下。

(1)右击需要进行磁盘碎片整理的磁盘驱动器,在弹出的快捷菜单中选择"属性"命令,打开"磁盘属性"对话框,在"工具"选项卡中单击"立即进行碎片整理"按钮,打开"磁盘碎片整理程序"对话框,如图 2-60 所示。

(2)在该对话框中选定逻辑驱动器,单击"分析磁盘"按钮,即可对磁盘进行碎片分析,稍等片刻后显示分析结果。

(3)单击"磁盘碎片整理"按钮,系统便开始整理磁盘碎片,并显示整理进度,如图 2-61 所示。稍等一段时间后提示磁盘中的碎片为 0,完成磁盘碎片的整理。

图 2-60 "磁盘碎片整理程序"对话框

图 2-61 "磁盘碎片整理程序"进度

4. 格式化磁盘

格式化磁盘就是对磁盘存储区域进行划分,使计算机能够准确无误地在磁盘上存储或读取数据。对使用过的磁盘进行格式化将会删除磁盘上原有的全部数据,当然也包括病毒,故在格式化之前应确定磁盘上的数据是否有用或已备份,以免造成误删除使数据丢失,从而带来无法挽回的损失。如果确认磁盘上的数据无用或已备份,而磁盘又有病毒,那么在这种情况下对磁盘进行格式化则是清除病毒的最好方法。

图 2-62 "格式化移动盘(H:)"对话框

格式化磁盘的操作非常简单,其操作如下。

(1) 选定要进行格式化的磁盘。如选择移动盘(H:)。

(2) 右击,在弹出的快捷菜单中选择"格式化"命令,打开"格式化移动盘(H:)"对话框,如图 2-62 所示。

(3) 在对话框的"格式化选项"栏中选中"快速格式化"复选框,则弹出确认格式化对话框,如图 2-63 所示。

(4) 若单击"确定"按钮,系统便对磁盘进行格式化,并显示格式化进度,最后弹出格式化完毕对话框,如图 2-64 所示;若单击"取消"按钮,系统便退出对磁盘的格式化操作。

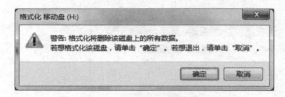

图 2-63　确认格式化对话框

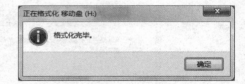

图 2-64　格式化完毕对话框

习题 2

1. Windows 7 基本操作题一

(1) 个性化设置:主题选择"我的主题(1)";桌面背景选择一幅自然风景照片并选择"拉伸"方式显示;屏幕保护程序选择并插入一组照片——上海外滩夜景,等待时间为 5 分钟,幻灯片放映速度为中速(夜景和风景照片均存放于"第 2 章 素材库\习题 2\习题 2.1"文件夹下)。

(2) 任务栏设置:改变任务栏的位置,将任务栏设置为自动隐藏。

(3) 设置系统日期和时间。

(4) 查看并设置屏幕分辨率和颜色。

① 设置当前屏幕分辨率。若为 1280×768,则设置为 800×600,再恢复设置为 1280×768,观察桌面图标大小的变化;

② 查看当前屏幕的刷新频率和设置屏幕颜色。

（5）创建用户名为 Student 的账户并为该账户设置 8 位密码。

（6）在桌面添加"图片拼图板""时钟""货币"和"日历"小工具。

2．Windows 7 基本操作题二

（1）在 D 盘根目录下建立两个一级文件夹"Jsj1"和"Jsj2"，然后在"Jsj1"文件夹下建立两个二级文件夹"mmm"和"nnn"。

（2）在 Jsj2 文件夹中新建文件名分别为"wj1.txt""wj2.txt""wj3.txt""wj4.txt"的 4 个空文件。

（3）将上题建立的 4 个文件复制到 Jsj1 文件夹中。

（4）将 Jsj1 文件夹中的 wj2.txt 和 wj3.txt 文件移动到 nnn 文件夹中。

（5）删除 Jsj1 文件夹中的 wj4.txt 文件到回收站中，然后将其恢复。

（6）在 Jsj2 文件夹中建立"记事本"的快捷方式。

（7）将 mmm 文件夹的属性设置为"隐藏"。

（8）设置"显示"或"不显示"隐藏的文件和文件夹。观察前后文件夹 mmm 的变化。

（9）设置系统"显示"或"不显示"文件类型的扩展名，观察 Jsj2 文件夹中各文件名称的变化。

第3章

Word 2010文字处理

从本章开始介绍目前广泛应用的 Microsoft Office 2010 现代商用办公软件,主要包括 Word 文字处理软件、Excel 电子表格软件和 PowerPoint 演示文稿软件。本章介绍 Word 文字处理软件。

学习目标:

- 熟悉 Word 2010 的窗口界面
- 掌握 Word 文档的基本操作
- 文档的输入、编辑和排版操作
- 掌握图形处理和表格处理的基本操作
- 熟悉复杂的图文混排操作

3.1 Word 2010 概述

本节主要介绍 Word 2010 的新增功能、窗口界面和文档视图。需要注意的是,Word 2010 的新增功能在 Office 2010 的其他组件中也同样适用。

3.1.1 Word 2010 的新增功能

Word 2010 作为文字处理软件,较之以前的版本,增加了如下新功能。

1) 新增的后台视图

新增的后台视图取代了传统的文件菜单,只需简单地单击几下鼠标,即可轻松完成保存、打印和分享文档等管理文件及其相关数据操作,还允许检查隐藏的个人信息。

2) 全新的导航面板

Word 2010 作为新版本文字处理软件,它提供了全新的导航面板,为用户提供了清晰的视图来处理 Word 文档,实现快速的即时搜索,更加精细和准确地对各种文档内容进行定位。

3) 改进的翻译屏幕提示

在 Word 2010 中,只要将鼠标指针指向一个单词或选定的一个短语,就会在一个小窗口中显示翻译结果。屏幕提示还包括一个"播放"按钮,可以播放单词或短语的读音。

4) 动态的粘贴预览

在 Word 2010 中,可以根据所选择的粘贴模式,在编辑区中即时预览该模式的粘贴效果,从而避免了不必要的重复操作,提高了文字处理的工作效率。

5)灵巧的屏幕截图与强大功能的图像处理

Office 2010 进一步增强了对图像的处理能力,可轻松捕获屏幕截图,并可以快速地将其插入到 Word 2010 的文档中;还可以调整亮度、重新着色、使用滤镜特效,甚至是抠图操作。

6)基于团队的协作平台

Word 2010 中完全实现了文档在线编辑和文档多人编辑等功能,提供了文档共享与实时协作,使用 SharePoint Workspace 还可以实现企业内容同步。

3.1.2　Word 2010 窗口界面

启动 Windows 7 后,选择"开始"→"所有程序"→Microsoft Office→Microsoft Word 2010 命令,从而启动 Word 2010。

图 3-1 所示为 Word 2010 的窗口界面,该界面主要由标题栏、快速访问工具栏、功能选项卡、功能区、文本编辑区和状态栏以及视图按钮切换区等组成。

图 3-1　Word 2010 的窗口界面

1)标题栏

标题栏位于窗口的顶端,用于显示当前正在运行的程序名及文件名等信息,标题栏最右端有 3 个按钮,分别用来控制窗口的最小化、最大化/还原和关闭。

2)快速访问工具栏

快速访问工具栏中包含最常用操作的快捷按钮,方便用户使用。在默认状态下,快速访问工具栏中仅包含 3 个快捷按钮,它们分别是"保存""撤销"和"恢复"按钮。当然用户可单击右边的下拉按钮,从而添加其他常用命令,如"新建""打开""打印预览和打印"等;如选择"其他命令"选项,则打开"Word 选项"→"快速访问工具栏"对话框,可添加更多的命令,定义完全个性化的快速访问工具栏,使操作更加方便。单击"自定义快速访问工具栏"下拉按钮,添加"新建"和"打印预览和打印"命令,如图 3-2 所示。

图 3-2　在快速访问工具栏中添加新的工具按钮

3）功能选项卡

常见的功能选项卡有"文件""开始""插入""页面布局""视图"等 8 个,单击某功能选项卡,则打开相应的功能区;对于某些操作则会自动添加与操作相关的功能选项卡,如插入或选中图片时软件会自动在常见功能选项卡右侧添加"图片工具→格式"功能选项卡,该选项卡常被称为"加载项"。为叙述问题方便,以下我们简称选项卡。

4）功能区

显示当前功能选项卡下的各个功能组,如图 3-1 中显示的是在"开始"功能选项卡下的"剪贴板""字体""段落""样式"等各功能组,组内列出了相关的按钮或命令。组名称右边有"对话框启动器"按钮,单击此按钮,可打开一个与该组命令相关的对话框。如单击"字体"组右下端的"字体"按钮,可打开"字体"对话框,如图 3-3 所示。

功能区是 Word 2003 中的菜单和工具栏在 Word 2010 中的主要替代控件。

图 3-3　"字体"对话框

单击"帮助"按钮左侧的"功能区最小化"按钮或按 Ctrl＋F1 组合键可以将功能区隐藏或显示。功能区折叠后,只需要单击任意选项卡按钮,就可以将功能区重新唤醒调出;单击其他区域后,功能区又自动折叠,如图 3-4 所示。

为便于操作,下面对 Word 2010 提供的默认功能选项卡的功能区作详细说明。

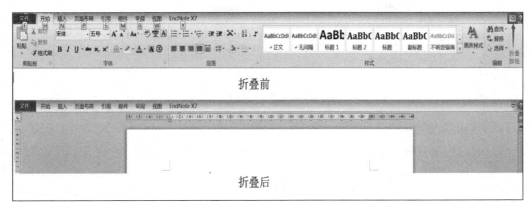

图 3-4　功能区折叠按钮

（1）"开始"功能区：包括剪贴板、字体、段落、样式和编辑 5 个组，该功能区主要用于对 Word 2010 文档进行文字编辑和字体、段落的格式设置，是最常用的功能区。

（2）"插入"功能区：包括页、表格、插图（插入各种元素）、链接、页眉和页脚、文本和符号等几个组，主要用于在 Word 2010 文档中插入各种元素。

（3）"页面布局"功能区：包括主题、页面设置、稿纸、页面背景、段落和排列等几个组，主要用于设置 Word 2010 文档页面样式。

（4）"引用"功能区：包括目录、脚注、引文与书目、题注、索引和引文目录等几个组，用于在 Word 2010 文档中插入目录等比较高级的功能。

（5）"邮件"功能区：包括创建、开始邮件合并、编写和插入域、预览结果和完成等几个组，该功能区的作用比较专一，主要用于在 Word 2010 文档中进行邮件合并方面的一些操作。

（6）"审阅"功能区：包括校对、语言、中文简繁转换、批注、修订、更改、比较、保护和墨迹等几个组，主要用于对 Word 2010 文档进行校对和修订等操作，比较适合多人协作处理 Word 2010 长文档。

（7）"视图"功能区：包括文档视图、显示、显示比例、窗口和宏等几个组，主要用于设置 Word 2010 操作窗口的视图类型。

5）导航窗格

导航窗格主要显示文档的标题级文字，以方便用户快速查看文档，单击其中的标题，即可快速跳转到相应的位置。

6）文本编辑区

功能区下的空白区为文本编辑区，是输入文本，添加图形、图像以及编辑文档的区域，对文本的操作结果都将显示在该区域。文本区中闪烁的光标为插入点，是文字和图片输入的位置，也是各种命令生效的位置。文本区右边和下边分别是垂直滚动条和水平滚动条。

7）标尺

文本区左边和上边的刻度分别为垂直标尺和水平标尺，拖动水平标尺上的滑块，可以设置页面的宽度、制表位和段落缩进等，如图 3-5 所示。单击垂直滚动条上方的"标尺"按钮可显示或隐藏标尺。

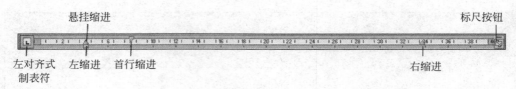

图 3-5　水平标尺

8）状态栏和视图栏

窗口的左底部显示的是状态栏，主要提供当前文档的页码、字数、修订、语言、改写或插入等信息。窗口的右底部显示的是视图栏，包括视图切换按钮区和比例缩放区，单击视图切换按钮用于视图的切换，拖动比例缩放区中的"显示比例"滑块，可以改变文档编辑区的大小。

3.1.3　文档视图

Word 2010 为用户提供了多种浏览文档的模式，包括页面视图、阅读版式视图、Web 版式视图、大纲视图和草稿。在"视图"功能区的"文档视图"组中或在"视图切换按钮区"中，单击相应的按钮，即可切换至相应的视图模式。

1．页面视图

页面视图是 Word 2010 默认的视图模式，该视图中显示的效果和打印的效果完全一致。在页面视图中可看到页眉、页脚、水印和图形等各种对象在页面中的实际打印位置，便于用户对页面中的各种对象元素进行编辑，如图 3-6 所示。

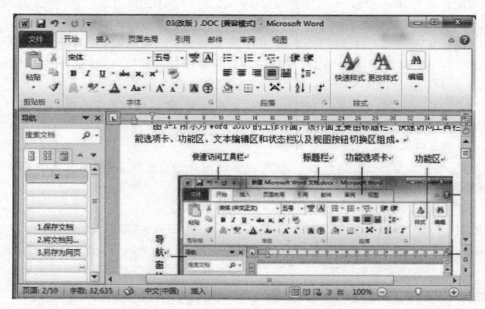

图 3-6　页面视图

2．阅读版式视图

为方便阅读文章，Word 2010 添加了"阅读版式"视图模式。该视图模式主要用于阅读比较长的文档，如果文章较长，会自动分成多屏以方便阅读。在该模式中，可对文字进行勾画和批注，如图 3-7 所示。在"阅读版式"视图下，单击右上角的"关闭阅读版式视图"按钮，可关闭"阅读版式"视图。

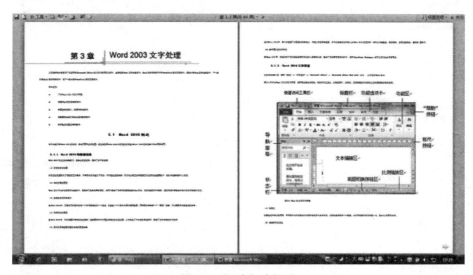

图 3-7 阅读版式视图

3．Web 版式视图

Web 版式视图是唯一按照窗口的大小来显示文本的视图，使用这种视图模式查看文档时，不需要拖动水平滚动条就可以查看整行文字，如图 3-8 所示。

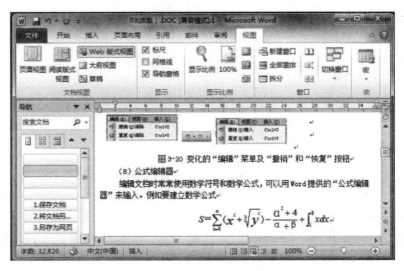

图 3-8 Web 版式视图

4. 大纲视图

对于一个具有多重标题的文档,可使用大纲视图查看该文档,显得更为方便、直观。这是因为大纲视图是按照文档中标题的层次来显示文档的,可将文档折叠起来只看主标题,也可将文档展开查看整个文档的内容,如图 3-9 所示。

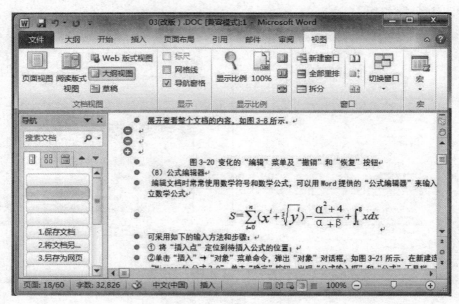

图 3-9　大纲视图

3.2　Word 2010 基本操作

Word 文档的基本操作主要包括文档的创建、保存、打开与关闭,在文档中输入文本以及编辑文档。

3.2.1　Word 文档的创建与保存

使用 Word 2010 编辑文档,首先必须创建文档。本节主要介绍 Word 文档的创建、保存、打开和关闭。

1. 创建文档

在 Word 2010 中可以创建空白文档,也可以根据现有内容创建具有特殊要求的文档。

1) 创建空白文档

空白文档是最常使用的文档。创建空白文档的操作步骤如下。

(1) 单击"文件"按钮,从其下拉列表中选择"新建"命令,打开"新建文档"页面。

(2) 在"可用模板"区域中选择"空白文档"选项。

(3) 单击"创建"按钮,即可创建一个空白文档,如图 3-10 所示。

图 3-10 创建空白文档

2）根据模板创建文档

在"文件"→"新建"页面中，选择"Office.com 模板"，则可以选择其他的文档模板，如名片、日历、礼卷、货卡、信封、费用报表和会议议程等，创建满足自己特殊需要的文档。

2. 保存文档

1）保存新建文档

如果要对新建文档进行保存，可单击快速访问工具栏上的"保存"按钮；也可单击"文件"按钮，在其下拉列表中选择"保存"命令。在这两种情况下，都会弹出一个"另存为"对话框，然后在该对话框中选择保存路径，在"文件名"文本框中输入文件名，在"保存类型"下拉列表框中可选择默认类型，即"Word 文档（∗.docx）"，也可选择"Word 97-2003 文档（∗.doc)"类型或其他保存类型，然后单击"保存"按钮。如果选择"Word 97-2003 文档（∗.doc)"保存类型，则在 Word 97-2003 版本环境下，不加转换就可打开。Word 2010 默认情况下保存的文件格式是".docx"文件，这种文件格式对于低版本的 Office 软件在没有安装兼容补丁包的情况下是无法完全正常打开识别的，所有有时候我们需要进行跨版本的兼容性保存。

2）保存已经保存过的文档

对已经保存过的文档进行保存，可单击"快速访问工具栏"上的"保存"按钮；也可单击"文件"按钮，在其下拉列表中选择"保存"命令。在这两种情况下，都会按照原文件的路径、文件名称及文件类型进行保存。

3）另存为其他文档

如果文档已经保存过，且在进行了一些编辑操作之后，需要实现如下操作。

（1）保留原文档。

（2）文件更名。

（3）改变文件保存路径。

（4）改变文件类型。

在任意一种情况下，都需要打开"另存为"对话框进行保存，即单击"文件"按钮，在其下拉列表中选择"另存为"命令，打开"另存为"对话框，在其中设置保存路径、文件名称及文件类型,然后单击"保存"按钮即可。

4)自动保存文档

在实际应用中,常常会由于长时间对一个或多个文档进行操作而忘记在编辑过程中的保存工作,此时一旦遇见意外情况,就有可能使得我们的工作完全白费。在 Word 2010 中可以通过设置自动保存的方式来避免这种情况的发生或者使损失降到最低。

启动 Word 2010 后,单击"文件"选项卡,然后选择"选项"命令,打开"Word 选项"对话框。在"Word 选项"对话框左侧可以看到有多个选项,我们单击"保存"选项,然后在打开的"自定义文档保存方式"界面的保存文档区域中选择"保存自动恢复信息时间间隔"复选框,并在其后的数值框中设置时间,例如设置时间间隔为 5 分钟,表示当前文档会每隔 5 分钟进行一次自动保存,如图 3-11 所示。

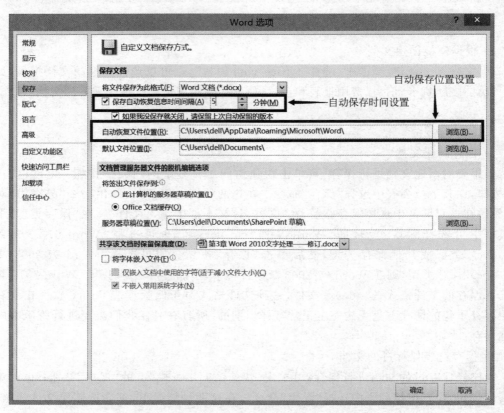

图 3-11 自动保存设置

3. 打开和关闭文档

打开文档是 Word 文档处理的一项最基本的操作,对于任何一个文档来说都需要先将其打开,然后才能对其进行编辑。编辑完成后,可将文档关闭。下面来介绍如何打开和关闭文档。

1)打开文档

用户可参考以下方法打开 Word 文档。

（1）对于已经存在的 Word 文档，只需双击该文档的图标便可打开该文档。

（2）在一个已经打开的 Word 文档中打开另外一个文档，可单击"文件"按钮，从其下拉列表中选择"打开"命令，弹出"打开"对话框，在其中选择需要打开的文件，然后单击"打开"按钮即可。

另外，单击"打开"按钮右侧的下三角按钮，在弹出的下拉选项中可以选择文档的打开方式，其中包含"以只读方式打开""以副本方式打开"等多种打开方式，如图 3-12 所示。

2）关闭文档

对文档完成全部操作后，要关闭文档时，可单击"文件"按钮，在其下拉列表中选择"关闭"命令，或单击窗口右上角的"关闭"按钮。在关闭文档时，如果没有对文档进行编辑、修改操作，可直接关闭；如果对文档做了修改，但还没有保存，系统会弹出一个提示对话框，询问用户是否需要保存已经修改过的文档，如图 3-13 所示，单击"保存"按钮即可保存并关闭该文档。

图 3-12　选择打开方式

图 3-13　保存提示对话框

3.2.2　在文档中输入文本

用户建立的文档常常是一个空白文档，还没有具体的内容，下面介绍向文档中输入文本的一般方法，以及输入不同文本的具体操作。首先介绍定位"插入点"的方法。

1. 定位"插入点"

在 Word 文档的输入编辑状态下，光标起着定位的作用，光标的位置即对象的"插入点"位置。定位"插入点"可通过键盘和鼠标的操作来完成。

1）用键盘快速定位"插入点"

（1）【Home】键：将"插入点"移到所在行的行首。

（2）【End】键：将"插入点"移到所在行的行尾。

（3）【PgUp】键：上翻一屏。

（4）【PgDn】键：下翻一屏。

（5）【Ctrl＋Home】：将"插入点"移动到文档的开始位置。

（6）【Ctrl＋End】：将"插入点"移动到文档的结束位置。

2）用鼠标"单击"直接定位"插入点"

方法：将鼠标指针指向文本的某处，直接单击鼠标左键定位"插入点"。

2.输入文本的一般方法和原则

输入文本是使用 Word 的基本操作。在 Word 文档窗口中有一个闪烁的插入点,表示输入的文本将出现的位置,每输入一个文字,插入点会自动向后移动。在文档中除了可以输入汉字、数字和字母以外,还可以插入一些特殊的符号,也可以在 Word 文档中插入日期和时间。

在输入文本过程中,Word2010 将遵循以下原则。

(1) Word 具有自动换行功能,因此,当输入到每一行的末尾时,不需要按 Enter 键,Word 可以自动换行,只有当一个段落结束时,才按 Enter 键。如果按 Enter 键,将在插入点的下一行重新创建一个新的段落,并在上一个段落的结束处显示段落结束标记。

(2) 按 Space 键,将在插入点的左侧插入一个空格符号,其宽度将由当前输入法的全/半角状态而定。

(3) 按 BackSpace 健,将删除插入点左侧的一个字符。

(4) 按 Delete 键,将删除插入点右侧的一个字符。

3.插入符号

在文档中插入符号,可以使用 Word 2010 插入符号的功能,操作方法如下。

(1) 将插入点移动到需要插入符号的位置。

(2) 在"插入""功能区"的"符号"组,单击"符号"按钮。

(3) 从下拉列表中选择需要的符号,如图 3-14 所示。

(4) 如不能满足要求,再选择"其他符号"命令,打开"符号"对话框。

(5) 在"符号"对话框中,选择"符号"或"特殊字符"选项卡可分别插入需要的符号或特殊字符,如图 3-15 所示。

(6) 选择符号或特殊字符后,单击"插入"按钮,再单击"关闭"按钮关闭对话框。

图 3-14 "符号"按钮的下拉列表　　　　图 3-15 "符号"对话框的"符号"选项卡

4．输入 CLK 统一汉字

有一些汉字很难从键盘输入，这时可借助"符号"对话框选择所需汉字输入，其操作步骤如下。

（1）在"符号"对话框的字体下拉列表框中，选择"普通文本"。

（2）在"子集"下拉列表框中，选择"CJK 统一汉字"或"CJK 统一汉字扩充"。

（3）选择所需汉字后，单击"插入"按钮，再单击"关闭"按钮关闭对话框。

5．插入文件

插入文件是指将另一个 Word 文档的内容插入到当前 Word 文档的插入点，使用该功能可以将多个文档合并成一个文档，操作步骤如下。

（1）定位插入点。

（2）在"插入"功能区的"文本"组，单击"对象"的下三角按钮。

图 3-16　"对象"的下拉列表

（3）从其下拉列表中，选择"文件中的文字"选项，如图 3-16 所示，打开"插入文件"对话框，如图 3-17 所示。

（4）在"插入文件"对话框中，选择所需文件，然后单击"插入"按钮，插入文件内容后系统自动关闭该对话框。

图 3-17　"插入文件"对话框

6．插入数学公式

编辑文档时常常需要输入数学符号和数学公式，可以使用 Word 提供的"公式编辑器"来输入。例如要建立如下数学公式：

$$S = \sum_{i=1}^{n} (x^i + \sqrt[3]{y^i}) - \frac{a^2+4}{\alpha+\beta} + \int_1^\infty x \, \mathrm{d}x$$

可采用如下的输入方法和步骤。

（1）将"插入点"定位到需要插入数学公式的位置。

（2）在"插入"功能区的"文本"组，单击"对象"按钮，打开"对象"对话框，如图 3-18 所示。

图 3-18　"对象"对话框

（3）在"对象"对话框中，选择"新建"选项卡。

（4）在"对象类型"下拉列表框中选择"Microsoft 公式 3.0"，单击"确定"按钮，弹出"公式输入框"和"公式"工具栏，如图 3-19 所示。

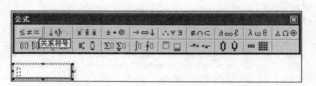

图 3-19　"公式输入框"和"公式"工具栏

（5）输入公式。其中一部分符号，如公式中的"S""＝""0"等从键盘输入。"公式"工具栏中的第一行是各类数学符号，第二行是各类数学表达式模板。在输入时可用键盘上的上、下、左、右键或 Tab 键来切换"公式输入框"中的"插入点"位置。

（6）关闭公式编辑器，回到文档的编辑状态。可右击公示对象，选择快捷菜单中的"设置对象格式"命令，修改对象格式，如大小、版式、底色等。如再次编辑公式，可以双击公式，再次出现"公式输入框"和"公式"工具栏。

3.2.3　编辑文档

在文档中输入文本后，就要对文档进行编辑操作。编辑文档主要包括文本的选定、文本的插入与改写、复制、删除、移动、查找与替换、撤销、恢复和重复等。

1．文本的选定

（1）连续文本区的选定：将鼠标指针移动到需要选定文本的开始处，按下鼠标左键拖动至需要选定文本的结尾处，释放左键；或者单击需要选定文本的开始处，同时按下 Shift 键，在结尾处再单击。被选中的文本呈反显状态。

（2）不连续多块文本区的选定：在选择一块文本之后，按下 Ctrl 键的同时，选择另外的文本，则多块文本被同时选中。

（3）文档的一行、一段以及全文的选定：移动鼠标至文档左侧的文档选定区，鼠标形状变成空心斜向上的箭头时，单击可选中鼠标箭头所指向的一整行，双击可选中整个段落，三击可选中全文。

（4）要选定整个文档，还可以采用如下方法之一。

① 按住 Ctrl 键，单击文档选定区的任何位置。

② 按 Ctrl＋A 组合键。

③ 在"开始"功能区的"编辑"组，单击"选择"→"全选"命令。

2．文本的插入与改写

插入与改写是输入文本时的两种不同的状态，在"插入"状态下，插入文本时，插入点右侧的文本将随着新输入文本自动向右移动，即新输入的文本插入到原来的插入点之前；而在"改写"状态时，插入点右边的文本被新输入的文本所替代。

按 Insert 键或双击文档窗口底部状态栏的"改写"按钮，都可以在这两种状态之间进行切换。

3．文本的复制

复制文本常使用如下两种方法。

（1）使用鼠标复制文本：选定需要复制的文本，按住鼠标左键的同时按下 Ctrl 键进行拖动，至目标位置，释放鼠标左键即可。

（2）使用剪贴板复制文本：选定需要复制的文本，在"开始"功能区的"剪贴板"组单击"复制"按钮，或选择其快捷菜单中的"复制"命令；将光标移至目标位置，单击"剪贴板"组的"粘贴"按钮，或选择其快捷菜单中的"粘贴"命令。

4．文本的删除

如果要删除一个字符，可以将插入点移动到要删除字符的左边，然后按 Delete 键，也可以将插入点移动到要删除字符的右边，然后按 BackSpace 键。

要删除一个连续的文本区域，首先选定需要删除的文本，然后按 BackSpace 键或 Delete 键均可。

5．文本的移动

移动文本常使用如下两种方法。

（1）使用鼠标移动文本：选定需要移动的文本，按住鼠标左键拖动至目标位置，释放鼠标左键即可。

（2）使用剪贴板移动文本：选择需要移动的文本，在"开始"功能区的"剪贴板"组单击"剪切"按钮，或选择其快捷菜单中的"剪切"命令；将光标移至目标位置，单击"剪贴板"组的"粘贴"按钮，或选择其快捷菜单中的"粘贴"命令。

6. 文本的查找与替换

查找与替换操作是编辑文档中最常用的操作之一。通过查找功能可以帮助用户快速找到文档中的某些内容，以便进行相关操作。替换是在查找的基础上，将找到的内容替换成用户需要的内容。Word 允许文本的内容与格式完全分开，所以用户不但可以在文档中查找文本，也可以查找指定格式的文本或者其他特殊字符，还可以查找和替换单词的不同形式，不但可以进行内容的替换，还可以进行格式的替换。

在进行查找和替换操作之前，在打开的"查找和替换"对话框中，需注意查看"搜索选项"中的各个选项的含义，如表 3-1 和图 3-20 所示。

表 3-1　"搜索选项"中各"选项"的含义

选项名称	操　作　含　义
全部	整篇文档
向上	插入点到文档的开始处
向下	插入点到文档的结尾处
区分大小写	查找或替换字母时需区分字母的大小写
全字匹配	在查找中，只有完整的词才能被找到
使用通配符	可用"?"或"＊"分别代表任意一个字符或任意一个字符串
区分全角/半角	在查找或替换时，所有字符需区分全角/半角
忽略空格	查找或替换时，有空格的将被忽略

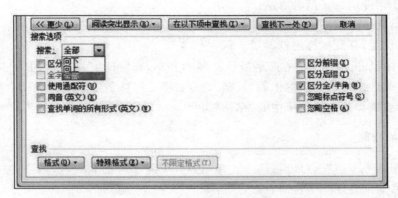

图 3-20　"查找和替换"对话框中的"搜索选项"

查找与替换的操作步骤如下。

（1）打开需要进行查找或者需要进行替换的文档。

（2）在"开始"功能区中，用下面 3 种方法之一打开"查找和替换"对话框。

① 单击"查找"→"高级查找"选项。

② 单击"替换"按钮。

③ 单击状态栏中的"页面"按钮。

(3) 在"查找和替换"对话框中,单击"查找"选项卡,在"查找内容"文本框中输入要查找的文本,单击"查找下一处"按钮。如果需要替换新的内容,选择"替换"选项卡,在"替换为"文本框中输入用于替换的文本,然后单击"替换"或"全部替换"按钮。

(4) 如果需要查找和替换格式时,单击"更多"按钮,扩展对话框,进行格式设置。

【例3.1】 查找与替换,要求将如图3-21所示文档中的"儿童"替换成"孩子",替换字体颜色为"红色"、字形为"粗体"、带"粗下画线"效果,如图3-22所示。且将文档存储在"我的文档"中,文件名为"Word1.doc"。

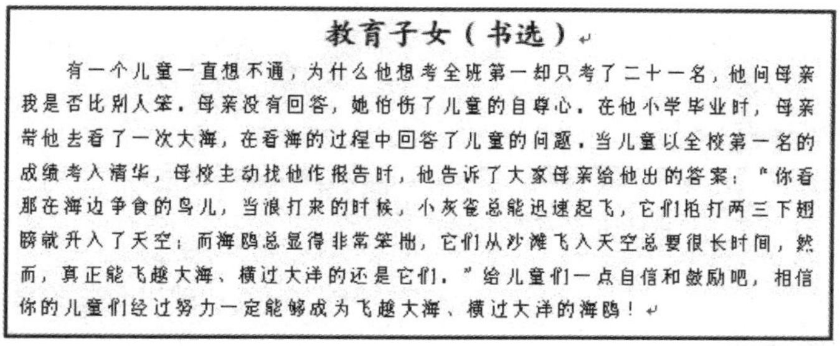

教育子女（书选）

有一个儿童一直想不通，为什么他想考全班第一却只考了二十一名，他问母亲我是否比别人笨。母亲没有回答，她怕伤了儿童的自尊心。在他小学毕业时，母亲带他去看了一次大海，在看海的过程中回答了儿童的问题，当儿童以全校第一名的成绩考入清华，母校主动找他作报告时，他告诉了大家母亲给他出的答案："你看那在海边争食的鸟儿，当浪打来的时候，小灰雀总能迅速起飞，它们拍打两三下翅膀就升入了天空；而海鸥总显得非常笨拙，它们从沙滩飞入天空总要很长时间，然而，真正能飞越大海、横过大洋的还是它们。"给儿童们一点自信和鼓励吧，相信你的儿童们经过努力一定能够成为飞越大海、横过大洋的海鸥！

图3-21　文档中的文字

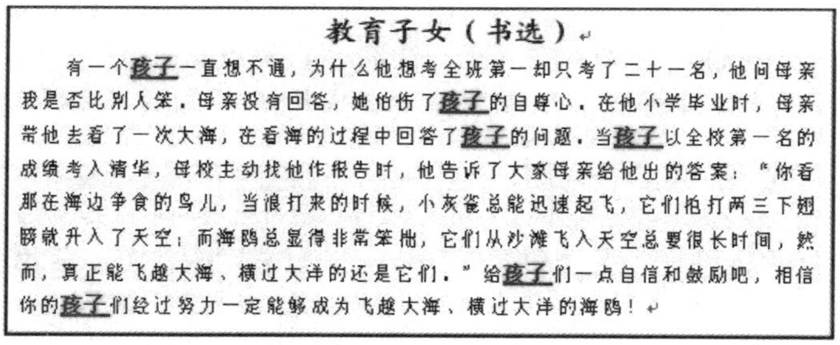

教育子女（书选）

有一个**孩子**一直想不通，为什么他想考全班第一却只考了二十一名，他问母亲我是否比别人笨。母亲没有回答，她怕伤了**孩子**的自尊心。在他小学毕业时，母亲带他去看了一次大海，在看海的过程中回答了**孩子**的问题，当**孩子**以全校第一名的成绩考入清华，母校主动找他作报告时，他告诉了大家母亲给他出的答案："你看那在海边争食的鸟儿，当浪打来的时候，小灰雀总能迅速起飞，它们拍打两三下翅膀就升入了天空；而海鸥总显得非常笨拙，它们从沙滩飞入天空总要很长时间，然而，真正能飞越大海、横过大洋的还是它们。"给**孩子**们一点自信和鼓励吧，相信你的**孩子**们经过努力一定能够成为飞越大海、横过大洋的海鸥！

图3-22　"查找和替换"后的效果

操作步骤如下:

新建一个空白文档,并在文档中输入如图3-21所示的文字内容,然后按如下步骤操作。

① 在"查找和替换"对话框中,单击"替换"选项卡。

② 在"查找"文本框中输入"儿童",在"替换为"文本框中输入"孩子"。

③ 单击"更多"按钮,扩展对话框。再将光标定位于"替换为"文本框中,选择"格式"选项中的字体命令,设置字体格式为"加粗、粗下画线和字体颜色:红色",如图3-23和图3-24所示。

④ 单击"全部替换"按钮。

⑤ 以"Word1.doc"为文件名,将文档保存在"我的文档"中。

【注意】 查找和替换中的替换操作,不仅可以替换内容,还可以同时替换内容和格式,还可以只进行格式的替换。

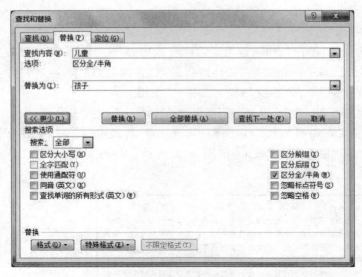
图 3-23 "查找和替换"对话框

图 3-24 "格式"选项

7. 撤销、恢复或重复

向文档中输入一串文本,如"科学技术",然后在"快速工具栏"上有两个命令按钮"撤销键入"和"重复键入"。如果选择"重复键入"命令,则在插入点处重复输入这一串文本,如果选择"撤销键入"命令,刚输入的文本被清除。同时,"重复键入"命令变成"恢复键入"命令,选择"恢复键入"命令后,刚刚清除的文本重新恢复到文档中,如图 3-25 和图 3-26 所示。

图 3-25 "撤销"命令按钮

图 3-26 "恢复"命令按钮

命令中的"键入"两个字是随着操作的不同而变化的,例如,如果执行的是删除文本,则命令变成"撤销清除"和"重复清除"。

使用撤销命令按钮可以撤销编辑操作中最近一次的误操作,而恢复命令按钮则可以恢复被撤销的操作。

在"撤销"按钮右侧有下拉箭头,单击该箭头,在弹出的下拉列表项中记录了最近各次的编辑操作,最上面的一次操作是最近的一次操作。如果直接单击"撤销"按钮,则撤销的是最近一次的操作,如果在下拉列表项中选择某次操作进行恢复,则下拉列表项中这次操作之上(即操作之后)的所有操作也被恢复。

3.3 Word 2010 文档排版操作

文本输入、编辑完成以后，就可以进行排版操作了。排版就是设置各种格式，Word 中的排版操作最大的特点就是"所见即所得"，排版效果立即就可以在屏幕上看到。

排版操作主要包括字符格式、段落格式和页面格式的设置。本节主要介绍字符格式和段落格式的设置。

3.3.1 设置字符格式

本书所指的字符，也即文字，除了汉字以外还包括字母、数字、标点符号、特殊符号等，字符格式即文字格式。文字格式主要是指字体、字号、倾斜、加粗、下画线、颜色、边框和底纹等。在 Word 中，文字通常有默认的格式，在输入文字时采用默认的格式，如果要改变文字的格式，可以重新设置。

在设置文字格式时，要先选定需要设置格式的文字，然后再进行设置，如果在设置之前没有选定任何文字，则设置的格式对后来输入的文字有效。

设置文字格式有两种方法：一种方法是单击"开始"选项卡，在打开的"字体"组中选择相应的按钮进行设置，如图 3-27 所示；另一种方法是单击"字体"组右下角的"对话框起动器"按钮即"字体"按钮，在打开的"字体"对话框中进行设置，如图 3-28 所示。

图 3-27 "字体"组

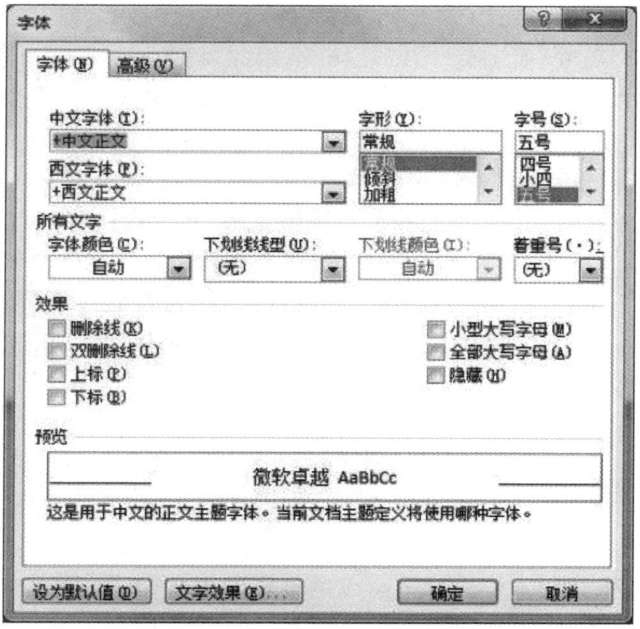

图 3-28 "字体"对话框

如图 3-27 所示,"字体"组按钮分两行,第 1 行从左到右分别是字体、字号、增大字体、缩小字体、更改大小写、清除格式、拼音指南和字符边框按钮,第 2 行从左到右分别是加粗、倾斜、下画线、删除线、下标、上标、文本效果、以不同颜色突出显示文本、字体颜色、字符底纹和带圈字符按钮。

1. 设置字体和字号

在 Word 2010 中,对于汉字默认的字体和字号分别是宋体(中文正文)、五号,对于西文字符分别是 Calibri(西文正文)、五号。

字体和字号的设置可以分别用"字体"组或者"字体"对话框中的"字体"和"字号"下拉列表实现,其中在对话框中设置字体时,中文和西文字体可分别进行设置。在"字体"下拉列表框中列出了可以使用的字体,包括汉字和西文,显示的内容在列出字体名称的同时又显示了该字体的实际外观,如图 3-29 所示。

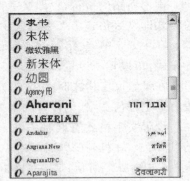

图 3-29　"字体"下拉列表框

设置字号时,可以使用中文格式,以"号"作为字号单位,如"初号""五号""小五号"等,也可以使用数字格式,以"磅"作为字号单位,如"5"表示 5 磅、"6.5"表示 6.5 磅等。

- 在 Word 2010 中,中文格式的字号最大为"初号";数字格式的字号最大为"72"。
- 中文格式(从"初号"至"八号",共 16 种)字号越小字越大。
- 数字格式(从"5"至"72",共 21 种)字号越大字越大。

由于 1 磅＝1/72 英寸,而 1 英寸＝25.4mm,因此,1 磅＝0.353mm。

【注意】　设置中文字体类型对中、英文均有效,而设置英文字体类型仅对英文有效。

2. 设置字形和颜色

文字的字形包括常规、倾斜、加粗和加粗倾斜 4 种,字形可使用"字体"组上的"加粗"按钮"B"和"倾斜"按钮"I"进行设置。字体的颜色可使用"字体"组上的"字体颜色"按钮的下拉列表框进行设置,如图 3-30 所示。文字的字形和颜色还可使用"字体"对话框进行设置。

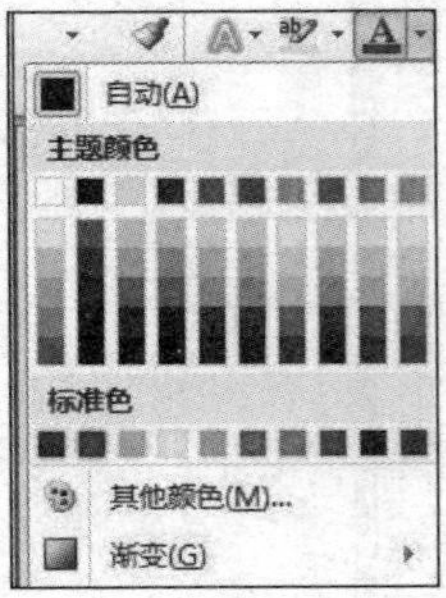

图 3-30　"字体颜色"按钮下拉列表

3. 设置下画线和着重号

在"字体"对话框的"字体"选项卡中,可以对文本设置不同类型的下画线,也可以设置着重号,如图 3-31 所示。在 Word 2010 中默认的着重号为"．"号。

设置下画线最直接的方法,还是使用"字体"组上的"下画线"按钮"U"。

图 3-31　"字体"对话框的下画线和着重号

4．设置文字特殊效果

文字特殊效果包括"删除线""双删除线""上标""下标"等。
文字特殊效果的设置方法为：选定文字后，在"字体"对话框中单击"字体"选项卡，然后在"效果"选项组中，选择需要的效果项，单击"确定"按钮，如图 3-32 所示。

图 3-32　"字体"选项卡中的"效果"选项组

如果只是对文字加删除线、设置上标或下标，直接使用"字体"组中的删除线、上标或下标按钮即可。

5．设置字符间距

用户在使用 Word 2010 的过程中，有时会有某些特殊的需要，如加大文字的间距、对文字进行缩放及提升文字的位置等。在"字体"对话框中，选择"高级"选项卡，如图 3-33 所示，在"字符间距"选项组中可设置文字的缩放、间距和位置。

1）缩放字符
缩放字符指的是将字符本身放大或缩小。具体操作方法如下：
选定需要缩放的文字后，在"字符间距"选项组中的"缩放"框右侧，单击下三角按钮，如图 3-34 所示，选定缩放值后单击"确定"按钮即可。

图 3-33　"字体"对话框中的"高级"选项　　　　　图 3-34　设置文字缩放

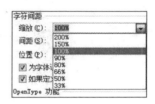

2）设置字符的间距

设置字符间距的具体操作方法如下：

选定需要设置间距的文字后，在"字符间距"选项组的"间距"列表框中选择"加宽"或"紧缩"，如图 3-35 所示，再设置"磅值"，单击"确定"按钮。

3）设置字符的位置

设置字符位置的具体操作方法如下：

选定需要设置位置的文字后，在"字符间距"选项组的"位置"列表框中，选定"提升"或"降低"，如图 3-36 所示，再设置"磅值"，单击"确定"按钮。

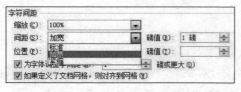
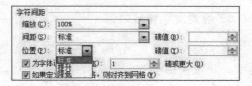

图 3-35　设置文字间距　　　　　　　　图 3-36　设置文字位置

6. 设置字符边框和字符底纹

设置边框和底纹都是为了使内容更加醒目突出，在 Word 2010 中，可以添加的边框有 3 种，分别为字符边框、段落边框和页面边框；可以添加的底纹有字符底纹和段落底纹。页面边框、段落边框和段落底纹放在 3.4 节介绍。

1）设置字符边框

（1）给字符设置系统默认的边框，方法：选定文字后，直接单击"字体"组的"字符边框"按钮即可。

（2）给字符设置用户自定义的边框，方法：选定需要设置边框的文字后，在"页面布局"功能区的"页面背景"组，单击"页面边框"按钮，打开"边框和底纹"对话框，选择"边框"选项卡，在"设置"选择区下选择方框类型后，再设置方框的"线型""颜色"和"宽度"；在"应用于"下拉列表项中，选择"文字"后，如图 3-37 所示，单击"确定"按钮。

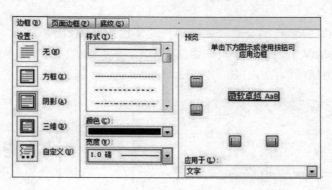

图 3-37　设置"字符边框"

2）设置字符底纹

（1）给字符设置系统默认的底纹，方法：选定文字后，直接单击"字体"组的"字符底纹"

按钮即可。

（2）给字符设置用户自定义的底纹，方法：在打开的"边框和底纹"对话框中，选择"底纹"选项卡，在打开的"填充"区选择颜色，或在"图案"区选择"样式"；再在"应用于"下拉列表项中选择"文字"，如图 3-38 所示，然后单击"确定"按钮。

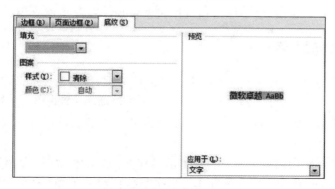

图 3-38　设置"字符底纹"

7．字符格式的复制和清除

1）复制字符格式

如果文档中有若干个不连续的文本段要设置相同的字符格式，可以先对其中一段文本设置格式，然后使用 Word 格式复制功能将一个文本设置好的格式复制到另一个文本上，显然，如果设置的格式越复杂，使用格式复制的方法效率也就越高。

复制格式需要使用"剪贴板"组的"格式刷"按钮完成，这个"格式刷"不仅可以复制字符格式，还可以复制段落格式。

（1）一次复制字符格式的过程如下。

- 选定已设置好字符格式的文本。
- 单击"剪贴板"组的"格式刷"按钮，此时，该按钮呈下沉显示，鼠标变成刷子形。
- 将光标移动到需要复制字符格式的文本的开始处，拖动鼠标直到需要复制字符格式的文本结尾处，释放鼠标完成格式复制。

（2）多次复制字符格式的过程如下。

- 选定已设置好字符格式的文本。
- 双击"剪贴板"组的"格式刷"按钮，此时，该按钮呈下沉显示，鼠标变成刷子形。
- 将光标移动到需要复制字符格式的文本开始处，拖动鼠标直到需要复制字符格式的文本结尾处，然后释放鼠标。
- 重复上述操作对不同位置的文本进行格式复制。
- 复制完成后，再次单击"格式刷"按钮结束格式的复制。

2）清除字符格式

格式的清除是指将用户所设置的格式恢复到默认的状态，可以使用以下两种方法。

（1）选定需要使用默认格式的文本，然后用格式刷将该格式复制到要清除格式的文本。

（2）选定需要清除格式的文本，然后单击"字体"组的"清除格式"按钮或按 Ctrl＋Shift＋Z

组合键。

字符除了进行上述的字体字号等的设置外，还可进行一些其他设置，主要包括：带圈字符、拼音、更改字母的大小写、突出显示和中文简繁转换等设置。这些设置可通过单击"字体"组的"带圈字符""拼音指南""更改大小写""以不同颜色突出显示文本"按钮以及在"审阅"功能区的"中文简繁转换"组中单击相应按钮来实现。在此不作介绍，请读者自己体会。

3.3.2 设置段落格式

在 Word 中，每按一次 Enter 键便产生一个段落标记，段落就是指以段落标记作为结束的一段文本或一个对象，它可以是一空行、一个字、一句话、一个表格、一个图形等。段落标记不仅是一个段落结束的标志，同时还包含了该段的格式信息，这一点在后面的格式复制中可以看出。

设置段落格式常使用两种方法：一种方法是在"开始"功能区的"段落"组单击相应的按钮进行设置，如图 3-39 所示；另一种方法是单击"段落"组右下角的"对话框起动器"按钮也即"段落"按钮，在打开的"段落"对话框中进行设置，如图 3-40 所示。

如图 3-39 所示，"段落"组的按钮分两行，第 1 行从左到右分别是项目符号、编号、多级列表、减少缩进量、增加缩进量、中文版式、排序和显示/隐藏编辑标记按钮，第 2 行从左到右分别是文本左对齐、居中、文本右对齐、两端对齐、分散对齐、行和段落间距、底纹和下框线按钮。

段落格式的设置包括缩进、对齐方式、段间距与行距、边框与底纹以及项目符号与编号等。

图 3-39 "段落"组按钮

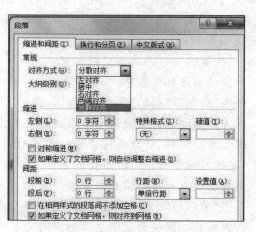

图 3-40 "段落"对话框

在 Word 中，在进行段落格式设置前需先选定段落，当只对某一个段落进行格式设置时，只需将光标定位到该段的任一位置即可；如果要对多个段落进行格式设置，则必须先选定需要设置格式的所有段落。

1. 设置对齐方式

Word 段落的对齐方式有"两端对齐""左对齐""居中""右对齐"和"分散对齐"五种。

（1）对齐方式的特点。

- 两端对齐：使文本按左、右边距对齐，并自动调整每一行的空格。
- 左对齐：使文本向左对齐。
- 居中：段落各行居中，一般用于标题或表格中的内容。
- 右对齐：使文本向右对齐。
- 分散对齐：使文本按左、右边距在一行中均匀分布。

（2）设置对齐方式的操作方法。

方法一：选定需要设置对齐方式的段落后，在打开的"段落"对话框中，选择"缩进和间距"选项卡，在"常规"选项区下的"对齐方式"下拉列表中，选定用户所需的对齐方式后，单击"确定"按钮，如图 3-40 所示。

方法二：选定需要设置对齐方式的段落后，单击"段落"组中的相应对齐方式按钮，如图 3-39 所示。

2．设置缩进方式

段落缩进方式共有 4 种，分别是首行缩进、悬挂缩进、左缩进和右缩进。其中首行缩进和悬挂缩进控制段落的首行和其他行的相对起始位置，左缩进和右缩进则用于控制段落的左、右边界，段落的左边界是指段落的左端与页面左边距之间的距离，段落的右边界是指段落的右端与页面右边距之间的距离。

在输入文本时，当输入到一行的末尾时会自动另起一行，这是因为在 Word 中默认以页面的左、右边距作为段落的左、右边界，通过左缩进和右缩进的设置，可以改变选定段落的左、右边距。下面就段落的 4 种缩进方式进行说明。

- 左缩进：实施左缩进操作后，被操作段落整体向右侧缩进一定的距离。左缩进的数值可以为正数也可以为负数。
- 右缩进：与左缩进相对应，实施右缩进操作后，被操作段落整体向左侧缩进一定的距离。右缩进的数值可以为正数也可以为负数。
- 首行缩进：实施首行缩进操作后，被操作段落的第一行相对于其他行向右侧缩进一定距离。
- 悬挂缩进：悬挂缩进与首行缩进相对应。实施悬挂缩进操作后，各段落除第一行以外的其余行，向右侧缩进一定距离。

缩进的操作方法如下。

（1）通过标尺进行缩进。具体操作步骤：选定需要设置缩进方式的段落后，拖动水平标尺（横排文本时）或垂直标尺（纵排文本时）上的相应滑块到合适的位置；在拖动滑块过程中，如果按住 Alt 键，可同时看到拖动的数值。

- 在水平标尺上有 3 个缩进标记（其中悬挂缩进和左缩进为一个缩进标记），如图 3-41 所示，但可进行四种缩进，即悬挂缩进、首行缩进、左缩进和右缩进。现对这 3 个缩进标记的操作作如下说明。

① 用鼠标拖动首行缩进标记，用以控制段落的第一行第一个字的起始位置。

② 用鼠标拖动左缩进标记，用以控制段落的第一行以外的其他行的起始位置。

③ 用鼠标拖动右缩进标记，用以控制段落右缩进的位置。

（2）通过"段落"对话框进行缩进。具体操作步骤：选定需要设置缩进方式的段落后，在打开的"段落"对话框中，选择"缩进和间距"选项卡，如图 3-42 所示，在"缩进"选项区中，设置相关的缩进值后，单击"确定"按钮。

（3）通过"段落"组按钮进行缩进操作：选定需要设置缩进方式的段落后，通过单击"减少缩进量"按钮或"增加缩进量"按钮进行缩进操作。

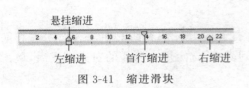

图 3-41　缩进滑块

图 3-42　用对话框进行缩进设置

3．设置段间距和行距

设置段间距和行距是文档排版操作中最重要的一步操作，首先要搞清楚段间距和行距两个重要的基本概念。

段间距：指段与段之间的距离。段间距包括段前间距和段后间距。段前间距是指选定段落与前一段落之间的距离；段后间距是指选定段落与后一段落之间的距离。

行距：指各行之间的距离。行距包括单倍行距、1.5 倍行距、2 倍行距、多倍行距、最小值和固定值。

段间距和行距的设置方法如下。

方法一：选定需要设置段间距和行距的段落后，单击"段落"组的对话框启动器按钮，在打开的"段落"对话框中选择"缩进和间距"选项卡，在"间距"选择区，设置"段前"和"段后"间距，在"行距"选择区设置"行距"，如图 3-43 所示。

方法二：选定需要设置段间距和行距的段落后，单击"段落"组的"行和段落间距"按钮，打开其下拉列表设置段间距和行距，如图 3-44 所示。

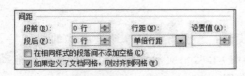

图 3-43　用对话框设置段间距和行距

图 3-44　用功能按钮设置

【注意】　不同字号的行距是不同的。一般来说字号越大行距也越大。默认的固定值是以磅值为单位，五号字行距是 12 磅。

4．设置项目符号和编号

在 Word 中，有时为了让文本内容更具条理性和可读性，往往需要给文本内容添加项目符号和编号。项目符号和编号的区别在于：项目符号是一组相同的特殊符号,而编号是一组连续的数字或字母。很多时候,系统会自动给文本添加编号,但更多的时候需要用户手动添加。

添加项目符号或编号,可以在"段落"组中,单击相应的按钮进行添加,还可以使用自动添加的方法。下面分别予以介绍。

方法一：自动建立项目符号和编号。

操作步骤：要自动创建项目符号和编号列表,应在输入文本前先输入一个项目符号或编号,后跟一个空格,再输入相应的文本,待本段落输入完成后按回车键时,项目符号和编号会自动添加到下一并列段的开头。

例如,在输入文本前先输入一个星号(＊),后跟一个空格,再输入文本,当按回车键时,星号会自动转换成•,并且新的一段也自动添加了该符号；要创建编号列表,则先输入"a."
"1.""1)"或"一、"等格式的编号,后跟一个空格,然后输入文本,按回车键时,新一段开头会接着上一段自动按顺序进行编号。

方法二：使用系统符号库设置项目符号和编号。

操作步骤：选定需要设置项目符号和编号的文本段后,单击"段落"组的"项目符号"或"编号"下三角按钮,在打开的"项目符号库"或"编号库"选项中添加。

（1）设置项目符号。

在"项目符号库"现有符号选项中,选择一种需要的项目符号,单击该符号后,符号插入的同时,系统自动关闭"项目符号"下拉列表,如图3-45所示。

自定义项目符号操作步骤：

① 如果给出的项目符号不能满足用户的要求,可在"项目符号"下拉列表中,选择"定义新项目符号"选项,打开"定义新项目符号"对话框,如图3-46所示。

图3-45 "项目符号"下拉列表　　　图3-46 "定义新项目符号"对话框

② 在打开的"定义新项目符号"对话框中,单击"符号"按钮,打开"符号"对话框,如图3-47所示,选择一种符号,单击"确定"按钮,返回到"定义新项目符号"对话框。

③ 如果用户还需要为选定的项目符号设置不同的颜色,可以单击"字体"按钮,打开"字体"对话框,为符号设置颜色,设置完毕后,单击"确定"按钮,返回到"定义新项目符号"对话框。

④ 用户还可选择图片作为项目符号：方法是在"定义新项目符号"对话框中,如图3-46

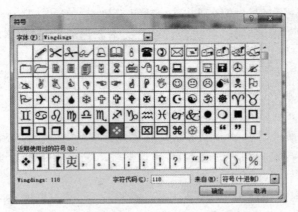

图 3-47　"符号"对话框

所示，单击"图片"按钮，打开"图片项目符号"对话框，选定一种图片后，单击"确定"按钮，返回到"定义新项目符号"对话框。如果对系统所提供的图片不满意，用户还可单击"图片项目符号"对话框中的"导入"按钮，导入用户所需的图片。

⑤ 设置对齐方式，单击"确定"按钮，插入符号的同时系统自动关闭"定义新项目符号"对话框。

（2）设置编号。

设置编号的一般方法：在"段落"组单击"编号"按钮的下三角按钮，打开"编号"的下拉列表，如图 3-48 所示，从现有编号列表中，选择一种需要的编号后，单击"确定"按钮，即可完成编号设置。

自定义编号的操作步骤如下。

① 如果现有编号列表中的编号样式不能满足用户的要求，可在"编号"按钮的下拉列表中，选择"定义新编号格式"选项，打开"定义新编号格式"对话框，如图 3-49 所示。

图 3-48　"编号"下拉列表

图 3-49　"定义新编号格式"对话框

② 在"编号格式"栏的"编号样式"下拉列表中选择一种编号样式。

③ 在"编号格式"栏中,单击"字体"按钮,打开"字体"对话框,对编号的字体和颜色进行设置。

④ 在"对齐方式"下拉列表中选择一种对齐方式。

⑤ 设置完成后,单击"确定"按钮,插入编号的同时系统自动关闭对话框。

5．设置段落边框和段落底纹

在 Word 中,边框的设置对象可以是文字、段落、页面和表格;底纹的设置对象可以是文字、段落和表格。前面已经介绍了对字符设置边框和底纹的方法,下面将介绍设置段落边框、段落底纹和页面边框的方法。

(1) 给段落设置边框的具体操作步骤为:选定需要设置边框的段落后,在"页面布局"功能区的"页面背景"组单击"页面边框"按钮,打开"边框和底纹"对话框,选择"边框"选项卡,在"设置"选项区下,选择边框类型,然后选择"样式""颜色"和"宽度";在"应用于"下拉列表中,选择"段落"选项,如图 3-50 所示,然后单击"确定"按钮。

图 3-50　设置"段落边框"

(2) 给段落设置底纹的操作步骤:选定需要设置底纹的段落后,在"边框和底纹"对话框中选择"底纹"选项卡,在"填充"下拉列表框中,选择一种填充色;或者选择"样式""颜色";在"应用于"下拉列表框中,选择"段落"后,单击"确定"按钮,如图 3-51 所示。

(3) 设置页面边框

将插入点定位在文档中的任意位置。选择"边框和底纹"对话框中的"页面边距"选项卡,可以设置普通页面边框,也可以设置"艺术型"页面边框,如图 3-52 所示。

取消边框或底纹的操作是:先选择带边框和底纹的对象,将边框设置为"无",底纹设置为"无填充颜色"即可。

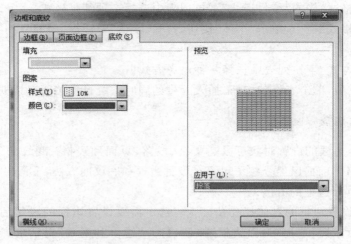

图 3-51　设置"段落底纹"

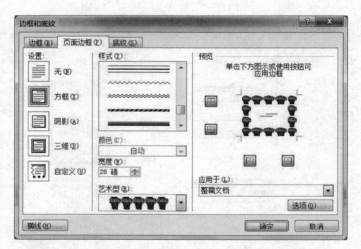

图 3-52　设置艺术型"页面边框"

3.3.3　设置分栏排版

报刊在排版时,经常需要对文章内容进行分栏排版,使文章易于阅读,页面更加生动美观。设置分栏常使用如下方法。

(1) 选定需要进行分栏的文本区域(对整篇文档进行分栏不用选定文本区域)。

(2) 在"页面布局"功能区的"页面设置"组,单击"分栏"按钮,弹出其下拉列表,如图 3-53 所示。

(3) 在"分栏"的下拉列表中可选择一栏、两栏、三栏或偏左、偏右,也可单击"更多分栏"选项,打开"分栏"对话框,如图 3-54 所示。

(4) 在打开的"分栏"对话框中,进行如下设置。

① 在"预设"栏区选择栏数或在"栏数"文本框输入数字。

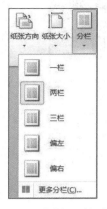

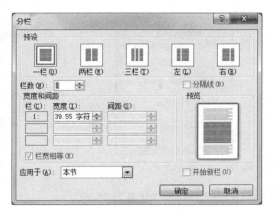

图 3-53 "分栏"下拉列表　　　　　　　　　　　图 3-54 "分栏"对话框

② 如果设置各栏宽相等,可选中"栏宽相等"复选框。

③ 如果设置不同的栏宽,则单击"栏宽相等"复选框以取消它的设定,各栏"宽度"和"间距"可在相应文本框中输入和调节。

④ 选中"分隔线"复选框,可在各栏之间加上分隔线。

(5) 单击"应用于"下拉按钮,在列表中选择分栏设置的应用范围。

(6) 单击"确定"按钮,完成设置,分栏效果如图 3-55 所示。

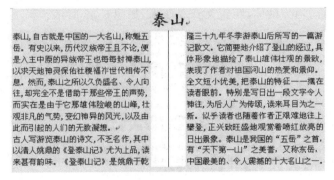

图 3-55 设置分栏效果图

【注意】 若要删除分栏,则需选中分栏的文本,然后在"分栏"对话框中设置为单栏即可。

3.3.4 设置首字下沉

首字下沉是指一个段落的第一个字采用特殊的格式显示,目的是使段落醒目,引起读者的注意,设置首字下沉的方法如下。

(1) 将插入点定位到需要设置首字下沉的段落。

(2) 在"插入"功能区的"文本"组,单击"首字下沉"按钮,打开其下拉列表,如图 3-56 所示,若选择"首字下沉选项",则打开"首字下沉"对话框,如图 3-57 所示。

(3) 在对话框中,可以进行如下的设置。

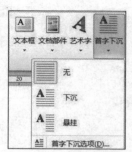

图 3-56 “首字下沉”下拉列表

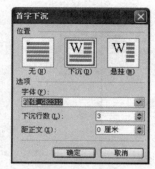

图 3-57 “首字下沉”对话框

① 位置：有“无”“下沉”和“悬挂”3 种。

- 选“无”是取消原来设置的首字下沉。
- 选“下沉”是将段落的第一个字符设为下沉格式并与左页边距对齐，段落中的其余文字环绕在该字符的右侧和下方。
- 选“悬挂”是将段落的第一个字符设为下沉并将其置于从段落首行开始的左页边距中。

② 选项：可以设置字体、下沉行数和距正文的距离。

(4) 单击“确定”按钮完成设置。

【例 3.2】 对两段文本分别设置不同的首字下沉效果，第一段设置的是下沉 3 行，第二段设置的是下沉 2 行，均为楷体，距正文 0.5 厘米，如图 3-58 所示。

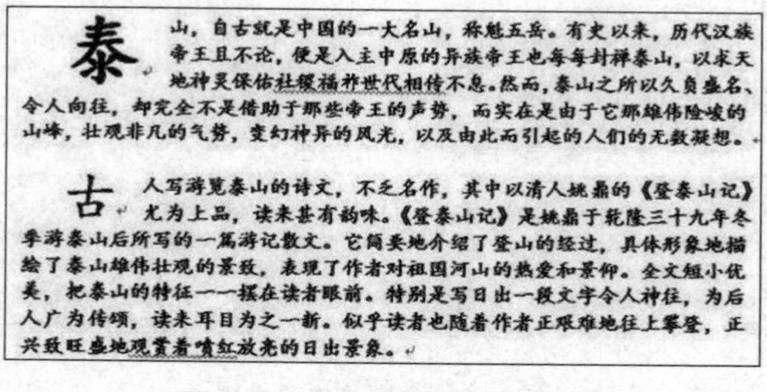

泰山，自古就是中国的一大名山，称魁五岳。有史以来，历代汉族帝王且不论，便是入主中原的异族帝王也每每封禅泰山，以求天地神灵保佑社稷福祚世代相传不息。然而，泰山之所以久负盛名、令人向往，却完全不是借助于那些帝王的声势，而实在是由于它那雄伟险峻的山峰，壮观非凡的气势，变幻神异的风光，以及由此而引起的人们的无数遐想。

古人写游览泰山的诗文，不乏名作，其中以清人姚鼐的《登泰山记》尤为上品，读来甚有韵味。《登泰山记》是姚鼐于乾隆三十九年冬季游泰山后所写的一篇游记散文。它简要地介绍了登山的经过，具体形象地描绘了泰山雄伟壮观的景致，表现了作者对祖国河山的热爱和景仰。全文短小优美，把泰山的特征一一摆在读者眼前。特别是写日出一段文字令人神往，为后人广为传颂，读来耳目为之一新。似乎读者也随着作者正艰难地往上攀登，正兴致旺盛地观赏着喷红放亮的日出景象。

图 3-58 首字下沉的设置效果

3.4 Word 2010 页面格式设置

当文档编辑排版完成以后需要打印时，一般都要对文档的页面格式进行设置，因为它会直接影响到文档的打印效果。文档的页面格式设置主要包括页面排版、分页与分节以及预览与打印等的设置。页面格式设置一般是针对整个文档而言。

3.4.1 页面排版

页面排版主要包括页面设置、插入页码、插入页眉和页脚、插入脚注和尾注等。

1. 页面设置

Word 在新建文档时,采用默认的页边距、纸型、版式等页面格式。用户可根据需要重新设置页面格式。用户设置页面格式时,首先必须单击"页面布局"选项卡,打开"页面设置"组,如图 3-59 所示。"页面设置"组从左到右排列的按钮分别是"文字方向""页边距""纸张方向""纸张大小""分栏",再从上到下分别是"分隔符""行号"和"断字"。

页面格式可单击"页边距""纸张方向"和"纸张大小"等按钮进行设置,也可单击"页面设置"按钮,在打开的"页面设置"对话框中进行设置。

图 3-59 "页面设置"组

在此仅介绍利用"页面设置"对话框进行页面设置。

(1) 设置纸型。

在"页面设置"对话框中,单击"纸张"选项卡,在"纸张大小"下拉列表框中选择纸张类型;在"宽度"和"高度"文本框中自定义纸张大小;在"应用于"下拉列表框中选择页面设置所适用的文档范围,如图 3-60 所示。

(2) 设置页边距。

页边距是指文本区和纸张边沿之间的距离,页边距决定了页面四周的空白区域,它包括左、右页边距和上、下页边距。

在"页面设置"对话框中,单击"页边距"选项卡,在"页边距"区域设置上、下、左、右 4 个边距值,在"装订线"位置设置占用的空间和位置;在"方向"区域设置纸张显示方向;在"应用于"下拉列表框中选择适用范围,如图 3-61 所示。

图 3-60 "纸张"选项卡

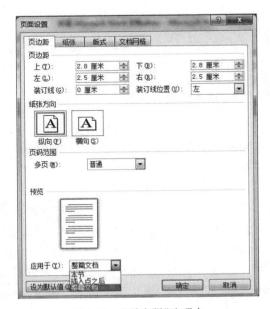

图 3-61 "页边距"选项卡

2．插入页码

页码用来表示每页在文档中的顺序编号，在 Word 2010 中添加的页码会随文档内容的增删而自动更新。

图 3-62　"页眉和页脚"组

插入页码是在"插入"功能区的"页眉和页脚"组，如图 3-62 所示，单击"页码"按钮，弹出其下拉列表，如图 3-63 所示，选择页码的位置和样式进行设置。如选择"设置页码格式"选项，则打开"页码格式"对话框，可对页码格式进行设置，如图 3-64 所示。对页码格式的设置包括编号格式、是否包括章节号和页码的起始编号等。

图 3-63　"页码"按钮的下拉列表　　　　　图 3-64　"页码格式"对话框

若要删除页码，只要在"插入"功能区的"页眉和页脚"组，单击"页码"按钮，在打开的下拉列表项中选择"删除页码"选项即可。

3．插入页眉和页脚

页眉是指每页文稿顶部的文字或图形，页脚是指每页文稿底部的文字或图形。页眉和页脚通常用来显示文档的附加信息，例如页码、书名、章节名、作者名、公司徽标、日期和时间等。

（1）插入页眉或页脚。

① 在"插入"功能区的"页眉或页脚"组，如图 3-62 所示，单击"页眉"按钮，弹出其下拉列表，如图 3-65 所示，选择"编辑页眉"选项，或者是选择内置的任意一种页码样式，或者是直接在文档的页眉/页脚处双击鼠标，此时会进入页眉/页脚编辑状态。

② 进入页眉/页脚编辑状态后，在页眉编辑区中输入页眉的内容，同时 Word 2010 会自动添加"页眉和页脚工具→设计"选项卡，单击该选项卡，便可打开其功能区，如图 3-66 所示。

③ 如果想输入页脚的内容，可单击"导航"组中的"转至页脚"按钮，转到页脚编辑区中

图 3-65　"页眉"按钮的下拉列表

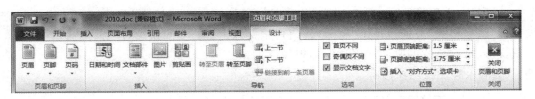

图 3-66　"页眉和页脚工具→设计"功能区

输入文字或插入图形内容即可。

（2）首页不同的页眉页脚。

对于信件、报告或总结等 Word 文档，通常需要去掉首页的页眉页脚。这时，可以按如下步骤操作。

① 进入页眉/页脚编辑状态，在"页眉和页脚工具→设计"功能区的"选项"组，选中"首页不同"复选框，如图 3-66 所示。

② 按上面"添加页眉或页脚"的方法，在页眉或页脚编辑区中输入页眉或页脚。

（3）奇偶页不同的页眉或页脚。

对于进行双面打印并装订的 Word 文档，有时需要在奇数页上打印书名，在偶数页上打印章节名。这时，可按如下步骤操作：

① 进入页眉/页脚编辑状态，在"页眉和页脚工具→设计"功能区的"选项"组勾选"奇偶页不同"复选框，如图 3-66 所示。

② 按如上"添加页眉和页脚"的方法，在页眉或页脚编辑区中，分别输入奇数页和偶数页的页眉或页脚内容。

4. 插入脚注和尾注

脚注和尾注用于给文档中的文本加注释。脚注和尾注各自由两个互相关连的部分组成：注释引用标记和与其对应的注释文本。

脚注对文档内容进行注释说明，注释位于页面底端。脚注的编号方式包括"连续""每页重新编号"和"每节重新编号"等，编号的格式如同列表的编号格式，有多种选择。

插入脚注的方法如下。

① 选中需要加注释的文本。

② 在"引用"功能区的"脚注"组，如图 3-67 所示，单击"插入脚注"按钮。

图 3-67　"脚注"组

③ 此时在文本的右上角插入一个脚注序号（通常为阿拉伯数字），同时在文档相应页面下方添加一条横线并出现光标，光标位置为插入脚注内容的插入点，随即输入脚注内容，设置效果如图 3-68 所示。

插入脚注或尾注还可采用如下方法。

① 选中需要加注释的文本。

② 如果要对"脚注和尾注"的格式进行设置，可在"脚注"组，单击"脚注和尾注"按钮，打开"脚注和尾注"对话框，如图 3-69 所示。

③ 在"脚注和尾注"对话框中，在"位置"栏选择"脚注"或"尾注"单选钮，在"格式"栏选择一种"编号格式"或通过单击"符号"按钮自定义标记，确定"起始编号"等，然后单击"插入"按钮，进入带有格式的脚注或尾注的编辑状态。

④ 输入脚注或尾注内容。

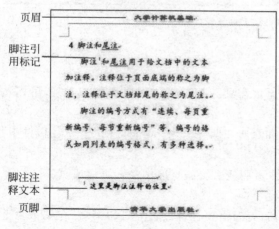

图 3-68　插入"脚注"示例

图 3-69　"脚注和尾注"对话框

尾注对文档引用的文献进行注释，注释位于文档的结尾。

3.4.2　设置分页与分节

在 Word 编辑中，经常要对正在编辑的文稿进行分开隔离处理，如因章节的设立而另起一页，这时需要使用分隔符。经常使用的分隔符有三种：分页符、分节符、分栏符。

1. 分页

在 Word 中输入文本,当文档内容到达页面底部时,Word 就会自动分页。但有时在一页未写完时,希望重新开始新的一页,这时就需要手工插入分页符来强制分页。

插入分页符的操作步骤如下:

(1) 将插入点定位于文档中需要分页的位置。

(2) 在"页面布局"功能区的"页面设置"组,单击"分隔符"按钮。

(3) 在打开的"分隔符"下拉列表中,选择"分页符"组中的"分页符"选项即可,如图 3-70 所示。

更简单的手工分页方法是:将插入点定位于需要分页的位置,然后按 Ctrl+Enter 组合键,这时插入点之后的文本内容就被放在了新的一页。

进行手工分页后,切换到草稿视图下,可以看到手工分页符是一条带有"分页符"3 个字的水平虚线,如图 3-71 所示,图中也显示了分节符,而分节符则显示为带有"分节符"3 个字的两条水平虚线。

如果要删除人工分页符或分节符,可在草稿视图下,将插入点移动到标记人工分页符或分节符的水平虚线上,按 Delete 键即可。

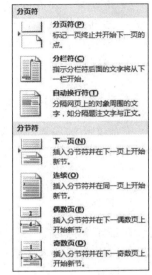

图 3-70 "分隔符"下拉列表

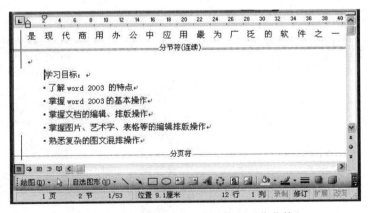

图 3-71 草稿视图下的"分页符"和"分节符"

2. 分节

节是文档的一部分。分节后把不同的节作为一个整体看待,可以独立为其设置页面格式。在一篇中长文档中,有时需要分很多节,各节之间可能有许多不同之处,例如页眉与页脚、页边距、首字下沉、分栏,甚至页面大小都可以不同。要解决这个问题,就要使用插入分节符的方法。

插入分节符的操作步骤如下。

（1）将插入点定位于文档中需要插入分节的位置。

（2）在"页面布局"功能区的"页面设置"组中，单击"分隔符"按钮。

（3）在打开的"分隔符"下拉列表中选择"分节符"组中的选项即可，如图 3-70 所示。"分节符"组中各"选项"的含义如下。

- 下一页：分节符后的文档从下一页开始显示，即分节同时分页。
- 连续：分节符后的文档与分节符前的文档在同一页显示，即分节但不分页。
- 偶数页：分节符后的文档从下一个偶数页开始显示。
- 奇数页：分节符后的文档从下一个奇数页开始显示。

3.4.3　预览与打印

完成文档的编辑和排版操作后，首先必须对其进行打印预览，如果不满意还可以进行修改和调整，等待预览完全满意后再对打印文档的页面范围、打印份数和纸张大小进行设置，然后将文档打印出来。

1．预览文档

在打印文档之前，要想预览打印效果，可使用打印预览功能查看文档效果。打印预览的效果与实际打印的真实效果极为相近，使用该功能可以避免打印失误或不必要的损失。同时还可以在预览窗格中对文档进行编辑，以得到满意的效果。

在 Word 2010 中，单击"文件"选项卡，在其下拉列表中选择【打印】命令，在打开的新页面中，不难看出包括 3 部分，即左侧的选项栏、中间的命令选项栏和右侧的预览窗格，在右侧的窗格中可预览打印效果，如图 3-72 所示。

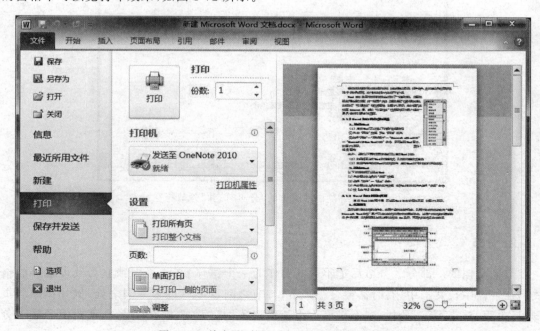

图 3-72　单击"文件"→"打印"选项后的页面

在打印预览窗格中,如果看不清预览的文档,可多次单击预览窗格右下方的"显示比例"工具右侧的"＋"号按钮,使之达到合适的缩放比例以便进行查看。单击"显示比例"工具左侧的"-"号按钮,可以使文档缩小至合适大小,以便实现多页方式查看文档效果。此外,拖动"显示比例"工具中的滑块同样可以对文档的缩放比例进行调整。单击"＋"号按钮右侧的"缩放到页面"按钮,可以预览文档的整个页面。

(1) 总之,在打印预览窗格中可进行如下几种操作。

① 可通过使用"显示比例"工具,设置文档的适当缩放比例的查看。

② 在预览窗格的左下方,可查看到文档的总页数,以及当前预览文档的页码。

③ 可通过拖动"显示比例"工具中的滑块以实现对文档的单页、双页或多页方式的查看。

(2) 在中间命令选项栏的底部,单击"页面设置"选项命令,可打开"页面设置"对话框,利用此对话框可以对文档的页面格式进行重新设置和修改。

2．打印文档

预览结果满足要求后,就可以打印文档了。打印的操作方法如下:

单击"文件"选项卡,在打开的下拉列表中选择【打印】命令,在打开的新页面中设置打印份数、打印机属性、打印页数和双面打印等。设置完成后,直接单击"打印"按钮,即开始打印文档。

3.5　Word 2010 表格处理

在编辑的文档中,使用表格是一种简明扼要的表达方式。它以行和列的形式组织信息,结构严谨,效果直观。常常一张表格就可以代表大篇的文字描述,所以在各种经济、科技等论文中越来越多地使用表格。

3.5.1　插入表格

1．表格工具

在 Word 2010 文档中插入表格后,选项区就会增加一个"表格工具"功能选项卡,其下有"设计"和"布局"两个选项,分别有不同的功能。

单击"设计"选项,打开"表格样式选项""表格样式"和"绘图边框"共 3 个组,如图 3-73所示,"表格样式"组提供了 141 个内置表格样式,可快速地绘制表格及设置表格边框和底纹。

单击"布局"选项,出现"表""行和列""合并""单元格大小""对齐方式"和"数据"共 6 个组,主要提供了表格布局方面的功能,如图 3-74 所示。"表"组可方便地查看与定位表对象,"行和列"组可方便地增加或删除表格中的行和列,"对齐方式"组提供了文字在单元格内的对齐方式和文字方向等,"数据"组用于数据计算和排序等。

图 3-73 "表格工具→设计"功能区

图 3-74 "表格工具→布局"功能区

2. 建立表格

在"插入"功能区的"表格"组单击"表格"按钮,在弹出的下拉列表中,选择不同的选项,即可用不同的方法建立表格,如图 3-75 所示。在 Word 2010 中,建立表格的方法一般有四种,下面逐一介绍。

(1)拖动法:将光标定位到需要添加表格处,单击"表格"按钮,在弹出的下拉列表中,按下鼠标左键拖动设置表格中的行和列,此时可在下拉列表选项区的"表格"区预览到表格行列数,待行列数满足要求后释放鼠标左键,即在光标定位处插入了一个空白表格。图 3-75 为使用拖动法建立 6 行 7 列的表格。用这种方法建立的表格不能超过 8 行 10 列。

(2)对话框法:如图 3-75 所示,选择"插入表格"选项,在打开的"插入表格"对话框中,如图 3-76 所示,输入或选择行列数并设置相关参数,然后单击"确定"按钮,即可在光标指定位置插入一空白表格。

(3)手动绘制法:如图 3-75 所示,选择"绘制表格"选项,鼠标变成铅笔状,同时系统会自动弹出"表格工具→设计"选项卡,此时用"铅笔"状鼠标可在文档中任意位置绘制表格,并且还可利用展开的"表格工具→设计"功能区的相应按钮,设置表格边框线或擦除绘制的错误表格线等。

(4)组合符号法:将光标定位在需要插入表格处,输入一个"+"号(代表列分隔线),然后输入若干个"-"号("-"号越多代表列越宽),再输入一个"+"号和若干个"-"号……然后再输入一个"+"号,如图 3-77 所示,最后按 Enter 键,一个一行多列的表格插入到了文档中,如图 3-78 所示。再将光标定位到行尾连续按 Enter 键,这样一个多行多列的表格就创建成功了。

图 3-75 "表格"按钮
下拉列表

图 3-76　"对话框"法

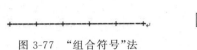

图 3-77　"组合符号"法

图 3-78　一行多列表格

3.5.2　编辑表格

在 Word 中,对表格的编辑操作包括调整表格的行高与列宽、添加或删除行与列、对表格的单元格进行拆分和合并等。

1. 选定表格的编辑区

对表格进行编辑操作,要先选定表格,后操作。

选定表格编辑区的方法如下。

(1) 一个单元格:鼠标指向单元格的左侧,指针变成实心斜向上的箭头时,单击。

(2) 整行:鼠标指向行左侧,指针变成空心斜向上的箭头时,单击。

(3) 整列:鼠标指向列上边界,指针变成实心垂直向下的箭头时,单击。

(4) 连续多个单元格:用鼠标从左上角单元格拖动到右下角单元格,或按住 Shift 键选定。

(5) 不连续多个单元格:按住 Ctrl 键的同时用鼠标选定每个单元格。

(6) 整个表格:将鼠标定位在单元格中,单击表格左上角出现的移动控制点。

2. 调整行高和列宽

(1) 方法 1:用鼠标在表格线上拖动。

① 移动鼠标指针到要改变行高或列宽的行表格线或列表格线上。

② 当指针变成左右双箭头形状时,按住鼠标左键拖动行表格线或列表格线,至行高或列宽合适后,松开鼠标左键。

(2) 方法 2:用鼠标在标尺的行、列标记上拖动。

① 先选中表格或单击表格中任意单元格。

② 分别沿水平或垂直方向拖动"标尺"的列或行"标记"用以调整列宽和行高,如图 3-79所示。

(3) 方法 3:用"表格属性"对话框。

用"表格属性"对话框可以对选定区或整个表格的行高和列宽进行精确的设置。其操作步骤如下。

① 选中需要设置行高或列宽的区域。

② 在"表格工具→布局"功能区的"表"组,单击"属性"按钮打开"表格属性"对话框,如

图 3-79　拖动列或行"标记"调整列宽或行高

图 3-80 所示。

　　③ 选择"行"或"列"选项卡,进入相应界面,对"指定高度"或"指定宽度"进行行高或列宽的精确设置。

　　④ 然后单击"确定"按钮。

图 3-80　"表格属性"对话框

3.删除行或列

（1）方法 1：使用功能按钮。

　　选中需要删除的行或列,在"表格工具→布局"功能区的"行和列"组,如图 3-81 所示,单击"删除"按钮,弹出下拉列表,如图 3-82 所示,选择"删除行"或"删除列"选项,即可以删除选定的行或列。实际上,下拉列表中还包括了"删除单元格"和"删除表格"的选项。

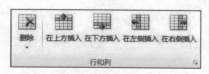

图 3-81　"行和列"组

图 3-82　"删除"按钮的下拉列表

（2）方法2：使用快捷菜单命令。

① 选中表格中需要删除的行或列。

② 右击鼠标,在弹出的快捷菜单中选择"删除单元格"命令。

③ 在打开的"删除单元格"对话框中,选中"删除整行"或"删除整列"单选钮,如图3-83所示,则删除选中的行或列。

图 3-83　"删除单元格"对话框

4．插入行或列

（1）方法1：使用功能按钮。

① 在表格中选中一行一列或选中多行多列,会激活"表格工具→布局"选项卡。

② 在"布局"功能区的"行和列"组,如图3-81所示,选择"在上方插入"或"在下方插入"行,"在左方插入"或"在右方插入"列;如果选中的是多行多列,则插入的也是同样数目的多行多列。

（2）使用快捷菜单。

① 选定表格中的一行或多行,一列或多列。

② 右击,在弹出的快捷菜单中选择"插入",然后在打开的"插入"列表中,选择相应的选项命令,则在指定位置插入一行或多行、一列或多列,如图3-84所示。

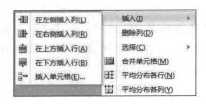

图 3-84　用快捷菜单插入行或列

（3）在表格底部添加空白行。

在表格底部添加空白行,使用下面两种更简单的方法。

① 将插入点移到表格右下角的单元格中,然后按Tab键。

② 将插入点移到表格最后一行右侧的行结束处,然后按Enter键。

5．合并和拆分单元格

使用了合并和拆分单元格后,将使表格变成不规则的复杂表格。

（1）合并单元格,操作如下：

① 选定需要合并的多个单元格,此时激活"表格工具→布局"选项卡。

② 然后,在"布局"功能区的"合并"组,单击"合并单元格"按钮,或右击鼠标,在弹出的快捷菜单中选择"合并单元格"命令,选定的多个单元格被合并成一个单元格,如图3-85所示。

图 3-85　合并单元格

（2）拆分单元格,操作如下：

① 选定需要拆分的单元格。

② 在"布局"功能区的"合并"组,单击"拆分单元格"按钮;或右击鼠标,在弹出的快捷菜单中选择"拆分单元格"命令,从而打开"拆分单元格"对话框,如图 3-86 所示,在对话框中输入要拆分的行数和列数,然后单击"确定"按钮,拆分效果如图 3-87 所示。

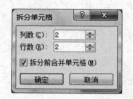

图 3-86 "拆分单元格"对话框

图 3-87 拆分单元格效果

3.5.3 设置表格格式

当创建一个表格后,就要对表格进行格式化。表格格式化操作,仍需要选择"表格工具→设计"或"表格工具→布局"选项卡中的功能组,如图 3-73 和图 3-74 所示,然后单击相应功能按钮完成。

1. 设置单元格对齐方式

单元格对齐方式有 9 种。方法是:选定需要设置对齐方式的单元格区域,在"对齐方式"组,单击相应的对齐方式按钮,如图 3-88 所示。或右击鼠标,在弹出的快捷菜单中选择"单元格对齐方式"选项命令,在打开的 9 种选项中选择一种对齐方式即可。

2. 设置边框和底纹

(1) 设置表格边框。

选定需要设置边框的单元格区域或整个表格,再选"笔样式",即边框线类型,选择"笔画粗细",即边框线粗细,选择"笔颜色",即边框线颜色,如图 3-89 所示,然后单击"边框"按钮的下三角按钮,在打开的下拉列表中,如图 3-90 所示,选择相应的表格边框线。当然也可以在"绘图边框"组单击"边框和底纹"按钮,或从"边框"的下拉列表中,单击"边框和底纹"选项,在打开的"边框和底纹"对话框中进行设置。

图 3-88 单元格对齐方式

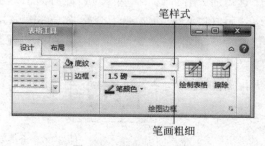

图 3-89 设置表格边框

(2) 设置表格底纹。

选定需要设置底纹的单元格区域或整个表格,在"表格工具→设计"功能区的"表格样式"组,单击"底纹"按钮,从打开的下拉列表中选择一种颜色即可,如图 3-91 所示。

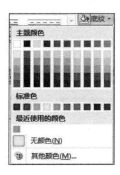

图 3-90 "边框"按钮的下拉列表　　　图 3-91 "底纹"按钮的下拉列表

3．设置文字排列方向

单元格中文字的排列方向分横向和纵向两种,其设置方法是：在"表格工具→布局"功能区的"对齐方式"组,单击"文字方向"按钮即可实现横向和纵向的相互转换,如图 3-88 所示。

4．设置斜线表头

首先选中需要设置斜线表头的单元格,然后在"表格工具→设计"功能区的"表格样式"组,单击"边框"的下三角按钮,在打开的下拉列表中选择"斜下框线"或"斜上框线"选项即可,如图 3-90 所示。

5．设置跨页自动重复表头

在日常的工作和学习中,难免会遇到比较大型的表格,而这些大型表格通常会占据多页的内容,默认情况下表格不会自动重复表头,如图 3-92 所示。

序号	姓名	性别	1季度业绩	2季度业绩	3季度业绩	4季度业绩	平均业绩	综合绩效	总评
1	张甲								
2	张乙								
3	张丙								
4	张丁								
5	张戊								
6	张己								
7	张庚								
8	张辛								

图 3-92 示例表格

这就给工作和学习带来了很多的不便,如图 3-93 所示。 Word 2010 可以通过一定的设置,使得表格在分页后表格的表头可以得到重复显示,如图 3-94 所示。

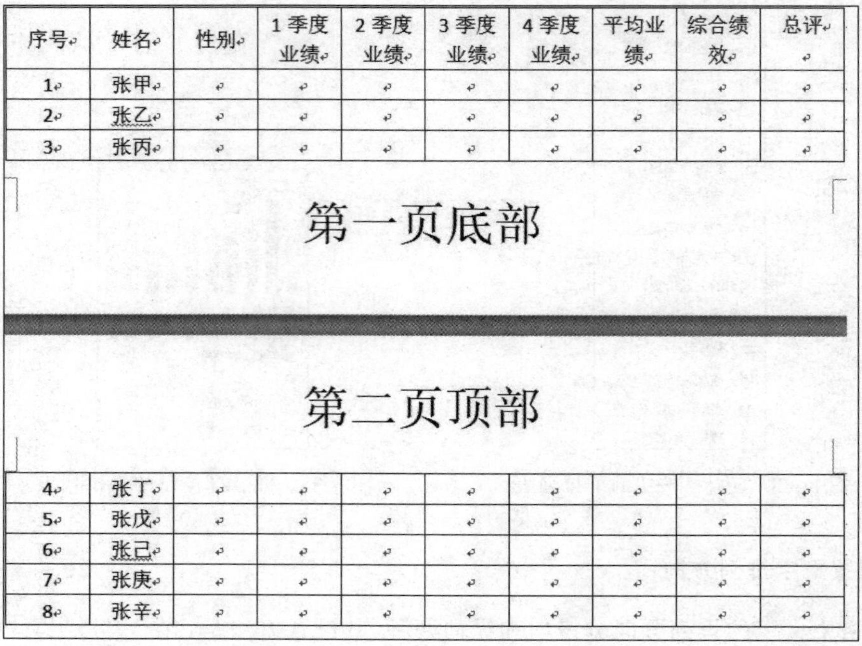

序号	姓名	性别	1季度业绩	2季度业绩	3季度业绩	4季度业绩	平均业绩	综合绩效	总评
1	张甲								
2	张乙								
3	张丙								

第一页底部

第二页顶部

4	张丁								
5	张戊								
6	张己								
7	张庚								
8	张辛								

图 3-93 没有设置"重复标题行"

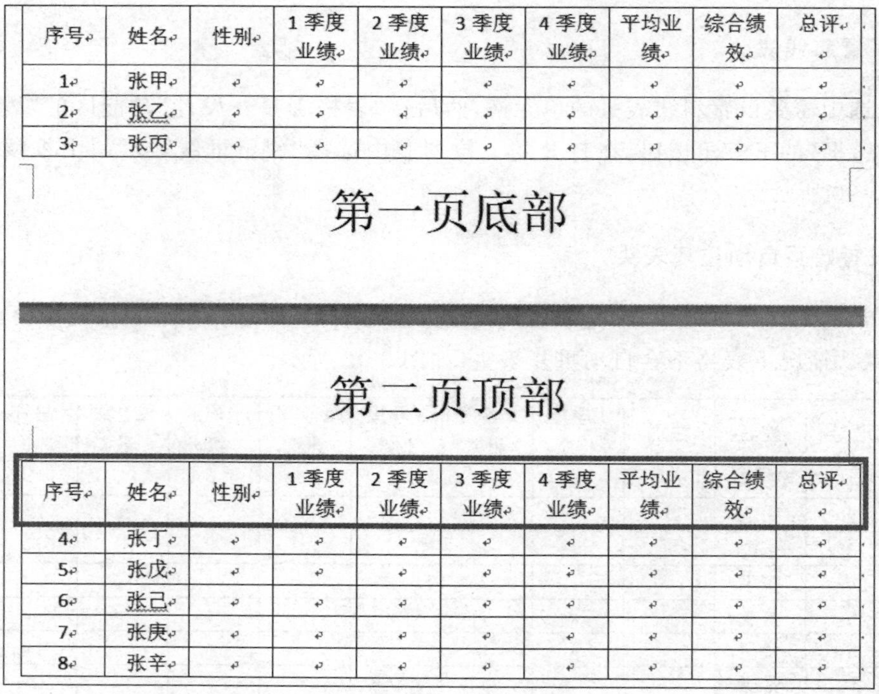

序号	姓名	性别	1季度业绩	2季度业绩	3季度业绩	4季度业绩	平均业绩	综合绩效	总评
1	张甲								
2	张乙								
3	张丙								

第一页底部

第二页顶部

序号	姓名	性别	1季度业绩	2季度业绩	3季度业绩	4季度业绩	平均业绩	综合绩效	总评
4	张丁								
5	张戊								
6	张己								
7	张庚								
8	张辛								

图 3-94 已经设置"重复标题行"

在已经编辑完成的表格中，单击表格任意位置，激活“布局”功能区，将光标停留在标题行后，进入“布局”功能区，单击选择“重复标题行”按钮，如图 3-95 所示。

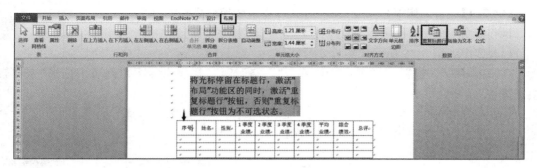

图 3-95 设置重复标题行

3.5.4 表格与文本的转换

1. 将表格转换成文本

【例 3.3】将如图 3-96 所示表格转换成文本。

操作步骤如下。

职工登记表

职工号	姓名	单位	职称	工资
HG001	孙亮	化工	教授	720
JS001	王大明	计算机	教授	680
DZ003	张卫	电子	副教授	600
HG002	陆新	化工	副教授	580

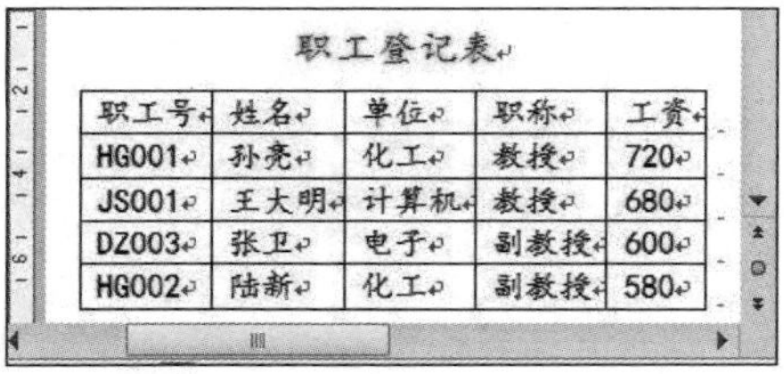

图 3-96 需要转换成文本的表格

(1) 将光标置于需要转换成文本的表格中，或选择整个表格，会立即弹出“表格工具→布局”选项卡。

(2) 单击该选项卡，在“布局”功能区“数据”组，单击“转换成文本”按钮。

(3) 在弹出的“表格转换成文本”对话框中选择一种文字分隔符，如图 3-97 所示，默认的是“制表符”，单击“确定”按钮即可将表格转换成文本，如图 3-98 所示。

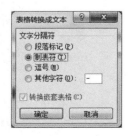

图 3-97 表格转换成文本对话框

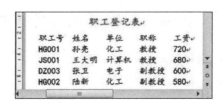

图 3-98 经过转换后的文本

2．将文本转换成表格

【例3.4】 将如图3-99所示文本后五行文字转换成表格。

操作步骤如下。

(1) 选中如图3-98所示文本后5行文字。

(2) 在"插入"功能区的"表格"组，单击"表格"按钮，在弹出的下拉列表中选择"文本转换成表格"选项。

(3) 在打开的"文本转换成表格"对话框中，选择一种"文字分隔符"，如图3-100所示。

(4) 单击"确定"按钮。转换后的表格如图3-101所示。

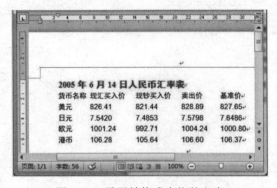

图 3-99　需要转换成表格的文本

图 3-100　"将文字转换成表格"对话框

图 3-101　转换后的表格

3.5.5　表格中的数据统计和排序

1．表格中的数据统计

Word提供了在表格中快速进行数值的加、减、乘、除及求平均值等计算功能；还提供了常用的统计函数供用户调用，这些统计函数包括求和(Sum)、平均值(Average)、最大值(Max)、最小值(Min)和条件统计(If)等。同Excel一样，表中每一行号依次用数字1、2、3……

表示,每一列号依次用字母 A、B、C……表示,每一单元格号为行列交叉号,即交叉的列号加上行号,例如 H5 表示第 H 列第 5 行的单元格。如果要表示表格中的单元格区域,可采用如下表示法:

左上角单元格号:右下角单元格号

在 Word 中只要选中表格中任意单元格或整个表格,就会立即弹出"表格工具→设计/布局"选项卡。在"布局"功能区的"数据"组,如图 3-102 所示,"公式"和"排序"按钮分别用于表格中数据的计算和排序。

图 3-102 "数据"组

【例 3.5】 如图 3-103 所示,要求计算学号为"12051"学生的计算机、英语、数学、物理、电路五科的总成绩,结果置于 G2 单元格。操作步骤如下。

① 选中 G2 单元格,单击"公式"按钮,弹出"公式"对话框,如图 3-103 所示。

② 在"公式"对话框中,从"粘贴函数"下拉列表框中选择"SUM"函数,将其置入"公式"文本框中,并输入函数参数"b2:f2"。

③ 单击"确定"按钮。用如上方法可计算出其他学号学生的五科总成绩。

如图 3-104 所示,如要计算"计算机"单科成绩的平均分,首先选中"B6"单元格,其他操作步骤同上,只是在"公式"对话框中选择粘贴的函数为"AVERAGE",输入函数参数为"b2:b5"。用同样方法可计算出其他单科成绩的平均分。

图 3-103 求和

图 3-104 求平均值

2. 表格中的数据排序

【例 3.6】 在如图 3-105 所示表格中,要求按"物理"成绩"降序"排序,如果"物理"成绩相同,再按"电路"成绩"升序"排序。

操作步骤如下。

(1) 选中表格中任意单元格,在"布局"功能区的"数据"组,单击"排序"按钮,打开"排序"对话框,如图 3-106 所示。

(2) 在该对话框中,"主要关键字"选择"物理",选择"降序"单选钮;"次要关键字"选择"电路",选择

成绩 \ 学号	计算机	英语	数学	物理	电路	求和
12051	72	82	91	55	62	362
12052	85	90	54	70	94	393
12053	76	87	92	65	90	410
12054	67	74	58	65	86	350

图 3-105 需要排序的数据表格

"升序"单选钮,"类型"均选择"数字"。

(3)单击"确定"按钮。排序效果如图 3-107 所示。

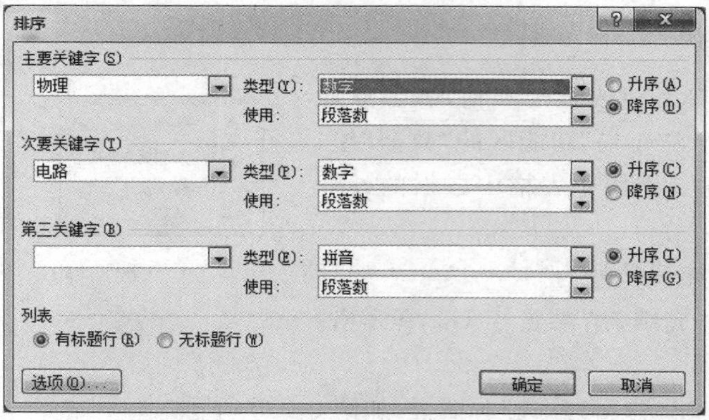

图 3-106　"排序"对话框

图 3-107　经过排序以后的数据表格

成绩↵ 学号↵	计算机↵	英语↵	数学↵	物理↵	电路↵	求和↵
12052↵	85↵	90↵	54↵	70↵	94↵	393↵
12054↵	67↵	74↵	58↵	65↵	86↵	350↵
12053↵	76↵	87↵	92↵	65↵	90↵	410↵
12051↵	72↵	82↵	91↵	55↵	62↵	362↵

3.6　Word 2010 图文混排

如果整篇文档都是文字,没有任何修饰性的内容,这样的文档阅读起来不仅缺乏吸引力,而且会使读者阅读时感到疲倦不堪。Word 2010 具有强大的图文混排功能,它不仅提供了大量图形及多种形式的艺术字,而且支持多种绘图软件创建的图形,从而轻而易举地实现图片和文字的混合编排。

3.6.1　绘制图形

1．用绘图工具手工绘制图形

Word 2010 的图形包含一套手工绘制图形的工具,主要包括直线、箭头、各种形状、流程图、星与旗帜等。这些称为自选图形或形状。

如插入一个"笑脸"形状的图形,在"插入"功能区的"插图"组中,单击"形状"下三角按钮,弹出下拉列表,如图 3-108 所示。

在"基本形状"栏中选择"笑脸"图形,然后用鼠标在文档中画出一个图形,如图 3-109 所示。选中图形,右键单击,在其快捷菜单中选择"添加文字"命令,可在图形中添加文字。

用鼠标点击图形上方的绿色按钮可任意旋转图形,用鼠标拖动"笑脸"图形中的黄色按钮向上移动,可把"笑脸"变为"哭脸",如图 3-110 所示。

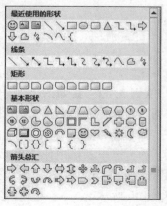

图 3-108　"形状"下拉列表

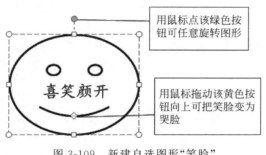

用鼠标点该绿色按钮可任意旋转图形

用鼠标拖动该黄色按钮向上可把笑脸变为哭脸

图 3-109 新建自选图形"笑脸"   图 3-110 "哭脸"图形

2. 设置图形格式

绘制好的图形可以设置的格式主要包括形状填充、形状轮廓轮郭、形状效果、图形的排列、组合及叠放次序以及图形大小等。

设置图形格式的方法是：选中绘制的图形，立即弹出"绘图工具→格式"功能选项卡，单击此选项卡立即打开"插入形状""形状样式""艺术字样式""文本""排列"和"大小"共 6 个组，如图 3-111 所示。

图 3-111 "绘图工具→格式"功能区

设置图片格式的方法（这里的图片是指在 Word 文档中插入的用其他软件制作的图形和插入的剪贴画）：选中图片或剪贴画后，会弹出"图片工具→格式"功能选项卡。单击此选项卡，将弹出"调整""图片样式""排列"和"大小"四个组的功能区，如图 3-112 所示。

图 3-112 "图片工具→格式"功能区

观察图 3-111 和图 3-112，"绘图工具→格式"功能区和"图片工具→格式"功能区，它们虽然有不同的功能组，但却有完全相同的"排列"组。在此重点讲述"排列"组，即文字相对于图形的环绕方式控制，这种控制对图片、艺术字、剪贴画和文本框都实用。"排列"组有两个按钮："位置"和"自动换行"，利用它们可设置文字相对于图形或图片的环绕方式控制。下面就来介绍这两个按钮的使用。

（1）利用"位置"按钮设置文字相对于图形或图片的环绕方式。

① 选中图形或图片。

② 在"排列"组单击"位置"按钮，弹出其下拉列表，如图 3-113 所示。

③ 如果选择"嵌入文本行中"选项，则将对象设置为"嵌入型"；如果选择"文字环绕"9 种类型中任意一种，则将对象设置为相应类型；如果单击"其他布局选项"命令，则打开"布局"对话框，如图 3-114 所示。

图 3-113 "位置"按钮下拉列表

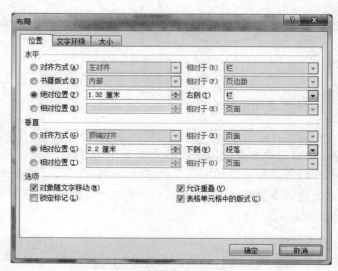

图 3-114 "布局"对话框

在"布局"对话框中，选择"文字环绕"选项卡，打开如图 3-115 所示对话框。在"环绕方式"栏，共列出了"嵌入型""四周型""紧密型""穿越型""上下型""衬于文字下方"和"浮于文字上方"7 种文字环绕方式。用户根据需要可选择其中某种文字环绕类型，然后单击"确定"按钮，关闭对话框。

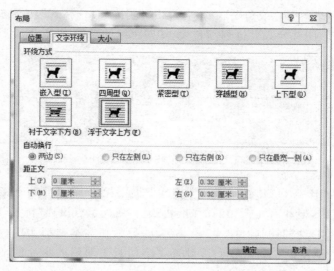

图 3-115 "文字环绕"选项卡下的"布局"对话框

图 3-116 "自动换行"
下拉列表

（2）利用"自动换行"按钮设置文字相对于图形或图片的环绕方式。

① 选中图形或图片。

② 在"排列"组单击"自动换行"按钮打开其下拉列表，如图 3-116 所示。在该下拉列表中，前 7 个列表项为文字环绕方式的 7 种类型，如果选择任意一种，则设置为相应类型。如果单击"其他布局选项"命令，则打开"布局"对话框。

在 Word 2010 中绘制的图形或插入的形状，默认的文字环绕方式为"浮于文字上方"，可随意移动。插入的图片默认的环绕方式是"嵌入型"，占据了文本的位置，不能随便移动；而其他 6 种环绕方式："四周型""紧密型""穿越型""上下型""衬于文字下方"和"浮于文字上方"均属"浮动型"，可随意移动。通过设置环绕方式，可进行 7 种环绕方式的转换。

3.6.2 插入图片

可以在 Word 中绘制图形，也可以在 Word 中插入图片、编辑图片和对图片进行格式设置。

1. 插入图片

向文档中插入的图片可以是 Word 内部的剪贴画，也可以是利用其他的图形处理软件制作的以文件形式保存的图形。

（1）插入剪贴画。

方法步骤如下。

① 定位插入点到需要插入剪贴画的位置。

② 在"插入"功能区的"插图"组单击"剪贴画"按钮。

③ 在打开的"剪贴画"窗格中，在"搜索文字"文本框输入如"科技"的列项，在下拉列表中选择"所有媒体文件类型"并选中"包括 Office.com 内容"复选框。

④ 单击"搜索"按钮，任务窗格下方的列表框中显示了"科技"类型的各种剪贴画，如图 3-117 所示。

⑤ 单击某张剪贴画即可插入到指定位置。

（2）插入图形文件中的图形。

方法步骤如下。

① 定位插入点到需要插入图片的位置。

② 在"插入"功能区的"插图"组中，单击"图片"按钮，打开"插入图片"对话框，如图 3-118 所示。

③ 在打开的"插入图片"对话框中选择图形文件后，单击"插入"按钮，文件中的图形便插入到插入点指定的位置。

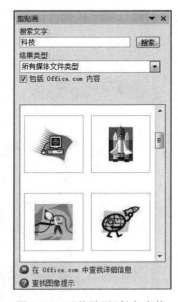

图 3-117 "剪贴画"任务窗格

图 3-118 "插入图片"对话框

2. 图片的简单调整

利用"裁剪"按钮进行图片的简单调整,在编辑文档引用各种来源的图片的时候,并不是全部图片内容都需要,对于不适合编辑内容的图片部分需要进行简单的裁剪,以往需要重新利用专门的图片编辑软件打开图片才能进行修改,现在可以直接利用 Word 2010 自带的功能进行简单的编辑。

① 选中图形或图片。

② 在"大小"组单击"裁剪"按钮,此时图片的四周将出现裁剪标识,如图 3-119 所示。将鼠标移动到这些裁剪标识附近,鼠标就会变成相对应的裁剪标志,此时按住鼠标左键,即可对图片进行调整。调整完成后单击图片外的任意位置处,即完成图片的"裁剪"操作,如图 3-120 所示。

图 3-119 裁剪图片(裁剪前)

图 3-120　裁剪图片(裁剪后)

3. 设置图片格式

图片有多种格式,在 Word 2010 中,当选中图片后,便立刻弹出"图片工具→格式"选项卡,单击此选项卡,出现"调整""图片样式""排列"和"大小"四个功能组,如图 3-112 所示。下面简单介绍图片样式的设置。

图片样式的设置,需使用"图片样式"组的功能按钮,如图 3-121 所示。

图 3-121　"图片样式"功能组

图片样式的设置主要包括图片边框和颜色的设置,图片边框和颜色的搭配结合共有 28 种类型,如图 3-122 所示。如欲将某个选中的图片设置为"圆形对角.白色",设置过程和效果如图 3-122 和图 3-123 所示。

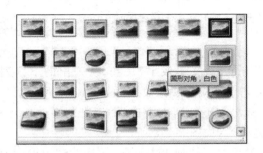

图 3-122　"图片样式"(边框和颜色)类型选项

图 3-123　设置效果

3.6.3　插入艺术字

在流行的报刊上经常会看到形形色色的艺术字,这些艺术字给文章增添了强烈的视觉冲击效果。使用 Word 2010 可以创建出形式多样的艺术效果,甚至可以把文本扭曲成各种各样的形状或设置为具有三维轮廓的效果。

1．建立艺术字

建立艺术字的方法通常有两种:一种是先输入文字,再将输入的文字应用为艺术字样式;另一种方法是先选择艺术字样式,再输入需要的艺术字文字。下面就第二种方法说明建立艺术字的操作步骤。

(1) 定位需要插入艺术字的位置。

(2) 在"插入"功能区的"文本"组。单击"艺术字"的下三角按钮,从弹出的下拉列表中选择某种艺术字样式,如选择"填充-红色,强调文字颜色 2,粗糙棱台"选项,此时在插入点处插入了所选的艺术字样式,如图 3-124 所示。

(3) 选择你熟悉的输入法,在提示文本"请在此放置您的文字"处输入文字,然后调节艺术字的"字号"大小和位置,如图 3-125 所示。

图 3-124　选择艺术字样式

图 3-125　输入文字

2．编辑艺术字

选中艺术字,弹出"绘图工具→格式"选项卡,单击此选项卡便立即打开"绘图工具"中的包括"形状样式"和"艺术字样式"在内的 6 个功能组,如图 3-111 所示。利用"形状样式"和"艺术字样式"等功能组中的按钮,还可对艺术字的形状和样式进行设置,如图 3-126 所示。

图 3-126　"形状样式"和"艺术字样式"功能组

编辑艺术字的操作步骤如下。

(1) 选中艺术字,在"艺术字样式"组单击"文本效果"按钮,从弹出的下拉列表中选择"映像"→"全映像,8pt 偏移量"选项,为艺术字应用映像效果,如图 3-127 所示。

(2) 继续单击"文本效果"按钮,从弹出的下拉列表中选择"发光"→"红色,8pt 发光,强调文字颜色 2"选项,为艺术字应用发光效果,如图 3-128 所示。

(3) 再次单击"文本效果"按钮,从弹出的下拉列表中选择"转换"→"山形"选项,为艺术字应用"山形"效果,如图 3-129 所示。

(4) 切换至"开始"功能区的"字体"组,设置艺术字的字体为"方正书宋简体",然后调节艺术字的位置和大小,最终效果如图 3-130 所示。

图 3-127　应用"映像"效果

图 3-128　应用"发光"效果

图 3-129　应用"山形"效果

图 3-130　最终效果

3.6.4　使用文本框

文本框是实现图文混排时的非常有用的工具,它如同一个容器,其中可以插入文字、表格、图形等不同的对象,可置于页面的任何位置,并可随意地调整其大小,放到文本框中的对象将会随着文本框一起移动。在 Word 2010 中,文本框用来建立特殊的文本,并且可以对其进行一些特殊的处理,如设置边框、颜色和版式格式。

1. 插入内置文本框

Word 2010 提供了 44 种内置文本框,如简单文本框、边线型提要栏和大括号型引述等。通过插入这些内置文本框,可以快速制作出形式多样的优秀文档。

插入内置文本框的操作步骤如下。

(1) 在"插入"功能区的"文本"组单击"文本框"按钮,打开其下拉列表,如图 3-131 所示。

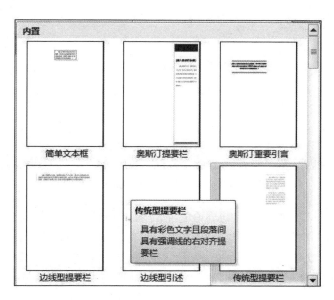
图 3-131　内置文本框选项

（2）"内置"文本框包含多种样式，如选择"传统型提要栏"，将其插入到文档中，效果如图 3-132 所示。

2．绘制文本框

除了可以插入内置的文本框外，还可根据需要手动绘制横排或竖排文本框，该文本框主要用于插入图片、表格和文本等对象。

绘制文本框的操作步骤如下。

（1）在"插入"功能区的"文本"组单击"文本框"按钮。

（2）从打开的下拉列表中，选择"绘制文本框"或"绘制竖排文本框"选项，如图 3-133 所示，此时鼠标指针变成"＋"字形。

图 3-132   插入内置文本框后的效果

（3）将鼠标的"＋"字形指针移动到合适的位置并拖动鼠标指针绘制竖排文本框，然后释放鼠标指针，完成"竖排文本框"绘制操作。

（4）在其中输入文字，选中文本框，单击"形状填充"，在其下拉列表中设置浅绿色填充；单击"形状轮廓"，在其下拉列表中选择"无轮廓"；调整文本框适度大小，并切换至"开始"功能区的"字体"组和"段落"组设置字体格式和文本段落格式。最后设置效果，如图 3-134 所示。

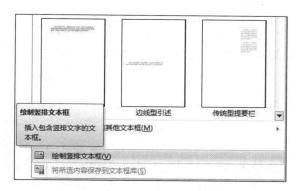

图 3-133 选择"绘制竖排文本框"命令 图 3-134 竖排文本设置效果

3.6.5 设置水印

在 Word 中，水印是指显示在文档文本后面的半透明图片或文字，是一种特殊的背景，在文档中使用水印可增加趣味或标识文档。在页面视图或打印出的文档中才可以看到水印。

设置水印的方法如下。

（1）在"页面布局"功能区的"页面背景"组单击"水印"按钮。

（2）在其下拉列表中，如图 3-135 所示，单击"自定义水印"选项，打开"水印"对话框，如图 3-136 所示。

图 3-135 "水印"按钮的下拉列表 图 3-136 "水印"对话框

（3）如制作图片水印，则选中"图片水印"单选钮，并选中"冲蚀"复选框，然后单击"选择图片"按钮，打开"插入图片"对话框，选择一副图片插入，然后单击"确定"按钮，即插入了图片水印。

（4）如果制作文字水印，则选中"文字水印"单选钮，然后在"文字"下拉列表中输入文字，设置字体、字号、字体颜色，并选中"半透明"复选框和"斜式"单选钮，然后单击"确定"按钮，即插入了文字水印。

习题 3

1. 进入"第 3 章素材库\习题 3\习题 3.1"文件夹，打开"XT3_1.docx"文档，并对文档中的文字进行编辑和排版，最后将文档以"XT3_1 排版.docx"为文件名保存于习题 3.1 文件夹中，具体要求如下。

（1）页面格式设置：纸张为 A4；页边距为上、下 2.5 厘米，左、右 3 厘米。

（2）将标题段（"1. 国内企业申请的专利部分"）设置为四号蓝色楷体、加粗、居中、绿色边框、边框宽度为 3 磅、黄色底纹。

（3）正文（"根据我国企业申请的……围绕了认证、安全、支付来研究的"）字体设置为宋体、五号，首行缩进 2 字符，行距设置为 18 磅。

（4）正文第一段（"根据我国企业申请的……覆盖的领域包括："）分两栏，中间加分隔线；最后一段（"如果和电子商务知识产权……围绕了认证、安全、支付来研究的。"）设置为首字下沉两行、隶书、距正文 0.4 厘米。

（5）为第一段（"根据我国企业申请的……覆盖的领域包括："）和最后一段（"如果和电子商务知识产权……围绕了认证、安全、支付来研究的"）间的 8 行设置项目符号"u"。

（6）为倒数第 9 行（"表 4-2 国内企业申请的专利分类统计"）插入脚注，脚注内容为"资料来源：中华人民共和国知识产权局"，脚注字体为小五号宋体。将该行文本效果设置为"渐变填充-紫色，强调文字颜色 4，映像"。

（7）将最后面的 8 行文字转换为一个 8 行 3 列的表格。设置表格居中。

（8）分别将表格第 1 列的第 4、5 行单元格、第 3 列的第 4、5 行单元格、第 1 列的第 2、3 行单元格和第 3 列的第 2、3 行单元格进行合并。表格中所有文字中部居中，设置表格外框线为 3 磅蓝色单实线，内框线为 1 磅黑色单实线。

（9）插入页眉，页眉内容为"我国的电子商务专利"，字体为楷体、三号，居中，文本效果为"填充-红色，强调文字颜色 2，双轮廓-强调文字颜色 2"。

2. 进入"第 3 章素材库\习题 3\习题 3.2"文件夹，打开"XT3_2.docx"文档，并对文档中的文字进行编辑和排版，最后将文档以"XT3_2 排版.docx"为文件名保存于习题 3.2 文件夹中，具体要求如下。

（1）将文中所有错词"集锦"替换为"基金"。

（2）将标题段（"中报显示多数基金上半年亏损"）文字设置为浅蓝色小三号仿宋、居中、加绿色底纹。

（3）设置正文各段落（"截至昨晚 10 点……面值以下。"）左右各缩进 1.5 字符、段前间距 0.5 行、行距为 1.1 倍行距；设置正文第一段（"截至昨晚 10 点……都是亏损的。"）首字下沉 2 行(距正文 0.1 厘米)。

（4）将文中后 6 行文字转换成一个 6 行 3 列的表格；并依据"基金代码"列按"数字"类型升序排列表格内容。

（5）设置表格列宽为 2.2 厘米、表格居中；设置表格外框线及第 1 行的下框线为红色 3 磅单实线、表格其余框线为红色 1 磅单实线。

第4章 Excel 2010电子表格处理

　　Excel 2010 是微软公司 Office 2010 系列办公软件中的重要组成部分,是一款集数据表格、数据库、图表等于一身的优秀电子表格软件。其功能强大,技术先进,使用方便,不仅具有 Word 表格的数据编排功能,而且提供了丰富的函数和强大的数据分析工具,可以简单、快捷地对各种数据进行处理、统计和分析。它具有强大的数据综合管理功能,可以通过各种统计图表的形式把数据形象地表示出来。由于 Excel 2010 可以使用户愉快轻松地组织、计算和分析各种类型的数据,因此被广泛应用于财务、行政、金融、统计和审计等众多领域。

学习目标:

- 理解 Excel 2010 电子表格的基本概念。
- 掌握 Excel 2010 的基本操作以及编辑、格式化工作表的方法。
- 掌握公式、函数和图表的使用方法。
- 掌握常用的数据管理与分析方法。
- 熟悉 Excel 2010 的数据综合管理与决策分析功能应用方法。

4.1 Excel 2010 概述

　　Excel 2010 是一款非常出色的电子表格软件,它具有界面友好、操作简便、易学易用等特点,在人们的工作和学习中起着越来越重要的作用。

4.1.1 Excel 2010 的基本功能

　　Excel 2010 到底能够解决我们日常工作中的哪些问题呢?下面简要介绍其 4 个方面的实际应用。

1. 表格制作

　　制作或者填写一个表格是用户经常遇到的工作内容,手工制作表格不仅效率低,而且格式单调,难以制作出一个好的表格。但是,利用 Excel 2010 提供的丰富功能可以轻松、方便地制作出具有较高专业水准的电子表格,以满足用户的各种需要。

2. 数据运算

　　在 Excel 2010 中,用户不仅可以使用自己定义的公式,而且可以使用系统提供的九大类函数,以完成各种复杂的数据运算。

3. 数据处理

在日常生活中有许多数据都需要处理,Excel 2010 具有强大的数据库管理功能,利用它所提供的有关数据库操作的命令和函数可以十分方便地完成排序、筛选、分类汇总、查询及数据透视表等操作,Excel 2010 的应用也因此更加广泛。

4. 建立图表

Excel 2010 提供了 14 大类图表,每一大类又有若干子类。用户只需使用系统提供的图表向导功能和选择表格中的数据就可方便、快捷地建立一个既实用又具有多种风格的图表。使用图表可以直观地表达工作表中的数据,增加了数据的可读性。

4.1.2　Excel 2010 的启动与退出

1. Excel 2010 的启动方法

* 单击"开始"按钮,选择"所有程序"→Microsoft Office→Microsoft Office Excel 2010 命令。
* 在桌面上创建 Excel 2010 的快捷方式,双击快捷方式图标。
* 在文件夹中双击 Excel 文档文件,则自动启动 Excel 之后打开该文档。

2. Excel 2010 的退出方法

* 单击 Excel 2010 窗口右上角的"关闭"按钮。
* 单击"文件"按钮,在打开的列表中选择"退出"命令。
* 单击 Excel 2010 窗口左上角的"控制"按钮,在弹出的控制菜单中选择"关闭"命令或直接双击该按钮。
* 按 Alt＋F4 组合键。

4.1.3　Excel 2010 的窗口界面

启动 Excel 2010 程序后,即出现 Excel 2010 窗口,如图 4-1 所示。

1. 标题栏

标题栏用来显示使用的程序窗口名和工作簿文件的标题。启动软件后默认标题为"新建 Microsoft Excel 工作表.xlsx",如果是通过打开一个已有文件启动软件,该文件的名字就会出现在标题栏上。窗口左上角的图标是窗口控制菜单图标,单击该图标可以打开控制菜单,能够用来调整窗口大小、移动窗口和关闭窗口;双击该图标可关闭该窗口。其右上角是窗口最小化、最大化/还原和关闭按钮。

2. 功能选项卡

功能选项卡包括文件、开始、插入、页面布局、公式、数据、审阅及视图等,具有相应的功能区,使用功能区中的按钮可以实现 Excel 的各种操作。

3．选项卡

每一个选项卡对应一个选项卡,选项卡命令按钮按逻辑组的形式分成若干组,可以帮助用户快速找到完成某一操作所需的命令。为了使屏幕更简洁,可使用帮助按钮左侧的选项卡控制按钮打开或关闭选项卡。

4．快速访问工具栏

快速访问工具栏一般位于窗口的左上角,用户也可以将其放在选项卡的下方,通常包括最常用的命令按钮,默认情况下包括"保存""撤销输入"和"重复输入"3 个命令按钮。用户可以单击"自定义快速访问工具栏"按钮右边的下三角按钮,在打开的下拉列表中根据需要添加或者删除常用命令按钮。

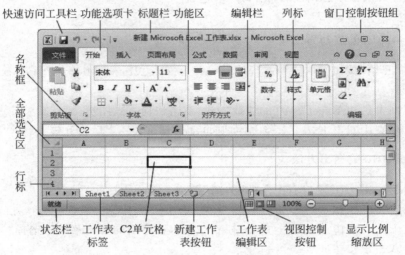

图 4-1　Excel 2010 的窗口

5．数据编辑区

名称框与编辑栏构成数据编辑区,位于选项卡的下方。如图 4-2 所示,左边是名称框,用来显示当前单元格或单元格区域的名称;右边是编辑栏,用来编辑或输入当前单元格的值或公式;中间有 3 个工具按钮"√""×"和"f_x",分别表示对输入数据的"确认""取消"和"插入函数"。

图 4-2　数据编辑区

6．状态与视图栏

窗口底部一行的左端为状态栏,用于显示当前命令、操作或状态的有关信息。例如,在向单元格输入数据时,状态栏显示"输入";修改当前单元格数据时,状态栏显示"编辑";完成输入后,状态栏显示"就绪"。右端为视图栏,分别包括"普通""页面布局"和"分页预览"3个视图控制方式按钮以及视图显示比例调节按钮。

7．工作簿窗口

编辑栏和状态栏之间的一大片区域是工作簿窗口,也是电子表格的工作区。该窗口由工作表编辑区(若干单元格组成)、水平滚动条、垂直滚动条、工作表滚动按钮和工作表标签等几个部分组成。

一个新工作簿文件包括 3 张工作表,工作表标签默认名称分别为 Sheet1、Sheet2 和 Sheet3,每个工作簿最多可以容纳 255 张工作表。

图 4-2 所示的工作表标签名称 Sheet1 下面有下画线,表示以标签 Sheet1 为标签名字的工作表是当前工作表。可以使用工作表滚动按钮或单击工作表标签,选择其他任意一张工作表为当前工作表。工作表标签区还可以用来对工作表进行其他多种操作,这一点后面的内容中再作详细说明。

8．全部选定区

工作簿的左上角(即行标和列标的交叉位置)称为全部选定区,单击该处可以选定工作表中的所有单元格,即整个工作表。

4.1.4　工作簿、工作表和单元格

1．工作簿

如前所述,工作簿是计算和存储数据的 Excel 文件,是 Excel 2010 文档中一个或多个工作表的集合,其扩展名为 .xlsx。每一个工作簿可由一张或多张工作表组成,默认情况下有 3 张工作表,这 3 张表默认的名称分别是 Sheet1、Sheet2 和 Sheet3。用户可根据需要插入或删除工作表,一个工作簿中最多可包含 255 个工作表。如果把一个 Excel 工作簿看成一个账本,那么一页就相当于账本中的每一张工作表。

2．工作表

工作表由行标,列标和网格线组成,即由单元格构成,也称为电子表格。一个 Excel 工作表最多有 1 048 576 行、16 348 列。行标用数字 1～1 048 576 表示,列标用字母 A～Z,AA～AZ,BA～BZ,…,XFD 表示。一个工作表最多可以有 16 348×1 048 576 个单元格。

3．单元格

单元格是组成工作表的基本元素,工作表中行列的交叉位置就是一个单元格,单元格的名称由列标和行标组成,如 A1。单元格内输入和保存的数据,既可以包含文字、数字或公式,也可以包含图片和声音等。除此之外,对于每一个单元格中的内容,用户还可以设置格式,如字体、字号、对齐方式等。所以,一个单元格由数据内容、格式等部分组成。

4．单元格的地址

单元格的地址由列标和行标组成,如第 C 列第 5 行交叉处的单元格,其地址是 C5。单元格的地址可以作为变量名用在表达式中,如"A2＋B3"表示将 A2 和 B3 这两个单元格的

数值相加。单击某个单元格,该单元格就成为当前单元格,在该单元格右下角有一个小方块,这个小方块称为填充柄或复制柄,用来进行单元格内容的填充或复制。当前单元格和其他单元格的区别是呈突出显示状态。

5. 单元格区域

在利用公式或函数进行运算时,若参与运算的是由若干相邻单元格组成的连续区域,可以使用区域的表示方法进行简化。只写出区域开始和结尾的两个单元格的地址,两个地址之间用冒号":"隔开,即可表示包括这两个单元格在内的它们之间所有的单元格。如表示A1~A8这8个单元格的连续区域可表示为"A1:A8"。

区域表示法有以下3种情况。

- 同一行的连续单元格。如A1:F1表示第一行中的第A列到第F列的6个单元格,所有单元格都在同一行。
- 同一列的连续单元格。如A1:A10表示第A列中的第1行到第10行的10个单元格,所有单元格都在同一列。
- 矩形区域中的连续单元格。如A1:C4则表示以A1和C4作为对角线两端的矩形区域,共3列4行12个单元格。如果要对这12个单元格的数值求平均值,就可以使用求平均值函数"AVERAGE(A1:C4)"来实现。

4.2 Excel 2010 的基本操作

对工作簿的基本操作与Word基本相似,主要有新建、保存、关闭及打开。在新建的工作簿中并没有数据,具体的数据要分别输入不同的工作表中。因此建立工作簿后首先要做的就是向工作表中输入数据。

4.2.1 工作簿的基本操作

1. 新建工作簿

启动Excel后系统会自动创建一个名为"新建Microsoft Excel工作表.xlsx"的新工作簿。用户可以在该工作簿的工作表中输入数据并进行保存。如果用户要创建新工作簿,可采用以下方法。

1) 创建空白工作簿

(1) 选择"文件"选项卡中的"新建"选项,如图4-3所示。

(2) 单击"空白工作簿"图标。

(3) 单击窗口右下角的"创建"按钮,即可创建一个名为"工作簿1"的Excel文档文件。如果再次创建空白工作簿,则会命名为"工作簿2",依次类推。

2) 创建专业性工作簿

默认情况下建立的工作簿都是空白工作簿,出此之外,Excel还提供了大量的、固定的、专业性很强的表格模板,如会议议程、预算、日历等。这些模板对数字、字体、对齐方式、边

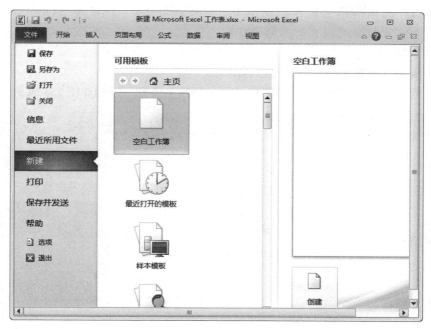

图 4-3 创建空白工作簿

框、底纹、行高与列宽都做了固定格式的编辑和设置，如果用户使用这些模板，可以轻松愉快地设计出引人注目的、具有专业功能和外观的表格。

创建专业性工作簿的操作如下：

（1）在"文件"选项卡中选择"新建"选项，在打开的页面中可以看到"可用模板"和"Office.com 模板"两部分。

（2）单击"可用模板"中的"样本模板"图标，可以看到本机上可用的模板，选择某个模板后，单击"创建"按钮，然后再做适当修改，则可创建出自己需要的具有专业性的表格。

（3）"Office.com 模板"是放在指定服务器上的资源，如图 4-4 所示，用户必须联网才能使用这些模板，选择某个模板后必须下载后才能使用。

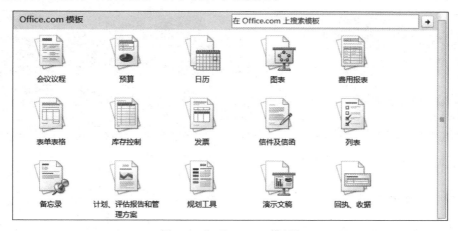

图 4-4 "Office.com 模板"

【例 4.1】 利用本机上的模板创建个人月度预算表,文件名为"我的个人月度预算表.xlsx",保存在"例题 4\例 4.1"文件夹中。

操作步骤如下:

(1) 单击"文件"选项卡中的"新建"选项。

(2) 在打开的页面中单击"可用模板"栏中的"样本模板"选项,如图 4-5 所示。

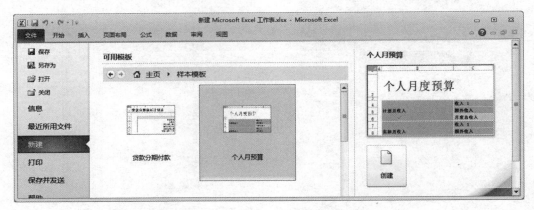

图 4-5 "样本模板"

(3) 选择"个人月预算"模板。

(4) 单击"创建"按钮,然后对创建的个人月度预算表做适当修改,以满足个人需要。如图 4-6 所示。

(5) 单击"保存"按钮,弹出"另存为"对话框,将"保存位置"设置为"例题 4\例 4.1"文件夹,在"文件名"文本框中输入文件名"我的个人月度预算表",在"文件类型"下拉列表中选择"Excel 工作簿(*.xlsx)",然后单击"保存"按钮,如图 4-7 所示。

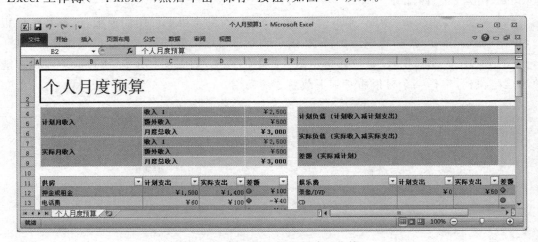

图 4-6 利用样本模板创建工作簿

2. 保存工作簿

保存工作簿的常用方法如下:

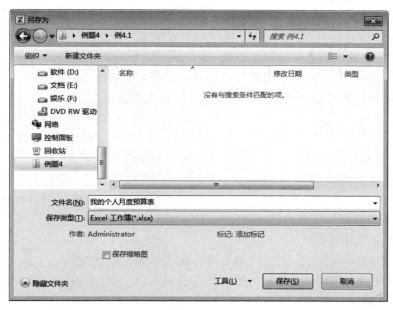

图 4-7　"另存为"对话框

- 单击"快速访问工具栏"中的"保存"按钮。
- 单击"文件"选项卡中的"保存"选项。
- 单击"文件"选项卡中的"另存为"选项。

【说明】　如果是第一次保存工作簿或选择"另存为"选项,都会弹出"另存为"对话框,确定"保存位置"和"文件名",注意保存类型为" Excel 工作簿(* . xlsx)"。

3．打开工作簿

打开已保存的工作簿常用以下方法:
- 如果在快速访问工具栏中有"打开"按钮,则单击"打开"按钮。
- 选择"文件"选项卡中的"打开"选项。

【说明】　以上两种情况都会弹出"打开"对话框,只要在对话框中选择一个工作簿,然后单击"打开"按钮,就可以在 Excel 中打开该工作簿。

4．关闭工作簿

同时打开的工作簿越多,所占用的内存空间越大,会直接影响计算机的处理速度。因此,当工作簿操作完成不再使用时,应及时将其关闭。关闭工作簿常用以下方法:
- 单击"文件"选项卡中的"关闭"选项。
- 单击工作簿窗口右上角的"关闭"按钮。

【说明】　以上两种情况都会弹出是否保存提示对话框,如图 4-8 所示。单击"保存"按钮,则保存文档退出;单击"不保存"按钮,则放弃保存退出;单击"取消"按钮,则放弃本次关闭操作。

图 4-8　保存提示对话框

4.2.2　工作表的基本操作

新建立的工作簿中只包含 3 张工作表,用户还可以根据需要添加工作表,如前所述,最多可以增加到 255 张。对工作表的操作是指对工作表进行选择、插入、删除、移动、复制和重命名等操作,所有这些操作都可以在 Excel 窗口的工作表标签上进行。

1. 选择工作表

选择工作表操作可以分为选择单张工作表和选择多张工作表。

1)选择单张工作表

选择单张工作表时只需单击某个工作表的标签即可,该工作表的内容将显示在工作簿窗口中,同时对应的标签变为白色。

2)选择多张工作表

(1)选择连续的多张工作表可先单击第一张工作表的标签,然后按住 Shift 键单击最后一张工作表的标签。

(2)选择不连续的多张工作表可按住 Ctrl 键后分别单击要选择的每一张工作表的标签。

对于选定的工作表,用户可以进行复制、删除、移动和重命名等操作。最快捷的方法是右击选定工作表的工作表标签,然后在弹出的快捷菜单中选择相应的操作命令。快捷菜单如图 4-9 所示。用户还可利用快捷菜单选定全部工作表。

图 4-9　右击工作表标签弹出
　　　　的快捷菜单

2. 插入工作表

如果要在某个工作表前面插入一张新工作表,操作步骤如下:

(1)右击工作表标签,在弹出的快捷菜单中选择"插入"命令,弹出"插入"对话框,如图 4-10 所示。

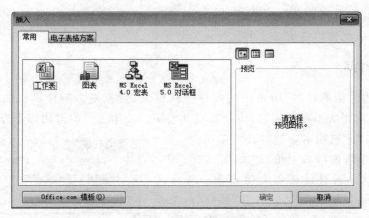

图 4-10　"插入"对话框

（2）切换到"常用"选项卡选择"工作表"，或者切换到"电子表格方案"选项卡选择某个固定格式表格，然后单击"确定"按钮关闭对话框。

插入的新工作表会成为当前工作表。其实，插入新工作表最快捷的方法还是单击工作表标签右侧的"插入工作表"按钮或者按快捷键 Shift＋F11。

3．删除工作表

删除工作表的方法是首先选定要删除的工作表，然后右击工作表标签，在弹出快捷菜单中选择"删除"命令。

如果工作表中含有数据，则会弹出确认删除对话框，如图 4-11 所示，单击"删除"按钮，则该工作表即被删除，该工作表对应的标签也会消失。被删除的工作表无法用"撤销"命令来恢复。

如果要删除的工作表中没有数据，则不会弹出确认删除对话框，工作表将被直接删除。

图 4-11　确认删除对话框

4．移动和复制工作表

工作表在工作簿中的顺序并不是固定不变的，用户可以通过移动重新安排它们的排列次序。移动或复制工作表的方法如下：

（1）选定要移动的工作表，在标签上按住鼠标左键拖动，在拖动的同时可以看到鼠标指针上多了一个文档标记，同时在工作表标签上有一个黑色箭头指示位置，拖到目标位置处释放左键，即可改变工作表的位置，如图 4-12 所示。按住 Ctrl 键拖动实现的是复制操作。

（2）右击工作表标签，选择快捷菜单中的"移动或复制"命令，弹出"移动或复制工作表"对话框，如图 4-13 所示，选择要移动到的位置。如果勾选"建立副本"复选框，则实现的是复制操作。

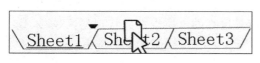

图 4-12　拖动工作表标签　　　　　　　图 4-13　"移动或复制工作表"对话框

5．重命名工作表

Excel 2010 在建立一个新的工作簿时所有工作表都是以 Sheet1、Sheet2、Sheet3、⋯命名。但在实际工作中,这种命名不便于记忆,也不利于进行有效管理,用户可以为工作表重新命名。重命名工作表的方法如下:

(1) 双击工作表标签。

(2) 右击工作表标签,选择快捷菜单中的"重命名"命令。

【说明】　上述两种方法均会使工作表标签变成黑底白字,输入新的工作表名后单击工作表中其他任意位置或按 Enter 键即可确认重命名。

4.2.3　输入数据

1．输入数据的基本方法

输入数据的一般操作步骤如下:

(1) 单击某个工作表标签,选择要输入数据的工作表。

(2) 单击要输入数据的单元格,使之成为当前单元格,此时名称框中显示该单元格的名称。

(3) 向该单元格直接输入数据,也可以在编辑栏输入数据,输入的数据会同时显示在该单元格和编辑栏中。

(4) 如果输入的数据有错,可单击编辑栏中的"×"按钮或按 Esc 键取消输入,然后重新输入。如果正确,可单击编辑栏中的"√"按钮或按 Enter 键确认。

(5) 继续向其他单元格输入数据。选择其他单元格可用如下方法:

- 按方向键→、←、↓、↑。
- 按 Enter 键。
- 直接单击其他单元格。

2．各种类型数据的输入

在每个单元格中可以输入不同类型的数据,如数值、文本、日期和时间等。输入不同类型的数据时必须使用不同的格式,只有这样 Excel 才能识别输入数据的类型。

1) 文本型数据的输入

文本型数据即字符型数据,包括英文字母、汉字、数字以及其他字符。显然,文本型数据就是字符串,在单元格中默认左对齐。在输入文本时,如果输入的是数字字符,则应在数字文本前加上单引号以示区别,而输入其他文本时可直接输入。

数字字符串是指全由数字字符组成的字符串,如学生学号、身份证号和邮政编码等。这种数字字符串是不能参与诸如求和、求平均值等运算的。所以在此特别强调,输入数字字符串时不能省略单引号,这是因为 Excel 无法判断输入的是数值还是字符串。

2) 数值型数据的输入

数值型数据可直接输入,在单元格中默认的是右对齐。在输入数值型数据时,除了 0~9、正负号和小数点外还可以使用以下符号。

- E 和 e 用于指数符号的输入,例如"5.28E＋3"。
- 以"＄"或"￥"开始的数值表示货币格式。
- 圆括号表示输入的是负数,例如,"(735)"表示－735。
- 逗号","表示分节符,例如"1,234,567"。
- 以符号"％"结尾表示输入的是百分数,例如 50％。

如果输入的数值长度超过单元格的宽度,将会自动转换成科学计数法,即指数法表示。例如,如果输入的数据为 123456789,则会在单元格中显示 1.234567E＋8。

3）日期型数据的输入

日期型数据的输入格式比较多,例如要输入日期 2011 年 1 月 25 日。

(1) 如果要求按年月日顺序,常使用以下 3 种格式输入。

- 11/1/25。
- 2011/1/25。
- 2011-1-25。

上述 3 种格式输入确认后,单元格中均显示相同格式,即 2011-1-25。在此要说明的是,第 1 种输入格式中年份只用了两位,即 11 表示 2011 年。但如果要输入 1909,则年份就必须按 4 位格式输入。

(2) 如果要求按日月年顺序常使用以下两种格式输入,输入结果均显示为第 1 种格式。

- 11-Jan-11。
- 11/Jan/11。

如果只输入两个数字,则系统默认为输入的是月和日。例如,如果在单元格中输入 2/3,则表示输入的是 2 月 3 日,年份默认为系统年份。如果要输入当天的日期,可按"Ctrl＋;"组合键。

输入的日期型数据在单元格中默认右对齐。

4）时间型数据的输入

在输入时间时,时和分之间、分和秒之间均用冒号":"隔开,也可以在时间后面加上 A 或 AM、P 或 PM 等分别表示上、下午,即使用格式"hh：min：ss[a/am/p/pm]",其中秒 ss 和字母之间应该留有空格,例如"7:30 AM"。

另外,也可以将日期和时间组合输入,输入时日期和时间之间要留有空格,例如"2009-1-5 10：30"。

若要输入当前系统时间,可以按"Ctrl＋Shift＋;"组合键。

输入的时间型数据和输入的日期型数据一样,在单元格中默认右对齐。

5）分数的输入

由于分数线、除号和日期分隔符均使用同一个符号"/",所以为了使系统区分输入的是日期还是分数,规定在输入分数时要在分数前面加上 0 和空格。例如,输入分数 1/3,则应先在单元格输入 0 和空格,再输入 1/3,即 0 1/3,这时编辑输入区显示的是 0.333333333333333,而单元格仍显示 1/3。如果要输入 5/3,应向单元格输入"0 5/3"或输入"1 2/3"。

6）逻辑值的输入

在单元格中对数据进行比较运算时可得到 True(真)或 False(假)两种比较结果,逻辑值在单元格中的对齐方式默认为居中。

3. 自动填充有规律性的数据

如果要在连续的单元格中输入相同的数据或具有某种规律的数据，如数字序列中的等差序列、等比序列和有序文字（即文字序列）等，使用 Excel 的自动填充功能可以方便、快捷地完成输入操作。

1）自动填充相同的数据

在单元格的右下角有一个黑色的小方块，称为填充柄或复制柄，当鼠标指针移至填充柄处时鼠标指针的形状变成"＋"字。选定一个已输入数据的单元格后拖动填充柄向相邻的单元格移动，可填充相同的数据，如图 4-14 所示。

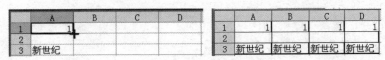

图 4-14　自动填充相同数据

2）自动填充数字序列

如果要输入的数字型数据具有某种特定规律，如等差序列或等比序列（又称为数字序列），也可使用自动填充功能。

【例 4.2】　在 A1:G1 单元格中分别输入数字 1、3、5、7、9、11、13，如图 4-16 所示。

本例要输入的是一个等差序列，操作步骤如下：

（1）在 A1 和 B1 单元格中分别输入两个数字 1 和 3。

（2）选中 A1、B1 两个单元格，此时这两个单元格被黑框包围。

（3）将鼠标指针移动到 B1 单元格右下角的填充柄处，指针变为细十字形状"＋"。

（4）按住鼠标左键拖动"＋"形状控制柄到 G1 单元格后释放，这时 C1 到 G1 单元格即会分别填充数字 5、7、9、11 和 13。

【说明】　用鼠标拖动填充柄填充的数字序列默认为填充等差序列，如果要填充等比序列，则要在"开始"选项卡的"编辑"组中单击"填充"按钮。

【例 4.3】　在 A3:G3 单元格区域的单元格中分别输入数字 1、2、4、8、16、32、64，如图 4-16 所示。

本例要输入的是一个等比序列，操作步骤如下：

（1）在 A3 单元格输入第一个数字 1。

（2）选中 A3:G3 单元格区域。

（3）在"开始"选项卡的"编辑"组中单击"填充"右侧的下三角按钮，在打开的下拉列表中选择"系列"选项，打开"序列"对话框，如图 4-15 所示。

（4）在"序列产生在"选项组中选中"行"单选按钮；在"类型"选项组中选中"等比序列"单选按钮；在"步长值"文本框中输入数字 2；由于在此之前已经选中 A3:G3 单元格区域，因此"终止值"文本框中就不需要

图 4-15　"序列"对话框

输入任何值。

（5）单击"确定"按钮关闭对话框。这时 A3:G3 单元格区域的单元格中即分别输入了数字 1、2、4、8、16、32、64。从对话框可以看出，使用填充命令还可以进行日期的填充。

3）自动填充文字序列

用上述方法不仅可以输入数字序列，而且还可以输入文字序列。

【例 4.4】　利用填充法在 A5:G5 单元格区域的单元格中分别输入星期一至星期日，如图 4-16 所示。

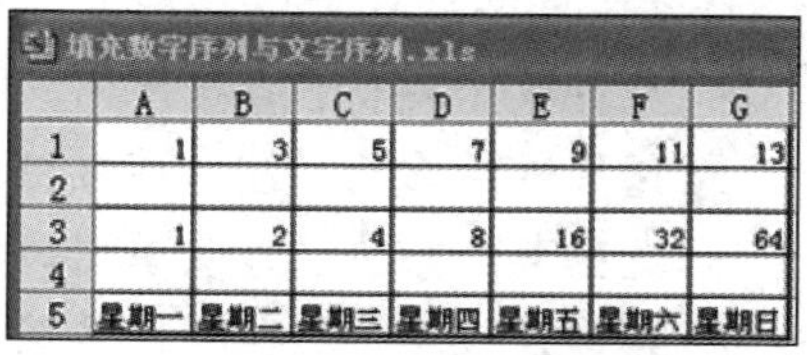

本例要输入的是一个文字序列，操作步骤如下：

（1）在 A5 单元格输入文字"星期一"。

（2）单击选中 A5 单元格，并将鼠标指针移动到该单元格右下角的填充柄处，此时指针变成十字形状"＋"。

图 4-16　使用填充柄填充数字
序列和文字序列

（3）拖动填充柄到 G5 单元格后释放鼠标，这时 A5:G5 单元格区域的单元格中即分别填充了所要求的文字。

【注意】　本例中的"星期一""星期二"…"星期日"等文字是 Excel 预先定义好的文字序列，所以，在 A5 单元格输入了"星期一"后，拖动填充柄时，Excel 就会按该序列的内容依次填充"星期二"…"星期日"等。如果序列的数据用完了，会再使用该序列的开始数据继续填充。

Excel 在系统中已经定义了以下常用文字序列：

- 日、一、二、三、四、五、六。
- Sunday、Monday、Tuesday、Wednesday、Thursday、Friday、Saturday。
- Sun、Mon、Tue、Wed、Thur、Fri、Sat。
- 一月、二月、…。
- January、Februay、…。
- Jan、Feb、…。

4.2.4　编辑工作表

编辑工作表的操作主要包括修改内容、复制内容、移动内容、删除内容、增删行/列等，在进行编辑之前首先要选择对象。

1．选择操作对象

选择操作对象主要包括选择单个单元格、选择连续区域、选择不连续多个单元格或区域以及选择特殊区域。

1）选择单个单元格

选择单个单元格可以使某个单元格成为活动单元格。单击某个单元格，该单元格以黑色方框显示，即表示被选中。

2）连续区域的选择

选择连续区域的方法有以下 3 种（以选择 A1:F5 为例）。

- 单击区域左上角的单元格 A1，然后按住鼠标左键拖动到该区域的右下角单元格 F5。

- 单击区域左上角的单元格 A1,然后按住 Shift 键后单击该区域右下角的单元格 F5。
- 在名称框中输入"A1:F5",然后按 Enter 键。

3）不连续多个单元格或区域的选择

按住 Ctrl 键分别选择各个单元格或单元格区域。

4）特殊区域的选择

特殊区域的选择主要是指以下不同区域的选择：

- 选择某个整行：直接单击该行的行号。
- 选择连续多行：在行标区按住鼠标左键从首行拖动到末行。
- 选择某个整列：直接单击该列的列号。
- 选择连续多列：在列标区按住鼠标左键从首列拖动到末列。
- 选择整个工作表：单击工作表的左上角（即行标与列标相交处）的"全部选定区"按钮或按 Ctrl+A 组合键。

2. 修改单元格内容

修改单元格内容的方法有以下两种：

- 双击单元格或选中单元格后按 F2 键,使光标变成闪烁的方式,便可直接对单元格的内容进行修改。
- 选中单元格,在编辑栏中进行修改。

3. 移动单元格内容

若要将某个单元格或某个区域的内容移动到其他位置上,可以使用鼠标拖动法或剪贴板法。

1）鼠标拖动法

首先将鼠标指针移动到所选区域的边框上,然后按住鼠标左键拖动到目标位置即可。在拖动过程中,边框显示为虚框。

2）剪贴板法

操作步骤如下：

（1）选定要移动内容的单元格或单元格区域。

（2）在"开始"选项卡的"剪贴板"组中单击"剪切"按钮。

（3）单击目标单元格或目标单元格区域左上角的单元格。

（4）在"剪贴板"组中单击"粘贴"按钮。

4. 复制单元格内容

若要将某个单元格或某个单元格区域的内容复制到其他位置,同样也可以使用鼠标拖动法或剪贴板的方法。

1）鼠标拖动法

首先将鼠标指针移动到所选单元格或单元格区域的边框,然后同时按住 Ctrl 键和鼠标左键拖动鼠标到目标位置即可。在拖动过程中边框显示为虚框。同时鼠标指针的右上角有一个小的十字符号"+"。

2）剪贴板法

使用剪贴板复制的过程与移动的过程是一样的，只是要单击"剪贴板"组中的"复制"按钮。

5. 清除单元格

清除单元格或某个单元格区域不会删除单元格本身，而只是删除单元格或单元格区域中的内容、格式等之一或全部清除。

操作步骤如下：

（1）选中要清除的单元格或单元格区域。

（2）在"开始"功能区中的"编辑"组中单击"清除"按钮，在其下拉列表中选择"全部清除""清除格式""清除内容"选项之一，即可实现相应项目的清除操作，如图4-17所示。

【注意】　选中某个单元格或某个单元格区域后按Delete键，只能清除该单元格或单元格区域的内容。

图4-17　"清除"选项

6. 行、列、单元格的插入与删除

1）插入行、列

在"开始"功能区的"单元格"组中单击"插入"按钮，在打开的下拉列表中选择"插入工作表行"或"插入工作表列"选项即可插入行或列。插入的行或列分别显示在当前行或当前列的上端或左端。

2）删除行、列

选中要删除的行或列或该行或该列所在的一个单元格，然后单击"单元格"组中的"删除"按钮，在下拉列表中选择"删除工作表行"或"删除工作表列"选项，可将该行或列删除。

3）插入单元格

选中要插入单元格的位置，单击"单元格"组中的"插入"按钮，在打开的下拉列表中选择"插入单元格"选项打开"插入"对话框，如图4-18所示，选中"活动单元格右移"或"活动单元格下移"单选按钮后单击"确定"按钮即可插入新的单元格。插入后原活动单元格会右移或下移。

4）删除单元格

选中要删除的单元格，单击"单元格"组中的"删除"按钮，在打开的下拉列表中选择"删除单元格"选项打开"删除"对话框，如图4-19所示，选中"右侧单元格左移"或"下方单元格上移"单选钮按钮后单击"确定"按钮，该单元格即被删除。如果选中"整行"或"整列"单选按钮，则该单元格所在行或列会被删除。

图4-18　"插入"对话框　　　图4-19　"删除"对话框

4.2.5　格式化工作表

工作表由单元格组成,因此格式化工作表就是对单元格或单元格区域进行格式化。格式化工作表包括调整行高和列宽、设置单元格格式以及设置条件格式。

1. 调整行高和列宽

工作表中的行高和列宽是 Excel 默认设定的,行高自动以本行中最高的字符为准,列宽默认为 8 个字符宽度。用户可以根据自己的实际需要调整行高和列宽。操作方法有以下几种。

1) 使用鼠标拖动法

将鼠标指针指向行标或列标的分界线上,当鼠标指针变成双向箭头时按下左键拖动鼠标即可调整行高或列宽。这时鼠标上方会自动显示行高或列宽的数值,如图 4-20 所示。

2) 使用功能按钮精确设置

选定需要设置行高或列宽的单元格或单元格区域,然后在"单元格"组中单击"格式"按钮,在下拉列表中选择"行高"或"列宽"选项,如图 4-21 所示,打开"行高"对话框或"列宽"对话框,输入数值后单击"确定"按钮关闭对话框,即可精确设置行高和列宽。如果选择"自动调整行高"或"自动调整列宽"选项,系统将自动调整到最佳行高或列宽。

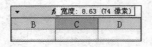

图 4-20　显示列宽　　　　　　　　图 4-21　"格式"下拉列表

2. 设置单元格格式

在一个单元格中输入了数据内容后可以对单元格格式进行设置,设置单元格格式可以使用"开始"选项卡中的功能按钮,如图 4-22 所示。

开始选项卡中包括"字体""对齐方式""数字""样式""单元格"组,主要用于单元格或单元格区域的格式设置;另外还有"剪贴板"和"编辑"两个组,主要用于进行 Excel 文档的编辑输入、单元格数据的计算等。

图 4-22　"开始"选项卡

单击"单元格"组中的"格式"按钮,在其下拉列表中选择"设置单元格格式"选项;或者单击"字体"组、"对齐方式"组和"数字"组的"设置单元格格式"按钮,均可打开"设置单元格格式"对话框,如图 4-23 所示,用户可以在该对话框中设置"数字""对齐""字体""边框""填充"和"保护"6 项格式。

1) 设置数字格式

Excel 2010 提供了多种数字格式,在对数字格式化时可以通过设置小数位数、百分号、货币符号等来表示单元格中的数据。在"设置单元格格式"对话框中切换至"数字"选项卡,在"分类"列表框中选择一种分类格式,在对话框的右侧窗格进一步设置小数位数、货币符号等即可,如图 4-23 所示。

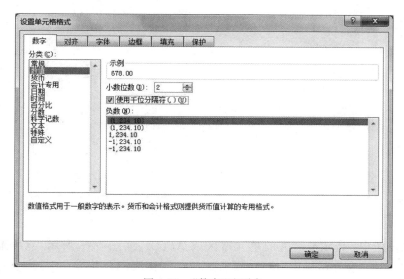

图 4-23　"数字"选项卡

2) 设置字体格式

在"设置单元格格式"对话框中切换至"字体"选项卡,如图 4-24 所示,可对字体、字形、字号、颜色、下画线及特殊效果等进行设置。

3) 设置对齐方式

在"设置单元格格式"对话框中切换至"对齐"选项卡,如图 4-25 所示,可实现水平对齐、垂直对齐、改变文本方向、自动换行及合并单元格等的设置。

【例 4.5】　设置"学生成绩表"标题行居中。

设置标题行居中的操作方法有两种,具体操作步骤如下。

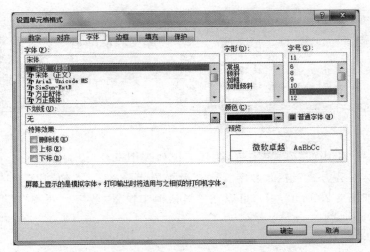

图 4-24 "字体"选项卡

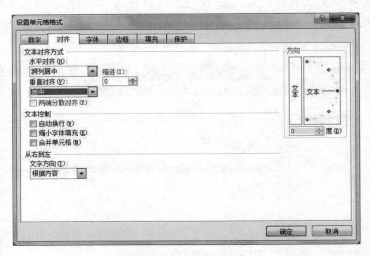

图 4-25 "对齐"选项卡

- 合并及居中：选定要合并的单元格区域 A1：D1，如图 4-26 所示，然后单击"对齐方
式"组中的"合并后居中"按钮，则所选的单元格区域合并为一个单元格 A1，并且标
题文字居中放置，如图 4-27 所示。

		A	B	C	D
A1		fx	学生成绩表		
1		学生成绩表			
2		姓名	语文	数学	总分
3		王小兰	97	87	184
4		张峰	88	82	170
5		王志勇	75	70	145
6		李思	65	83	148
7		李梦	73	78	151
8		王芳芳	56	75	131

图 4-26 选中要合并的单元格 A1：D1

	A	B	C	D
A1		fx	学生成绩表	
1		学生成绩表		
2	姓名	语文	数学	总分
3	王小兰	97	87	184
4	张峰	88	82	170
5	王志勇	75	70	145
6	李思	65	83	148
7	李梦	73	78	151
8	王芳芳	56	75	131

图 4-27 合并后居中

- 跨列居中：选定要跨列的单元格区域 A1：D1，然后打开"设置单元格格式"对话框并切换至"对齐"选项卡，在"水平对齐"下拉列表框中选择"跨列居中"选项，在"垂直对齐"下拉列表中选择"居中"，然后单击"确定"按钮，此时标题居中放置了，但是单元格并没有合并。

4）设置边框和底纹

在 Excel 工作表中可以看到灰色的网格线，但如果不进行设置，这些网格线是打印不出来的，为了突出工作表或某些单元格的内容，可以为其添加边框和底纹。首先选定要设置边框和底纹的单元格区域，然后在"设置单元格格式"对话框的"边框"或"填充"选项卡中进行设置即可，如图 4-28 和图 4-29 所示。

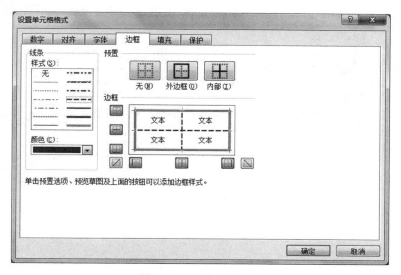

图 4-28　"边框"选项卡

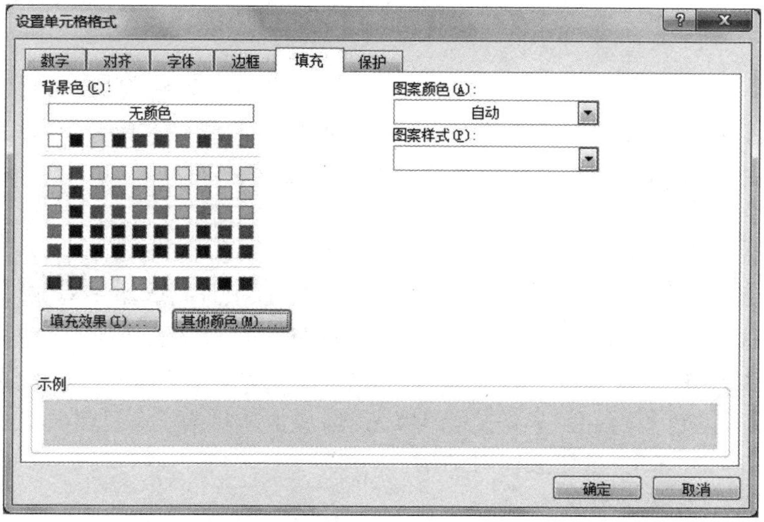

图 4-29　"填充"选项卡

- 设置边框：首先选择"样式"和"颜色"，然后在"预置"组中选择"内部"或"外边框"选项，分别设置内、外线条。
- 设置填充：在"填充"选项卡中设置单元格底纹的"颜色"或"图案"，可以设置选定区域的底纹与填充色。

5）设置保护

设置单元格保护是为了保护单元格中的数据和公式，其中有锁定和隐藏两个选项。

锁定可以防止单元格中的数据被更改、移动或单元格被删除；隐藏可以隐藏公式，使得编辑栏中看不到所应用的公式。

首先选定要设置保护的单元格区域，打开"设置单元格格式"对话框，在"保护"选项卡中即可设置其锁定和隐藏，如图 4-30 所示。但是，只有在工作表被保护后锁定单元格或隐藏公式才生效。

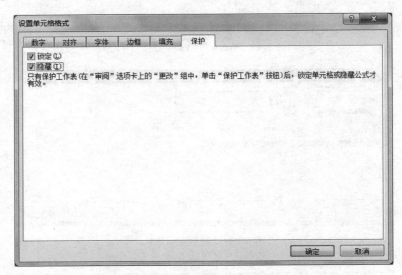

图 4-30　"保护"选项卡

【例 4.6】　工作表格式化。对"学生成绩表"的标题行设置跨列居中，将字体设置为楷体、20 磅、加粗、红色，添加浅绿色底纹；表格中其余数据水平和垂直居中，设置保留两位小数；为工作表中的 A2:D8 数据区域添加虚线内框线、实线外框线。

操作步骤如下：

（1）选中 A1:D1 单元格区域。

（2）打开"设置单元格格式"对话框，切换至"对齐"选项卡，在"水平对齐"下拉列表中选择"跨列居中"选项，在"垂直对齐"下拉列表中选择"居中"选项；切换至"字体"选项卡，从"字体"列表框中选择"楷体"选项，在"字形"列表框中选择"加粗"选项，在"字号"列表框中选择"20"选项，设置颜色为"红色"；切换至"填充"选项卡，在"背景栏"选项组中设置颜色为"浅绿色"，然后单击"确定"按钮关闭对话框。

（3）选中 A2:D8 单元格区域。

（4）打开"设置单元格格式"对话框，切换至"对齐"选项卡，在"水平对齐"和"垂直对齐"两个下拉列表中均选择"居中"选项；切换至"数字"选项卡，在"分类"列表框中选择"数值"

选项,在"小数位数"数值框中输入"2"或调整为"2";切换至"边框"选项卡,在"线条样式"列表框中选择"实线"选项,在"预置"选项组中选择"外边框"选项,再从"线条样式"列表框中选择"虚线"选项,然后在"预置"选项组中选择"内部"选项。单击"确定"按钮关闭对话框。

格式化后的工作表效果如图 4-31 所示。

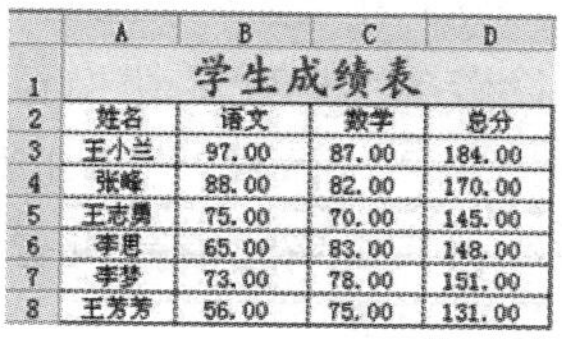

图 4-31　格式化工作表
示例效果

3. 设置条件格式

利用 Excel 2010 提供的条件格式化功能可以根据指定的条件设置单元格的格式,如改变字形、颜色、边框和底纹等,以便在大量数据中快速查阅到所需要的数据。

【**例 4.7**】　在 C 班学生成绩表中,利用条件格式化功能指定当成绩大于 90 分时字形格式为"加粗",字体颜色为"蓝色",并添加黄色底纹。

操作步骤如下:

(1) 选定要进行条件格式化的区域。

(2) 在"开始"功能区的"样式"组中单击"条件格式"→"突出显示单元格规则"→"大于"选项,打开"大于"对话框,如图 4-32 所示,在"为大于以下值的单元格设置格式"文本框中输入"90",在其右边的"设置为"下拉列表框中选择"自定义格式"选项,打开"设置单元格格式"对话框,如图 4-33 所示。

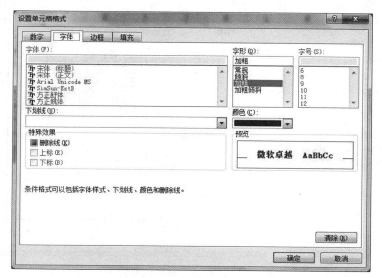

图 4-32　"大于"对话框

图 4-33　"设置单元格格式"对话框

（3）在"设置单元格格式"对话框中切换至"字体"选项卡，将字形设置为"加粗"，字体颜色设置为"蓝色"；切换至"填充"选项卡，将底纹颜色设置为"黄色"，然后单击"确定"按钮返回"大于"对话框，再单击"确定"按钮关闭对话框，设置效果如图 4-34 所示。

（4）如果还需要设置其他条件，按照上面的方法步骤继续操作即可。

	A	B	C	D	E	F
1	C班学生成绩表					
2	学号	姓名	性别	语文	数学	英语
3	2010001	张　山	男	90	83	68
4	2010002	罗明丽	女	63	92	83
5	2010003	李　丽	女	88	82	86
6	2010004	岳晓华	女	78	58	76
7	2010005	王克明	男	68	63	89
8	2010006	苏　姗	女	85	66	90
9	2010007	李　军	男	95	75	58
10	2010009	张　虎	男	53	76	92

图 4-34　设置效果图

4.2.6　打印工作表

对工作表的数据输入、编辑和格式化工作完成后，为了提交阅读方便和以备用户存档，常常需要将它们打印出来。在打印之前，可以对打印的内容先进行预览或进行一些必要的设置。所以，打印工作表一般可分为两个步骤：打印预览和打印输出。另外，还可以对工作表进行页面设置，以便使工作表有更好的打印输出效果。

Excel 2010 提供了打印预览功能，打印预览可以在屏幕上显示工作表的实际打印效果，如页面设置中的纸张、页边距、分页符效果等。如果用户不满意可及时调整，以避免打印后不符合要求而造成不必要的浪费。

要对工作表打印预览，只需将工作表打开，单击"文件"选项卡，在打开的新页面中选择"打印"命令，这时在窗口的右侧将显示工作表的预览效果，如图 4-35 所示。

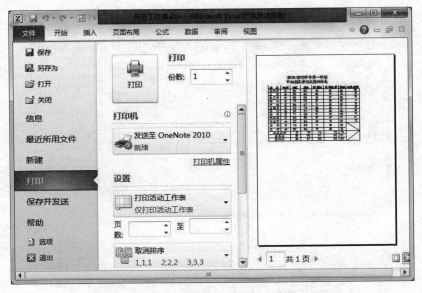

图 4-35　工作表的打印预览效果

　　如果用户对工作表的预览结果十分满意就可以立即打印输出了。在打印之前,可在页面的中间区域对各项打印属性进行设置,包括打印的份数、页边距、纸型、纸张方向、打印的页码范围等。全部设置完成后,只需单击"打印"按钮,即可打印出用户所需的工作表。

4.3　Excel 2010 的数据计算

　　Excel 电子表格系统除了能进行一般的表格处理外,最主要的是它的数据计算功能。在 Excel 中,用户可以在单元格中输入公式或使用 Excel 提供的函数完成对工作表中数据的计算,并且当工作表中的数据发生变化时计算的结果也会自动更新,可以帮助用户快速、准确地分析和处理数据。

4.3.1　使用公式

　　Excel 中的公式由等号、运算符和运算数 3 个部分构成,运算数包括常量、单元格引用值、名称和工作表函数等元素。使用公式是实现电子表格数据处理的重要手段,它可以对数据进行加、减、乘、除及比较等多种运算。

1. 运算符

　　用户可以使用的运算符有算术运算符、比较运算符、文本运算符和引用运算符 4 种。

1)算术运算符

　　算术运算符包括加(+)、减(-)、乘(*)、除(/)、百分数(%)及乘方(^)等。当一个公式中包含多种运算时要注意运算符之间的优先级。算术运算符运算的结果为数值型。

2)比较运算符

　　比较运算符包括等于(=)、大于(>)、小于(<)、大于或等于(>=)、小于或等于(<=)及不等于(<>)。比较运算符运算的结果为逻辑值 True 或 False。例如,在 A1 单元格中输入数字"8",在 B1 单元格输入"=A1>5",由于 A1 单元格中的数值 8>5,因此为真,B1单元格中会显示"True",且居中显示;如果在 A1 单元格输入数字"3",则 B1 单元格中会居中显示"False"。

3)文本运算符

　　文本运算符也就是文本连接符(&),用于将两个或多个文本连接为一个组合文本。例如"中国"&"北京"的运算结果即为"中国北京"。

4)引用运算符

　　引用运算符用于将单元格区域合并运算,包括冒号":"、逗号","和空格" "。

- 冒号运算符用于定义一个连续的数据区域,例如"A2:B4"表示 A2 到 B4 的 6 个单元格,即包括 A2、A3、A4、B2、B3、B4。
- 逗号运算符称为并集运算符,用于将多个单元格或单元格区域合并成一个引用。例如,要求将 C2、D2、F2、G2 单元格的数值相加,结果数值放在单元格 E2 中。则单元格 E2 中的计算公式可以用"=SUM(C2,D2,F2,G2)"表示,结果示例如图 4-36所示。

E2	▼	fx	=SUM(C2,D2,F2,G2)			
	A	B	C	D	E	F	G
1	部门	姓名	基本工资	岗位津贴	总计	绩效工资	福利工资
2	数学系	张玉霞	1100	356	3862	2356	50
3	基础部	李青	980	550		2340	100
4	艺术系	王大鹏	1380	500		1500	100

图 4-36　并集运算求和

- 空格运算符称为交集运算符，表示只处理区域中互相重叠的部分。例如公式"SUM (A1:B2 B1:C2)"表示求 A1:B2 区域与 B1:C2 区域相交部分，也就是单元格 B1、B2 的和。

【说明】　运算符的优先级由高到低依次为冒号":"、逗号","、空格" "、负号"－"、百分号"％"、乘方"^"、乘"＊"和除"/"、加"＋"和减"－"、文本连接符"&"、比较运算符。

2. 输入公式

在指定的单元格内可以输入自定义的公式，其格式为"＝公式"。

操作步骤如下：

(1) 选定要输入公式的单元格。

(2) 输入等号"＝"作为公式的开始。

(3) 输入相应的运算符，选取包含参与计算的单元格的引用。

(4) 按 Enter 键或者单击编辑栏上的"输入"按钮确认。

【说明】　在输入公式时，等号和运算符号必须采用半角英文符号。

3. 复制公式

如果有多个单元格用的是同一种运算公式，可使用复制公式的方法简化操作。选中被复制的公式，先"复制"然后"粘贴"即可；或者使用公式单元格右下角的复制柄拖动复制，也可以直接双击填充柄实现快速公式自动复制。

【例 4.8】　在如图 4-37 所示的表格中计算出各教师的工资"总计"。

操作步骤如下：

(1) 选定要输入公式的单元格 E2。

(2) 输入等号和公式"＝C2＋D2＋F2＋G2"，这里的单元格引用可直接单击单元格，也可以输入相应单元格地址。

(3) 按 Enter 键，或单击编辑栏中的"输入"按钮，计算结果即出现在 E2 单元格。

(4) 按住鼠标左键拖动 E2 单元格右下角的复制柄至 E4 单元格，完成公式复制，结果如图 4-37 所示。

E2	▼	fx	=C2+D2+F2+G2			
	A	B	C	D	E	F	G
1	部门	姓名	基本工资	岗位津贴	总计	绩效工资	福利工资
2	数学系	张玉霞	1100	356	3862	2356	50
3	基础部	李青	980	550	3970	2340	100
4	艺术系	王大鹏	1380	500	3480	1500	100

图 4-37　拖动"复制柄"复制公式

4.3.2　使用函数

使用公式计算虽然很方便，但只能完成简单的数据计算，对于复杂的运算需要使用函数来完成。函数是预先设置好的公式，Excel 2010 提供了许多内部函数，可以对特定区域的数据实施一系列操作。利用函数进行复杂的运算比利用等效的公式计算更快、更灵活、效率更高。

1．函数的组成

函数是公式的特殊形式，其格式为函数名(参数 1，参数 2，参数 3，…)

其中，函数名是系统保留的名称，圆括号中可以有一个或多个参数，参数之间用逗号隔开，也可以没有参数，当没有参数时，函数名后的圆括号是不能省略的。参数是用来执行操作或计算的数据，可以是数值或含有数值的单元格引用。

例如，函数“SUM(A1，B1，D2)”即表示对 A1、B1、D2 三个单元格的数值求和，其中 SUM 是函数名；A1、B1、D2 为 3 个单元格引用，它们是函数的参数。

例如函数“SUM(A1，B1:B3，C4)”中有 3 个参数，分别是单元格 A1、区域 B1:B3 和单元格 C4。

而函数 PI( )则没有参数，它的作用是返回圆周率 π 的值。

2．函数的使用方法

1）利用“插入函数”按钮

下面通过例题说明函数的使用方法。

【例 4.9】　在成绩表中计算出每个学生的平均成绩，如图 4-38 所示。

操作步骤如下：

（1）选定要存放结果的单元格 F3。

（2）在“公式”选项卡的“函数库”组中单击“插入函数”按钮或单击编辑栏左侧的 f_x 按钮，弹出“插入函数”对话框，如图 4-39 所示。

F3　fx

	A	B	C	D	E	F
1	A班四门课成绩表					
2	姓名	语文	数学	物理	化学	平均成绩
3	韩风	86	87	89	97	
4	田艳	57	83	79	46	
5	彭华	66	68	98	70	

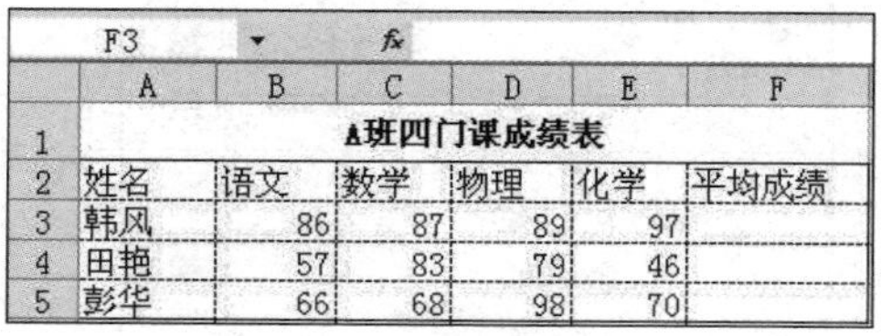

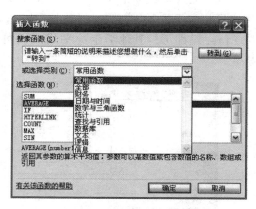

图 4-38　插入函数求平均值

图 4-39　“插入函数”对话框

（3）在“或选择类别”下拉列表框中选择“常用函数”选项，在“选择函数”列表框中选择 AVERAGE 选项，然后单击“确定”按钮，弹出“函数参数”对话框，如图 4-40 所示。

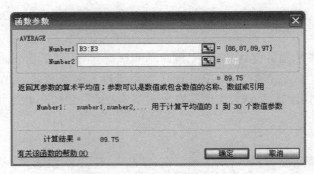

图 4-40　"函数参数"对话框

（4）在 Number1 编辑框中输入函数的正确参数，如 B3：E3，或者单击参数 Number1 编辑框后面的数据拾取按钮，当函数参数对话框缩小成一个横条，如图 4-41 所示，然后用鼠标拖动选取数据区域，然后按 Enter 键或再次单击拾取按钮，返回"函数参数"对话框，最后单击"确定"按钮。

图 4-41　函数参数的拾取

（5）拖曳 F3 单元格右下角的复制柄到 F5 单元格。这时在 F3～F5 单元格分别计算出了 3 个学生的平均成绩。

2）利用编辑栏中的公式选项列表

首先选定要存放结果的单元格 F3，然后输入"＝"，再单击"名称框"右边的下三角按钮，在下拉列表中选择相应的函数选项，如图 4-42 所示，后面的操作和利用功能按钮插入函数的方式完全相同。

3）使用"自动求和"按钮

选定要存放结果的单元格 F3，单击"函数库"中的"自动求和"下三角按钮，在下拉列表中选择相应函数，本例选择"平均值"选项，如图 4-43 所示，再单击编辑栏中的"输入"按钮或按 Enter 键即可。其他学生的平均成绩可通过拖曳 F3 单元格右下角的复制柄复制函数填充。

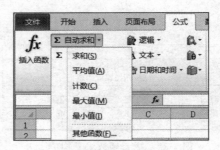

图 4-42　使用公式选项列表　　　　图 4-43　使用自动求和按钮

3．常用函数介绍

Excel 2010 提供了几百种内置函数,这些函数的涵盖范围包括财务、日期与时间、数学与三角函数、统计、查找与引用、数据库、文本、逻辑、信息等。下面仅介绍常用函数。

1）求和函数 SUM

函数格式为:

SUM(number1,[number2],…).

该函数用于将指定的参数 number1、number2、……相加求和。

参数说明:至少需要包含一个参数 number1,每个参数都可以是区域、单元格引用、数组、常量、公式或另一个函数的结果。

2）平均值函数 AVERAGE

函数格式为:

AVERAGE(number1,[number2],…).

该函数用于求指定参数 number1、number2、……的算术平均值。

参数说明:至少需要包含一个参数 number1,且必须是数值,最多可包含 255 个。

3）最大值函数 MAX

函数格式为:

MAX(number1,[number2],…).

该函数用于求指定参数 number1、number2、……的最大值。

参数说明:至少需要包含一个参数 number1,且必须是数值,最多可包含 255 个。

4）最小值函数 MIN

函数格式为:

MIN(number1,[number2],…).

该函数用于求指定参数 number1、number2、……的最小值。

参数说明:至少需要包含一个参数 number1,且必须是数值,最多可包含 255 个。

5）计数函数 COUNT

函数格式为:

COUNT(value1,[value2],…).

该函数用于统计指定区域中包含数值的个数,只对包含数字的单元格进行计数。

参数说明:至少需要包含一个参数 value1,最多可包含 255 个。

6）逻辑判断函数 IF(或称条件函数)

函数格式为:

IF(logical_test,[value_if_true],[value_if_false]).

该函数实现的功能:如果 logical_test 逻辑表达式的计算结果为 TRUE,IF 函数将返回某个值,否则返回另一个值。

参数说明如下。

- logical_test：必须的参数，作为判断条件的任意值或表达式。在该参数中可使用比较运算符。
- value_if_true：可选的参数，logical_test 参数的计算结果为 TRUE 时所要返回的值。
- value_if_false：可选的参数，logical_test 参数的计算结果为 FALSE 时所要返回的值。

例如，IF(5>4,“A”,“B”)的结果为“A”。

IF 函数可以嵌套使用，最多可以嵌套 7 层。

【例 4.10】 在图 4-44 所示的工作表中按英语成绩所在的不同分数段计算对应的等级。

等级标准的划分原则：90～100 为优，80～89 为良，70～79 为中，60～69 为及格，60 分以下为不及格。

操作步骤如下：

(1) 选中 D3 单元格，向该单元格中输入公式“=IF(C3>=90,"优",IF(C3>=80,"良",IF(C3>=70,"中",IF(C3>=60,"及格","不及格"))))”

该公式中使用的 IF 函数嵌套了 4 层。

(2) 单击编辑栏中的“确认”按钮或按 Enter 键，D3 单元格中显示的结果为“中”。

(3) 将鼠标指针移到 D3 单元格边框右下角的黑色方块，当指针变成“+”形状时按住左键拖动鼠标到 D7 单元格，在 D4:D7 单元格区域进行公式复制。

计算后的结果如图 4-45 所示。

	A	B	C	D
1	A班英语成绩统计表			
2	学号	姓名	英语	等级
3	201001	陈卫东	75	
4	201002	黎明	86	
5	201003	汪洋	54	
6	201004	李一兵	65	
7	201005	肖前卫	94	

图 4-44　英语成绩

	A	B	C	D
1	A班英语成绩统计表			
2	学号	姓名	英语	等级
3	201001	陈卫东	75	中
4	201002	黎明	86	良
5	201003	汪洋	54	不及格
6	201004	李一兵	65	及格
7	201005	肖前卫	94	优

图 4-45　计算后的结果

7) 条件计数函数 COUNTIF

函数格式为：

```
COUNTIF(range,criteria).
```

该函数用于计算指定区域中满足给定条件的单元格个数。

参数说明如下：

- range：必须的参数，计数的单元格区域。
- criteria：必须的参数，计数的条件，条件的形式可以为数字、表达式、单元格地址或文本。

8) 条件求和函数 SUMIF

函数格式为：

```
SUMIF(range,criteria,sum_range).
```

该函数用于对指定单元格区域中符合指定条件的值求和。

参数说明如下：

- range：必须的参数，用于条件判断的单元格区域。
- criteria：必须的参数，求和的条件，其形式可以为以数字、表达式、单元格引用、文本或函数。
- sum_range：可选参数区域，要求和的实际单元格区域，如果 sum_range 参数被省略，Excel 会对在 Range 参数中指定的单元格求和。

9）排位函数 RANK

函数格式为：

RANK(number,ref,order).

该函数用于返回某数字在一列数字中相对于其他数值的大小排位。

参数说明如下：

- number：必须的参数，为指定的排位数字。
- ref：必须的参数，为一组数或对一个数据列表的引用（绝对地址引用）。
- order：可选参数，为指定排位的方式，0 值或忽略表示降序，非 0 值表示升序。

10）截取字符串函数 MID

函数格式为：

MID(text,start_num,num_chars).

该函数用于从文本字符串中的指定位置开始返回特定个数的字符。

参数说明如下：

- Text：必须的参数，包含要截取字符的文本字符串。
- start_num：必须的参数，文本中要截取字符的第 1 个字符的位置。文本中第 1 个字符的位置为 1，依次类推。
- num_chars：必须的参数，指定希望从文本串中截取的字符个数。

11）取年份值函数 YEAR

函数格式为：

YEAR(serial_number).

该函数用于返回指定日期对应的年份值。返回值为 1900 到 9999 之间的值。

参数说明：serial_number 为必须的参数，是一个日期值，其中必须要包含查找的年份值。

12）文本合并函数 CONCATENATE

函数格式为

CONCATENATE(text1,[text2],…).

该函数用于将几个文本项合并为一个文本项，可将最多 255 个文本字符串连接成一个文本字符串。连接项可以是文本、数字、单元格地址或这些项目的组合。

参数说明：至少必须有一个文本项，最多可以有 255 个，文本项之间用逗号分隔。

【提示】 用户也可以用文本连接运算符"&"代替 CONCATENATE 函数来连接文本

项。例如,"＝A1&B1"与"＝CONCATENATE(A1,B1)"返回的值相同。

4.3.3 单元格引用

在例 4.9 中进行公式复制时,Excel 并不是简单地将公式复制下来,而是会根据公式的原来位置和目标位置计算出单元格地址的变化。

例如,原来在 F3 单元格中插入的函数是"＝AVERAGE(B3:E3)",当复制到 F4 单元格时,由于目标单元格的行标发生了变化,这样复制的函数中引用的单元格的行标也会相应发生变化,函数变成了"＝AVERAGE(B4:E4)"。这实际上是 Excel 中单元格的一种引用方式,称为相对引用。除此之外,还有绝对引用和混合引用。

1. 相对引用

Excel 2010 默认的单元格引用为相对引用。相对引用是指在公式或者函数复制、移动时公式或函数中单元格的行标、列标会根据目标单元格所在的行标、列标的变化自动进行调整。

相对引用的表示方法是直接使用单元格的地址,即表示为"列标行标",如单元格 A6、单元格区域 B5:E8 等,这些写法都是相对引用。

2. 绝对引用

绝对引用是指在公式或者函数复制、移动时不论目标单元格在什么位置,公式中单元格的行标和列标均保持不变。

绝对引用的表示方法是在列标和行标前面加上符号"$",即表示为"$列标$行标",如单元格$A$6、单元格区域$B$5:$E$8 都是绝对引用的写法。下面举例说明单元格的绝对引用。

【例 4.11】 在图 4-46 所示的工作表中计算出各种书籍的销售比例。

操作步骤如下:

(1) 向 A6 单元格输入"合计"文字。

(2) 计算销售总计:先选择单元格 B6,然后单击"自动求和"按钮,或者向该单元格输入公式"＝B2＋B3＋B4＋B5"后单击编辑栏中的"输入"按钮或按 Enter 键,这时 B6 单元格中会显示总计结果为 1273。

(3) 选中单元格 C2,向 C2 单元格输入公式"＝B2/$B$6",然后单击编辑栏中的"输入"按钮或按 Enter 键。

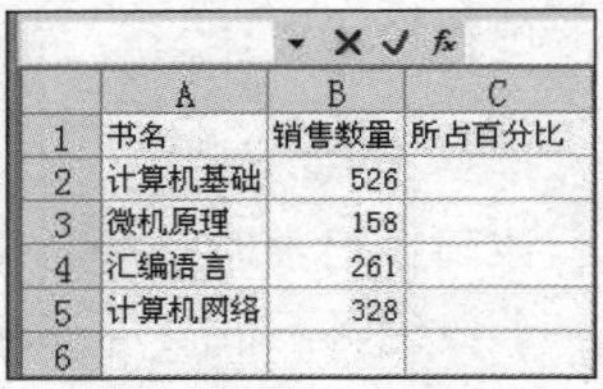

	A	B	C
1	书名	销售数量	所占百分比
2	计算机基础	526	
3	微机原理	158	
4	汇编语言	261	
5	计算机网络	328	
6			

图 4-46 各种书籍销售数量

(4) 选中单元格 C2,设置其百分数格式。在"开始"选项卡的"数字"组中直接单击"百分比"按钮,再单击"增加小数位数"或"减少小数位数"按钮以调整小数位数,如图 4-47 所示;或者打开"设置单元格格式"对话框,切换到"数字"选项卡,在"分类"列表框中选择"百分比"选项,并调整小数位数,然后单击"确定"按钮关闭对话框。

(5) 再次选中单元格 C2,拖动其右下角的复制柄到 C5 单元格后释放。这样 C2 到 C5 单元格中就存放了各种书籍所占百分比。

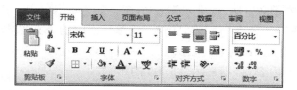

图 4-47　"开始"选项卡的"数字"组

【分析】　百分比为每一种书的销售量除以销售总计，由于每一种书的销售量在单元格区域 B2：B5 中是相对可变的，因此分子部分的单元格引用应为相对引用；而销售总计的值是固定不变的且存放在 B6 单元格，因此公式中的分母部分的单元格引用应为绝对引用。由于得到的结果是小数，然后通过第(4)步将小数转换成百分数，第(5)步则是完成公式的复制。计算的结果如图 4-48 所示。

图 4-48　计算各种书的销售比例

3. 混合引用

如果在公式复制、移动时公式中单元格的行标或列标只有一个要进行自动调整，而另一个保持不变，这种引用方式称为混合引用。

混合引用的表示方法是在行标或列标中的一个前面加上符号"＄"，即"列标＄行标"或"＄列标行标"，如 A＄1、B＄5：E＄8、＄A1、B5：＄E8 等都是混合引用的方法。

在例 4.11 的公式复制中，由于目标单元格 C3、C4、C5 的行标有变化而列标不变，因此在 C2 单元格输入的公式中，分母部分也可以使用混合引用的方法，即输入"＝B2/B＄6"。

这样，一个单元格的地址引用时就有 3 种方式 4 种表示方法，这 4 种表示方法在输入时可以互相转换，在公式中用鼠标选定引用单元格的部分，反复按 F4 键，便可在这 4 种表示方法之间进行循环转换。

如公式中对 B2 单元的引用，反复按 F4 键时引用方法按下列顺序变化：

$$B2 \to \$B\$2 \to B\$2 \to \$B2$$

4.3.4　常见出错信息及解决方法

在使用 Excel 公式进行计算时有时不能正确地计算出结果，并且在单元格内会显示出各种错误信息，下面介绍几种常见的错误信息及处理方法。

1. ＃＃＃＃

这种错误信息常见于列宽不够。

解决方法：调整列宽。

2. ＃DIV/0!

这种错误信息表示除数为 0，常见于公式中除数为 0 或在公式中除数使用了空单元格的情况下。

解决方法：修改单元格引用，用非零数字填充。如果必须使用"0"或引用空单元格，也可以用 IF 函数使该错误信息不再显示。例如，该单元格中的公式原本是"＝A5/B5"，若 B5 可能为零或空单元格，那么可将该公式修改为"＝IF(B5＝0," ",A5/B5)"，这样当 B5 为零或为空时就不显示任何内容，否则显示 A5/B5 的结果。

3．♯N/A

这种错误信息通常出现在数值或公式不可用时。例如，想在 F2 单元格中使用函数"＝RANK(E2,＄E＄2：＄E＄96)"求 E2 单元格数据在 E2：E96 单元格区域中的名次，但 E2 单元格中却没有输入数据时，则会出现此类错误信息。

解决方法：在单元格 E2 中输入新的数值。

4．♯REF!

这种错误信息的出现是因为移动或删除单元格导致了无效的单元格引用，或者是函数返回了引用错误信息。例如 Sheet2 工作表的 C 列单元格引用了 Sheet1 工作表的 C 列单元格数据，后来删除了 Sheet1 工作表中的 C 列，就会出现此类错误。

解决方法：重新修改公式，恢复被引用的单元格范围或重新设定引用范围。

5．♯!

这种错误信息常出现在公式使用的参数错误的情况下。例如，要使用公式"＝A7＋A8"计算 A7 与 A8 两个单元格的数字之和，但是 A7 或 A8 单元格中存放的数据是姓名不是数字，这时就会出现此类错误。

解决方法：确认所用公式参数没有错误，并且公式引用的单元格中包含有效的数据。

6．♯NUM!

这种错误出现在当公式或函数中使用无效的参数时，即公式计算的结果过大或过小，超出了 Excel 的范围（正负 10 的 307 次方之间）时。例如，在单元格中输入公式"＝10^300＊100^50"，按 Enter 键后即会出现此错误。

解决方法：确认函数中使用的参数正确。

7．♯NULL!

这种错误信息出现在试图为两个并不相交的区域指定交叉点时。例如，使用 SUM 函数对 A1：A5 和 B1：B5 两个区域求和，使用公式"＝SUM(A1：A5 B1：B5)"（注意：A5 与 B1 之间有空格），便会因为对并不相交的两个区域使用交叉运算符（空格）而出现此错误。

解决方法：取消两个范围之间的空格，用逗号来分隔不相交的区域。

8．♯NAME?

这种错误信息出现在 Excel 不能识别公式中的文本时。例如函数拼写错误、公式中引用某区域时没有使用冒号、公式中的文本没有用双引号等。

解决方法：尽量使用 Excel 所提供的各种向导完成函数输入。例如使用插入函数的方法来插入各种函数、用鼠标拖动的方法来完成各种数据区域的输入等。

　　另外,在某些情况下不可避免地会产生错误。如果希望打印时不打印错误信息,可以单击"文件"按钮,在打开的新页面中单击"打印"命令,再单击"页面设置"命令打开"页面设置"对话框,切换至"工作表"选项卡,在"错误单元格打印为"下拉列表中选择"空白"选项,确定后将不会打印错误信息。

4.4　Excel 2010 的图表

　　Excel 可将工作表中的数据以图表的形式展示,这样可使数据更直观、更易于理解,同时也有助于用户分析数据,比较不同数据之间的差异。当数据源发生变化时,图表中对应的数据也会自动更新。Excel 的图表类型有包括二维图表和三维图表在内的十几类,每一类又有若干子类型。

　　根据图表显示的位置不同可以将图表分为两种,一种是嵌入式图表,它和创建图表使用的数据源放在同一张工作表中;另一种是独立图表,即创建的图表另存为一张工作表。

4.4.1　图表概述

　　如果要建立 Excel 图表,首先要对需要建立图表的 Excel 工作表进行认真分析,一是要考虑选取工作表中的哪些数据,即创建图表的可用数据;二是要考虑建立什么类型的图表;三是要考虑对组成图表的各种元素如何进行编辑和格式设置。只有这样才能使创建的图表形象、直观,具有专业化和可视化效果。

　　创建一个专业化的 Excel 图表一般采用以下步骤。

　　(1) 选择数据源:从工作表中选择创建图表的可用数据。

　　(2) 选择合适的图表类型及其子类型。"插入"选项卡的"图表"组如图 4-49 所示。"图表"组主要用于创建各种类型的图表,创建方法有下面 3 种。

　　• 如果已经确定需要创建某种类型的"图表",如"饼图",则单击"饼图"的下三角按钮,在下拉列表中单击某个选项选择一个子类型即可,如图 4-50 所示。

图 4-49　"图表"组

图 4-50　饼图的下拉列表

- 如果创建的图表不在"图表"组的前 6 种(柱形图、折线图、饼图、条形图、面积图、散点图)中,则可单击"其他图表"按钮,然后在下拉列表中选择某种图表类型及其子类型。
- 单击"图表"组右下角的"创建图表"按钮,或单击某图表按钮从下拉列表中选择"所有图表类型"选项,可打开"插入图表"对话框,如图 4-51 所示,然后在对话框中选择某种图表类型及其子类型,最后单击"确定"按钮关闭对话框。

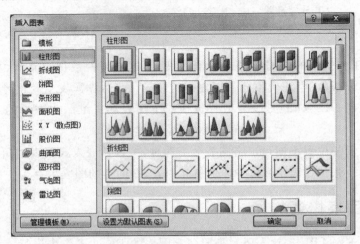

图 4-51   "插入图表"对话框

通过以上 3 种方法创建的图表仅为一个没有经过编辑和格式设置的初始化图表。

(3) 对第(2)步创建的初始化图表进行编辑和格式化设置,以满足自己的需要。

如图 4-51 所示,Excel 2010 中提供了 11 种图表类型,每一种图表类型中又包含了少到几种多到十几种不等的若干子图表类型,在创建图表时需要针对不同的应用场合和不同的使用范围选择不同的图表类型及其子类型。为了便于读者创建不同类型的图表,以满足不同场合的需要,下面对 11 种图表类型及其用途作简要说明。

- 柱形图:用于比较一段时间中两个或多个项目的相对大小。
- 折线图:按类别显示一段时间内数据的变化趋势。
- 饼图:在单组中描述部分与整体的关系。
- 条形图:在水平方向上比较不同类型的数据。
- 面积图:强调一段时间内数值的相对重要性。
- XY(散点图):描述两种相关数据的关系。
- 股价图:综合了柱形图的折线图,专门设计用来跟踪股票价格。
- 曲面图:一个三维图,当第 3 个变量变化时跟踪另外两个变量的变化。
- 圆环图:以一个或多个数据类别来对比部分与整体的关系,在中间有一个更灵活的饼状图。
- 气泡图:突出显示值的聚合,类似于散点图。
- 雷达图:表明数据或数据频率相对于中心点的变化。

4.4.2　创建初始化图表

下面以一个学生成绩表为例说明创建初始化图表的过程。

【例4.12】　根据图4-52所示的A班学生成绩表创建每位学生三门科目成绩的三维簇状柱形图表。

操作步骤如下：

（1）选定要创建图表的数据区域，这里所选区域为A2：A10和C2：E10。

（2）在"插入"选项卡的"图表"中单击"柱形图"下三角按钮，如图4-49所示，从下拉列表的子类型中选择"三维簇状柱形图"，生成的图表如图4-53所示。

图4-53所示图表仅为初始化图表或简单图表，对图表中各元素作进一步的编辑和格式化设置并加上注释，生成如图4-54所示的三维簇状柱形图。

	A	B	C	D	E
1	A班学生成绩表				
2	姓名	性别	数学	英语	计算机
3	张蒙丽	女	88	81	76
4	王华志	男	75	49	86
5	吴宇	男	68	95	76
6	郑霞	女	96	69	78
7	许芳	女	78	89	92
8	彭树三	男	67	85	65
9	许晓兵	男	85	71	79
10	刘丽丽	女	78	68	90

图4-52　A班学生成绩表

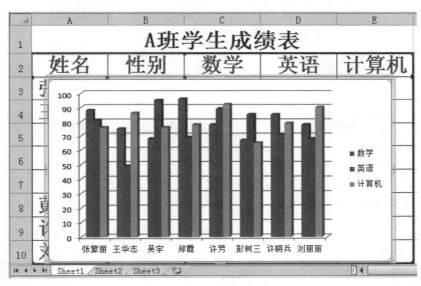

图4-53　简单三维簇状柱形图

【例4.13】　根据图4-52所示的A班学生成绩表创建刘丽丽同学三门科目成绩的分离型三维饼图。

操作步骤如下：

（1）选择数据源：按照题目要求只需选择姓名、数学、英语和计算机4个字段关于刘丽丽的记录，即选择A2，A10，C2：E2，C10：E10这些不连续的单元格和单元格区域，如图4-55所示。

（2）选择图表类型及其子类型：在"图表"组中单击"饼图"的下三角按钮，在下拉列表中选择"分离型三维饼图"选项，如图4-56所示。

（3）生成的图表如图4-57所示。将鼠标指针定位在图表上，按住鼠标左键拖曳可将图

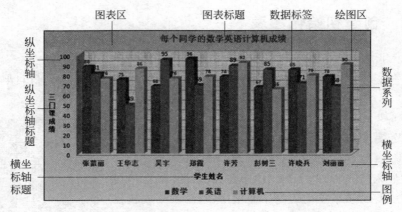

图 4-54 三维簇状柱形图及图表中各元素名称说明

	A	B	C	D	E
1	A班学生成绩表				
2	姓名	性别	数学	英语	计算机
3	张蒙丽	女	88	81	76
4	王华志	男	75	49	86
5	吴宇	男	68	95	76
6	郑霞	女	96	69	78
7	许芳	女	78	89	92
8	彭树三	男	67	85	65
9	许晓兵	男	85	71	79
10	刘丽丽	女	78	68	90

图 4-55 选择"数据源"

表移动到需要的位置；将鼠标指针定位在图表边框或图表的视窗角上，当其呈双箭头显示时按住鼠标左键拖曳可以调整图表的大小。

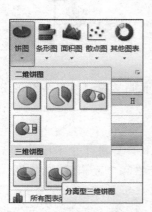

图 4-56 选择"分离型三维饼图"

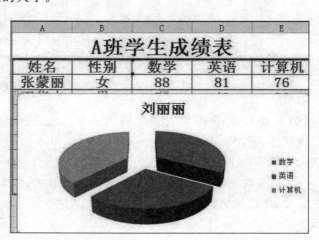

图 4-57 分离型三维饼图

4.4.3　图表的编辑和格式化设置

在初始化图表建立以后,往往需要使用"图表工具"选项卡中的相应功能按钮,或者在图表区右击,在快捷菜单中选择相应的命令,对初始化图表进行编辑和格式化设置。

单击选中图表或图表区的任何位置,即会弹出"图表工具-设计/布局/格式"选项卡。

1. "图表工具-设计"选项卡

如图 4-58 所示,"图表工具-设计"选项卡包括"类型""数据""图表布局""图表样式"和"位置"5 个组。

图 4-58　"图表工具-设计"选项卡

- "类型"组用于重新选择图表类型和另存为模板。
- "数据"组用于按行或者是按列产生图表以及重新选择数据源。打开如图 4-53 所示的图表,单击"切换行/列"按钮,即将图表中原"图例"(即课程)转换成了横坐标,将原横坐标(即姓名)转换成了"图例",转换后的图表如图 4-59 所示。

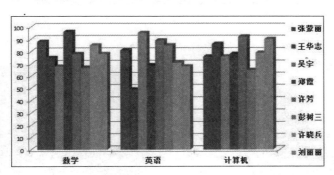

图 4-59　按行/列转换后的三维簇状柱形图

- "图表布局"组用于调整图表中各元素的相对位置,图 4-60 和图 4-61 分别是选择"布局 2"和"布局 6"选项设计的图表。
- "图表样式"组用于图表样式的选择。图表样式主要是指图表颜色和图表区背景色的配搭。图 4-62 和图 4-63 分别是选择"样式 2"和"样式 42"设计的图表。
- "位置"组用于设置"嵌入式图表"或者"独立式图表"。单击"位置"组中的"移动图表"按钮,打开"移动图表"对话框,如图 4-64 所示,若选中"对象位于"单选按钮,则创建的图表与工作表放置在一起,称"嵌入式图表";若选中"新工作表"单选按钮,则创建的图表单独放置,而且如果是第 1 次创建,图表默认名字为"Chart1",如图 4-65 所示。

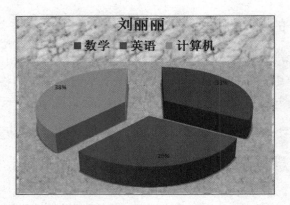

图 4-60　布局 2

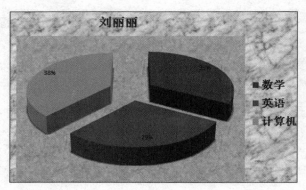

图 4-61　布局 6

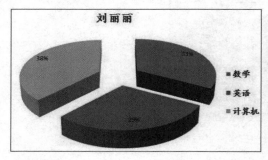

图 4-62　样式 2

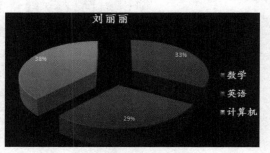

图 4-63　样式 42

2.“图表工具-布局”选项卡

如图 4-66 所示，“图表工具-布局”选项卡包括“当前所选内容”“插入”“标签”“坐标轴”“背景”“分析”和“属性”7 个组。

- “当前所选内容”组包括两个选项，“设置所选内容格式”选项用于对选定对象的格式设置；“重设以匹配样式”选项用于清除自定义格式，而恢复原匹配格式。
- “插入”组用于插入图片、形状和文本框等对象。

图 4-64　"移动图表"对话框

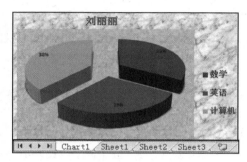

图 4-65　"独立式"图表

图 4-66　"图表工具-布局"选项卡

- "标签"组用于对图表标题、坐标轴标题、图例和数据标签等进行设置。
- "背景"组用于"图表背景墙""图表基底"和"三维旋转"的设计。如图 4-67 所示。此项仅仅针对三维图表的设计。

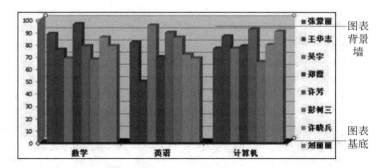

图 4-67　设置有"图表背景墙"和"图表基底"的三维簇状柱形图

- "分析"组主要用于一些复杂图表,如"折线图""股价图"等的分析,包括"趋势线""折线""涨/跌柱线"和"误差线"等选项。
- "属性"组用于显示当前图表的名称,用户可在"图表名称"文本框更改图表名称。

3. "图表工具-格式"选项卡

如图 4-68 所示,"图表工具-格式"选项卡包括"形状样式""艺术字样式""排列"和"大小"4 个组。

图 4-68 "图表工具-格式"选项卡

【例 4.14】 对例 4.12 创建的初始化图表即图 4-53 按如下步骤进行编辑和格式化。

(1) 在"图表工具-设计"选项卡的"位置"组中单击"移动"按钮将图表设置为独立式图表,图表名称为"A 班学生成绩图表"。

(2) 在"图表工具-设计"选项卡的"数据"组中单击"切换行/列"按钮将"姓名"设置为"图例"。并将"图例""课程名"文字设置为楷体、18 磅、深蓝色;纵坐标数字设置为楷体、14磅、深蓝色。

(3) 在"图表工具-布局"选项卡的"标签"组中单击"图表标题"按钮,设置图表标题为"居中覆盖标题",标题内容为"A 班学生成绩图表",字体为楷体、24 磅、深红色。

(4) 在"图表工具-布局"选项卡的"背景"组中单击"图表背景墙"按钮,将图表背景墙设置为"纹理填充"→"水滴"。

(5) 在"图表工具-布局"选项卡的"背景"组中单击"图表基底"按钮,将图表基底设置为"纹理填充"→"褐色大理石"。

(6) 分别右击"图表区"和"绘图区",在弹出的快捷菜单中分别选择"设置图标区域格式"和"设置绘图区格式"命令,然后在打开的对话框中均选择"纹理填充"→"羊皮纸"选项。

经过以上编辑和格式化设置后的图表效果如图 4-69 所示。

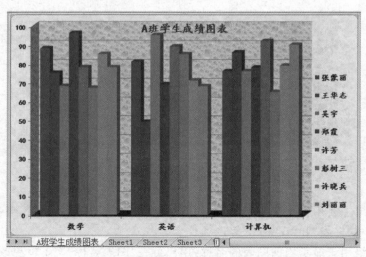

图 4-69 经编辑和格式化设置后的图表

4.5　Excel 2010 的数据处理

　　Excel 数据处理内容包括数据查询、排序、筛选、分类汇总及数据透视表等，另外还有专门用于数据库计算的函数。

　　Excel 数据处理采用数据库表的方式。所谓数据库表方式是指工作表中数据的组织方式与二维表相似，如图 4-70 所示，一个工作表由若干行和若干列构成，表中的第一行是每一列的标题，如"学号""姓名"等，从第二行开始是具体的数据，表中的列相当于数据库中的字段，如"学号"字段，"姓名"字段等，列标题相当于字段名称，如"学号"为"学号字段"的名称；每一行数据称为一条记录。所以，一个工作表可以看作是一个数据库表。Excel 中的数据库表也称为数据清单或数据列表。工作表作为数据库表，在输入信息时必须遵守以下规定。

	A	B	C	D	E	F	G
1	学号	姓名	语文	数学	英语	化学	物理
2	201011	王兰兰	87	89	85	76	80
3	201012	张　雨	57	78	79	46	85
4	201013	夏林虎	92	68	98	70	76
5	201014	韩　青	80	98	78	67	87
6	201015	郑　爽	74	78	83	92	92
7	201016	程雪兰	85	68	95	55	83
8	201017	王　瑞	95	52	87	87	68

图 4-70　Excel 工作表及表中数据

- 必须在数据库的第一行输入字段名称（即列标题），例如，"学号""姓名"等。字段名称一般用大写字母或汉字，图 4-70 所示工作表包含 7 个字段。
- 每一条记录必须占据一行。同一列数据必须包含同一类型的信息。图 4-70 所示工作表共包含 7 条记录。

4.5.1　数据清单

　　数据清单是包含相关数据的一系列工作表数据行，数据清单可以像数据库表一样使用，单独的一行称为一条记录，单独的一列称为一个字段。

　　为了利于 Excel 检测数据清单，不影响排序与搜索，创建数据清单时要注意以下规则：
- 每张工作表仅使用一个数据清单。
- 不要在数据清单中放置空行和空列。
- 单元格开头和末尾不要插入多余的空格。

　　数据清单是指工作表中包含相关数据的一系列数据行，可以理解成工作表中的一张二维表格。在执行数据库操作（如排序、筛选或分类汇总等）时，Excel 会自动将数据清单视为数据库表，并使用下列数据清单元素来组织数据。
- 数据清单中的列是数据库表中的字段或属性。
- 数据清单中的列标题是数据库表中的字段名称或属性名。
- 数据清单中的每一行对应数据库表中的一条记录。

数据清单应该尽量满足下列条件：
- 每一列必须要有列名，而且每一列中的数据必须是相同类型的。
- 避免在一个工作表中有多个数据清单。
- 数据清单与其他数据之间至少留出一个空白列和一个空白行。

4.5.2 数据排序

数据排序是指按一定规则对数据进行整理、排列。数据表中的记录按用户输入的先后顺序排列以后往往需要按照某一属性(列)顺序显示。例如，在学生成绩表中统计成绩时常常需要按成绩从高到低或从低到高显示，这就需要对成绩进行排序。用户可对数据清单中一列或多列数据按升序(数字 1→9，字母 A→Z)或降序(数字 9→1，字母 Z→A)排序。数据排序分为简单排序和多重排序。

1. 简单排序

在"数据"选项卡的"排序和筛选"组中单击"升序"或"降序"按钮即可实现简单的排序，如图 4-71 所示。

图 4-71 "排序和筛选"组

【例 4.15】 在 B 班学生成绩表中要求按英语成绩由高分到低分进行降序排序。
操作步骤如下：
(1) 单击 B 班学生成绩表中"英语"所在列的任意一个单元格，如图 4-72 所示。
(2) 切换到"数据"选项卡。
(3) 在"排序和筛选"组中单击降序按钮，排序结果如图 4-73 所示。

	B班学生成绩表					
学号	姓名	语文	数学	英语	化学	物理
201011	王兰兰	87	89	85	76	80
201012	张 雨	57	78	79	46	85
201013	夏林虎	92	68	98	70	76
201014	韩 青	80	98	78	67	87
201015	郑 爽	74	78	83	92	92
201016	程雪兰	85	68	95	55	83
201017	王 瑞	95	52	87	87	68

图 4-72 简单排序前的工作表

	B班学生成绩表					
学号	姓名	语文	数学	英语	化学	物理
201013	夏林虎	92	68	98	70	76
201016	程雪兰	85	68	95	55	83
201017	王 瑞	95	52	87	87	68
201011	王兰兰	87	89	85	76	80
201015	郑 爽	74	78	83	92	92
201012	张 雨	57	78	79	46	85
201014	韩 青	80	98	78	67	87

图 4-73 经过简单排序后的工作表

2. 多重排序

使用"排序和筛选"组中的"升序"按钮和"降序"按钮只能按一个字段进行简单排序。当排序的字段出现相同数据项时必须按多个字段进行排序，即多重排序，多重排序就一定要使用对话框来完成。Excel 2010 中为用户提供了多级排序功能,包括主要关键字、次要关键字……每个关键字就是一个字段,每一个字段均可按"升序"(即递增方式)或"降序"(即递减方式)进行排序。

【例 4.16】　在 B 班学生成绩表中,要求先按数学成绩由低分到高分进行排序,若数学成绩相同,再按学号由小到大进行排序。

操作步骤如下:

(1) 选定 B 班学生成绩表中的任意一个单元格。

(2) 切换到"数据"选项卡。

(3) 在"排序和筛选"组中单击"排序"按钮打开"排序"对话框,如图 4-74 所示。

图 4-74　"排序"对话框

(4)"主要关键字"选择"数学","排序依据"选择"数值","次序"选择"升序"。

(5)"次要关键字"选择"学号","排序依据"选择"数值","次序"选择"升序"。

(6) 设置完成后,单击"确定"按钮关闭对话框。排序结果如图 4-75 所示。用户还可以根据自己的需要再指定"次要关键字",本例无须再选择次要关键字。

	A	B	C	D	E	F	G
1	**B班学生成绩表**						
2	学号	姓名	语文	数学	英语	化学	物理
3	201017	王　瑞	95	52	87	87	68
4	201013	夏林虎	92	68	98	70	76
5	201016	程雪兰	85	68	95	55	83
6	201012	张　雨	57	78	79	46	85
7	201015	郑　爽	74	78	83	92	92
8	201011	王兰兰	87	89	85	76	80
9	201014	韩　青	80	98	78	67	87

图 4-75　多重排序结果

4.5.3　数据的分类汇总

数据的分类汇总是指对数据清单某个字段中的数据进行分类,并对各类数据快速进行统计计算。Excel 提供了 11 种汇总类型,包括求和、计数、统计、最大、最小及平均值等,默认的汇总方式为求和。在实际工作中常常需要对一系列数据进行小计和合计,这时可以使用 Excel 提供的分类汇总功能。

需要特别指出的是,在分类汇总之前必须先对需要分类的数据项进行排序,然后再按该字段进行分类,并分别为各类数据的数据项进行统计汇总。

【例 4.17】 对图 4-76 所示的 C 班学生成绩表分别计算男生、女生的语文、数学成绩的平均值。

操作步骤如下:

(1)对需要分类汇总的字段进行排序:本例中需要对"性别"字段进行排序,选择性别字段任意一个单元格,然后在"数据"选项卡的"排序和筛选"组中单击"升序"或"降序"按钮,排序结果如图 4-76 所示。

(2)在"数据"选项卡的"分级显示"组中单击"分类汇总"按钮,打开"分类汇总"对话框,如图 4-77 所示。

	C班学生成绩表				
学号	姓名	性别	语文	数学	总分
2010001	张　山	男	68	84	152
2010003	罗　勇	男	72	69	141
2010005	王克明	男	63	56	119
2010006	李　军	男	75	74	149
2010009	张朝江	男	92	95	187
2010002	李茂丽	女	95	72	167
2010004	岳　华	女	89	94	183
2010007	苏　玥	女	89	88	177
2010008	罗美丽	女	78	86	164
2010010	黄蔓丽	女	95	85	180

图 4-76 C 班学生成绩表

图 4-77 "分类汇总"对话框

(3)在"分类字段"下拉列表中选择"性别"选项。

(4)在"汇总方式"下拉列表框中有求和、计数、平均值、最大、最小等,这里选择"平均值"选项。

(5)在"选定汇总项"列表框中勾选"语文""数学"复选框,取消其余默认的汇总项,如,"总分"。

(6)单击"确定"按钮关闭对话框,完成分类汇总,结果显示如图 4-78 所示。

	C班学生成绩表				
学号	姓名	性别	语文	数学	总分
2010001	张　山	男	68	84	152
2010003	罗　勇	男	72	69	141
2010005	王克明	男	63	56	119
2010006	李　军	男	75	74	149
2010009	张朝江	男	92	95	187
		男 平均值	74	75.6	
		女 平均值	89.2	85	
		总计平均值	81.6	80.3	

图 4-78 按"性别"字段分类汇总的显示结果

　　分类汇总的结果通常按 3 级显示,可以通过单击分级显示区上方的 3 个按钮"①""②"
"③"进行分级显示控制。

　　在分级显示区中还有"⊞""⊟"等分级显示符号,其中,单击"⊞"按钮,可将高一级展
开为低一级显示;单击"⊟"按钮,可将低一级折叠为高一级显示。

　　如果要取消分类汇总,可以在"分级显示"组中再次单击"分类汇总"按钮,在打开的"分
类汇总"对话框中单击"全部删除"按钮即可。

4.5.4　数据的筛选

　　筛选是指从数据清单中找出符合特定条件的数据记录,也就是把符合条件的记录显示
出来,而把其他不符合条件的记录暂时隐藏起来。Excel 2010 提供了两种筛选方法,即自动
筛选和高级筛选。一般情况下,自动筛选就能够满足大部分的需要。但是,当需要利用复杂
的条件来筛选数据时就必须使用高级筛选。

1. 自动筛选

自动筛选给用户提供了快速访问大数据清单的方法。

【例 4.18】　在 D 班学生成绩表中显示"数学"成绩排在前 3 位的记录。

操作步骤如下:

(1) 选定 D 班学生成绩表中的任意一个单元格,如图 4-79 所示。

(2) 在"数据"选项卡的"排序和筛选"组中单击"筛选"按钮,此时数据表的每个字段名
旁边显示出下三角箭头,此为筛选器箭头,如图 4-80 所示。

图 4-79　D 班学生成绩表(数据清单)　　　图 4-80　含有筛选器箭头的数据表

(3) 单击"数学"字段名旁边的筛选器箭头,弹出下拉列表,选择"数字筛选"→"10 个最
大的值"选项,打开"自动筛选前 10 个"对话框,如图 4-81 所示。

(4) 在"自动筛选前 10 个"对话框中指定"显示"的条件为"最大""3""项"。

(5) 最后单击"确定"按钮关闭对话框,即会在数据表中显示出数学成绩最高的 3 条记

录,其他记录被暂时隐藏起来,被筛选出来的记录行号显示为蓝色,该列的列号右边的筛选器箭头也变成蓝色,如图 4-82 所示。

图 4-81 "自动筛选前 10 个"对话框   图 4-82 经过筛选以后的数据表

【例 4.19】 在 D 班学生成绩表中筛选出"英语"成绩大于 80 分且小于 90 分的记录。
操作步骤如下:

(1) 选定 D 班学生成绩表中的任一单元格,如图 4-79 所示。

(2) 按例 4.18 的第(2)步操作将数据表清单置于筛选界面。

(3) 单击"英语"字段名旁边的筛选器箭头,从打开的下拉列表中选择"数字筛选"→"自定义筛选"选项,打开"自定义自动筛选方式"对话框,在其中一个输入条件中选择"大于",右边的文本框中输入"80";另一个条件中选择"小于",右边的文本框中输入"90",两个条件之间的关系选项中选择"与"单选按钮,如图 4-83 所示。

(4) 单击"确定"按钮关闭对话框,即可筛选出英语成绩满足条件的记录,如图 4-84 所示。

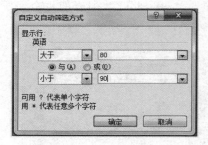

图 4-83 "自定义自动筛选方式"对话框   图 4-84 筛选出英语成绩满足条件的记录

【例 4.20】 在 D 班学生成绩表中筛选出女生中"英语"成绩大于 80 分且小于 90 分的记录。

【分析】 这是一个双重筛选的问题,例 4.19 已经通过"英语"字段从 D 班学生成绩表中筛选出"英语"成绩大于 80 分且小于 90 分的记录,所以本例只需在例 4.19 的基础上进行"性别"字段的筛选即可。

操作步骤如下:

(1) 单击"性别"字段名旁边的筛选器箭头,从下拉列表中选择"文本筛选"→"等于"选项,打开"自定义自动筛选方式"对话框,如图 4-85 所示。

(2) 在"等于"编辑框右边的文本框中输入文字"女"。

(3) 单击"确定"按钮关闭对话框,双重筛选后的结果如图 4-86 所示。

图 4-85 "自定义自动筛选方式"对话框

A	B	C	D	E	F
1	D班学生成绩表				
2	学号	姓名	性别	语文	数学	英语
4	2010002	罗明丽	女	63	92	83
5	2010003	李 丽	女	88	82	86

图 4-86 双重筛选后的数据

【说明】 如果要取消自动筛选功能,只需在"数据"选项卡的"排序和筛选"组中再次单击"筛选"按钮,数据表中字段名右边的箭头按钮就会消失,数据表被还原。

2. 高级筛选

下面通过实例来说明问题。

【例 4.21】 在 D 班学生成绩表中筛选出语文成绩大于 80 分的男生的记录。

【分析】 要将符合两个及两个以上不同字段的条件的数据筛选出来,倘若使用自动筛选来完成,需要对"语文"和"性别"两个字段分别进行筛选,即双重筛选,在此不再阐述。

如果使用高级筛选的方法来完成,则必须在工作表的一个区域设置条件,即条件区域。两个条件的逻辑关系有"与"和"或"的关系,在条件区域"与"和"或"的关系表达式是不同的,其表达方式如下。

- "与"条件将两个条件放在同一行,表示的是语文成绩大于 80 分的男生,如图 4-87 所示。
- "或"条件将两个条件放在不同行,表示的是语文成绩大于 80 分或者是男生,如图 4-88 所示。

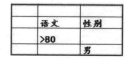

语文	性别
>80	男

图 4-87 "与"条件排列图

语文	性别
>80	
	男

图 4-88 "或"条件排列图

操作步骤如下:

(1)输入条件区域:打开 D 班学生成绩表,在 B12 单元格中输入"语文",在 C12 单元格中输入"性别",在 B13 单元格中输入">80",在 C13 单元格中输入"男"。

(2)在工作表中选中 A2:F10 单元格区域或其中的任意一个单元格。

(3)在"数据"选项卡的"排序和筛选"组中单击"高级"按钮,打开"高级筛选"对话框,如图 4-89 所示。

(4)在对话框的"方式"选项组中选中"将筛选结果复制到其他位置"单选按钮。

(5)如果列表区为空白,可单击"列表区域"编辑框右边的拾取按钮,然后用鼠标从列表区域的 A2 单元格拖动到 F10 单元格,输入框中出现"＄A＄2：＄F＄10"。

(6)单击"条件区域"编辑框右边的拾取按钮,然后用鼠标从条件区域的 B12 拖动到

C13,输入框中出现"＄B＄12:＄C＄13"。

（7）单击"复制到"编辑框右边的拾取按钮,然后选择筛选结果显示区域的第一个单元格 A14。

（8）单击"确定"按钮关闭对话框,筛选结果如图 4-90 所示。

图 4-89　"高级筛选"对话框

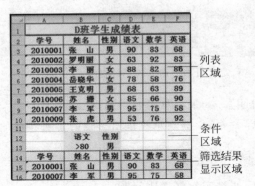

图 4-90　高级筛选结果

4.5.5　数据透视表

数据透视表是比分类汇总更为灵活的一种数据统计和分析方法。它可以同时灵活地变换多个需要统计的字段,对一组数值进行统计分析,统计可以是求和、计数、最大值、最小值、平均值、数值计数、标准偏差及方差等。利用数据透视表可以从不同方面对数据进行分类汇总。

下面通过实例来说明如何创建数据透视表。

【例 4.22】　对图 4-91 所示的"商品销售表"内的数据建立数据透视表,按行为"商品名"、列为"产地"、数据为"数量"进行求和布局,并置于现有工作表的 H2:M7 单元格区域。

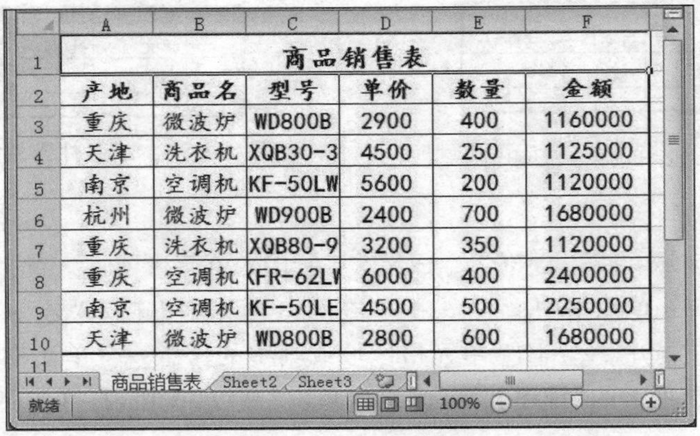

图 4-91　商品销售表

操作步骤如下:

（1）选定产品销售表 A2:F10 区域中的任意一个单元格。

（2）在"插入"选项卡的"表格"组中单击"数据透视表"下三角按钮,在下拉列表中选择

"数据透视表"选项,打开"创建数据透视表"对话框,如图 4-92 所示。

（3）在"请选择要分析的数据"选项组中选中"选择一个表或区域"单选按钮,并在"表/区域"框中选中 A2:F10 单元格区域（前面第（1）步已选）;在"选择放置数据透视表的位置"选项组中选中"现有工作表"单选按钮,在"位置"编辑框中选中 H2:M7 单元格区域,单击"确定"按钮关闭对话框。打开"数据透视表字段列表"任务窗格,如图 4-93 所示。

图 4-92　"创建数据透视表"对话框

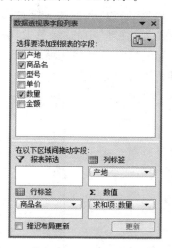

图 4-93　"数据透视表字段列表"任务窗格

（4）拖动"商品名"到"行标签"文本框,拖动"产地"到"列标签"文本框,拖动"数量"到"Σ数值"文本框,如图 4-93 所示。

（5）单击"数据透视表字段列表"任务窗格的关闭按钮,数据透视表创建完成。数据透视表设置效果如图 4-94 所示。

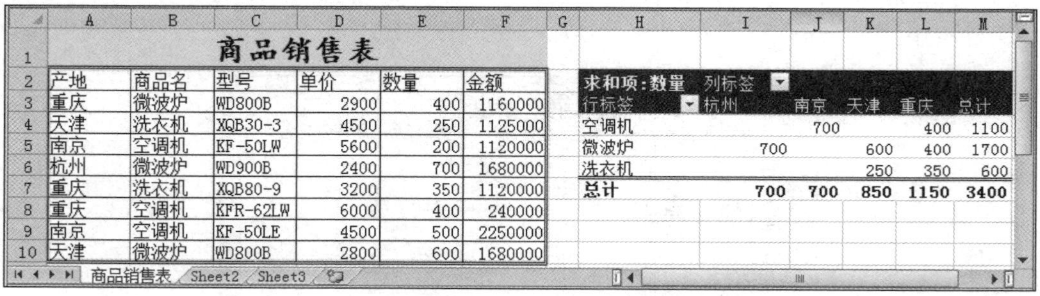

	A	B	C	D	E	F	G	H	I	J	K	L	M
1	商品销售表												
2	产地	商品名	型号	单价	数量	金额		求和项:数量	列标签				
3	重庆	微波炉	WD800B	2900	400	1160000		行标签	杭州	南京	天津	重庆	总计
4	天津	洗衣机	XQB30-3	4500	250	1125000		空调机		700		400	1100
5	南京	空调机	KF-50LW	5600	200	1120000		微波炉	700		600	400	1700
6	杭州	微波炉	WD900B	2400	700	1680000		洗衣机			250	350	600
7	重庆	洗衣机	XQB80-9	3200	350	1120000		总计	700	700	850	1150	3400
8	重庆	空调机	KFR-62LW	6000	400	240000							
9	南京	空调机	KF-50LE	4500	500	2250000							
10	天津	微波炉	WD800B	2800	600	1680000							

图 4-94　"商品销售表"的"数据透视表"

习题 4

1. 进入"第 4 章素材库\习题 4\习题 4.1"文件夹,打开"XT4_1.xlsx"文档,Sheet1 工作表数据如图 P4-1-1 所示,按如下要求进行操作,最后以"XT4_1 计算.xlsx"为文件名保存于习题 4.1 文件夹中。

（1）将 sheet1 工作表的 A1:D1 单元格合并为一个单元格,内容水平居中,单元格中的字体为华文行楷、16 磅、加粗、红色；计算职工的平均年龄置于 C13 单元格内(数值型，保留小数点后 1 位)；计算职称为高工、工程师和助工的人数置于 G5:G7 单元格区域(利用 COUNTIF 函数)。将 A1:D13 单元格区域加深蓝色双实线外框线，黑色虚线内框线，填充浅绿色。

(2) 选取“职称”列(F4:F7)和“人数”列(G4:G7)数据区域的内容建立“三维簇状圆柱图”，图表标题为“职称情况统计图”，清除图例，设置“图表背景墙”为“纹理”中的“水滴”，“图表基底”为“纹理”中的“绿色大理石”，图表区填充为“纹理”中的“鱼类化石”；将图表插入到表的 A15:F30 单元格区域内，将工作表命名为“职称情况统计表”并设置工作表标签颜色为“标准色”中的“紫色”。

	A	B	C	D	E	F	G
1	某单位人员情况表						
2	职工号	性别	年龄	职称			
3	E001	男	34	工程师			
4	E002	男	45	高工		职称	人数
5	E003	女	26	助工		高工	
6	E004	男	29	工程师		工程师	
7	E005	男	31	工程师		助工	
8	E006	女	36	工程师			
9	E007	男	50	高工			
10	E008	男	42	高工			
11	E009	女	34	工程师			
12	E010	女	28	助工			
13		平均年龄					

Sheet1 / Sheet2 / Sheet3

图 P4-1-1 “XT4_1. xlsx”的工作表数据图

2. 进入“第 4 章素材库\习题 4\习题 4.2”文件夹，打开工作簿文件“XT4_2. xlsx”，“图书销售情况表”数据如图 P4-2-1 所示。要求对“图书销售情况表”内数据清单的内容建立数据透视表，按行为“经销部门”，列为“图书类别”，数据为“数量(册)”求和布局，并置于现工作表的 H2:L7 单元格区域，工作表名不变，最后以“XT4_2 统计. xlsx”为文件名保存于习题 4.2 文件夹中。

	A	B	C	D	E	F
1	某图书销售公司销售情况表					
2	经销部门	图书类别	季度	数量(册)	销售额(元)	销售量排名
3	第3分部	计算机类	3	124	8680	42
4	第3分部	少儿类	2	321	9630	20
5	第1分部	社科类	2	435	21750	5
6	第2分部	计算机类	2	256	17920	26
7	第2分部	社科类	1	167	8350	40
8	第3分部	计算机类	4	157	10990	41
9	第1分部	计算机类	4	187	13090	38
10	第3分部	社科类	4	213	10650	32
11	第2分部	计算机类	4	196	13720	36
12	第2分部	社科类	4	219	10950	30
13	第2分部	计算机类	3	234	16380	28
14	第2分部	计算机类	1	206	14420	35
15	第2分部	社科类	2	211	10550	34
16	第3分部	社科类	3	189	9450	37
17	第2分部	少儿类	1	221	6630	29
18	第3分部	少儿类	4	432	12960	7
19	第1分部	计算机类	3	323	22610	19

图书销售情况表 / Sheet2 / Sheet3

图 P4-2-1 “XT4_2. xlsx”工作表数据图

第5章 PowerPoint 2010演示文稿

Microsoft Office PowerPoint 2010 是微软公司的 Office 2010 系列软件之一,是一款优秀的演示文稿制件软件。它能将文本与图形、图表、影片、声音、动画等多媒体信息有机结合,将演说者的思想意图生动明快地展现出来。PowerPoint 2010 不仅功能强大,而且易学易用、兼容性好、应用面广,是多媒体教学、演说答辩、会议报告、广告宣传及商务演说最有力的辅助工具。

学习目标:
- 了解 PowerPoint 2010 的基本功能。
- 熟悉 PowerPoint 2010 的窗口组成。
- 熟悉制作演示文稿的流程。
- 熟练掌握创建、编辑、放映演示文稿的基本方法。
- 会设计动画效果和幻灯片切换效果。
- 掌握设置超链接的方法。
- 会套用设计模板、使用主题、母版。
- 了解打印和打包演示文稿的方法。

5.1 PowerPoint 2010 概述

采用 PowerPoint 制作的文档叫作演示文稿,扩展名为.pptx。一个演示文稿由若干张幻灯片组成,因此演示文稿俗称"幻灯片"。幻灯片里可以插入文字、表格、图形、影片及声音等多媒体信息。演示文稿制成后,幻灯片将按事先安排好的顺序播放,放映时可以配上旁白、辅以动画效果。

5.1.1 PowerPoint 2010 的基本功能和特点

1.方便快捷的文本编辑功能

对于在幻灯片的占位符中输入的文本,PowerPoint 会自动添加各级项目符号,层次关系分明,逻辑性强。

2．多媒体信息集成

PowerPoint 2010 支持文本、图形、艺术字、表格、影片及声音等多种媒体信息，而且排版灵活。

3．强大的模板、母版功能

使用模板和母版能快速生成风格统一、独具特色的演示文稿。模板提供了样式文稿的格式、配色方案、母版样式及产生特效的字体样式等，PowerPoint 2010 提供了多种美观大方的模板，也允许用户创建和使用自己的模板。使用母版可以设置演示文稿中各张幻灯片的共有信息，如日期、文本格式等。

4．灵活的放映形式

制作演示文稿的目标是展示放映，PowerPoint 提供了多样的放映形式。既可以由演说者一边演说一边操控放映，又可以应用于自动服务终端由观众操控放映流程，也可以按事先"排练"的模式在无人看守的展台放映。PowerPoint 2010 还可以录制旁白，在放映幻灯片时播放。

5．动态演绎信息

动画是 PowerPoint 演示文稿的一大亮点，PowerPoint 2010 可以设置幻灯片的切换动画、幻灯片内各对象的动画，还可以为动画编排顺序设置动画路径等。生动形象的动画可以起到强调、吸引观众注意力的效果。

6．多种形式的共享方式

PowerPoint 2010 提供多种演示文稿共享方式，如"使用电子邮件发送""以 PDF/XPS 形式发送""创建为讲义""广播幻灯片"及"打包到 CD"等。

7．良好的兼容性

PowerPoint 2010 向下兼容 PowerPoint 97-2003 版本的 ppt、pps、pot 文件，可以打开多种格式的 Office 文档、网页文件等，保存的格式也更加丰富。

5.1.2　PowerPoint 2010 的启动与退出

1．启动 PowerPoint 2010

启动 PowerPoint 2010 常用以下几种方法。
- 单击"开始"按钮，在弹出的菜单中选择"所有程序"→Microsoft Office→Microsoft Office PowerPoint 2010 命令。
- 若桌面上有 PowerPoint 2010 快捷方式，双击该快捷图标。
- 双击某 PowerPoint 文件，即会启动 PowerPoint 2010 之后打开该文件。

2．退出 PowerPoint 2010

退出 PowerPoint 2010 有以下几种方法。

- 单击 PowerPoint 2010 窗口右上角的"关闭"按钮。
- 单击"文件"→"退出"命令。
- 单击 PowerPoint 2010 窗口左上角的控制图标，在弹出的控制菜单中选择"关闭"命令，或者直接双击该控制图标。
- 按快捷键 Alt＋F4。

5.1.3　PowerPoint 2010 窗口

1．窗口组成

PowerPoint 2010 的窗口如图 5-1 所示，它与 Word 有一些相似之处，这里介绍一些常用的和 PowerPoint 特有的窗口组成单元。

1）标题栏

标题栏位于窗口上方正中间，显示正在编辑的文档的名字和软件名。如果打开了一个已有的文件，该文件的名字就会出现在标题栏上。

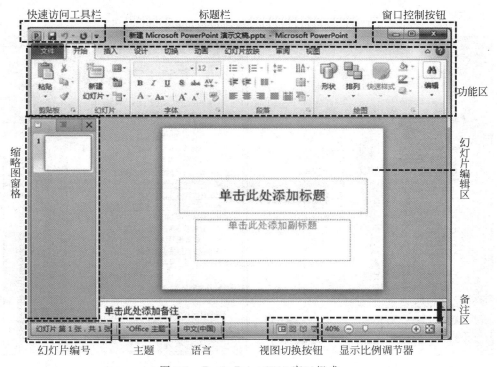

图 5-1　PowerPoint 2010 窗口组成

2）窗口控制按钮

PowerPoint 的程序窗口与普通文件窗口类似，右上角有"最小化""最大化/还原"和"关闭"三个按钮。

　　3）快速访问工具栏

　　与 Word 类似,快速访问工具栏一般位于窗口的左上角,通常放一些做常用的命令按钮,如"保存""撤销",单击右边的下三角按钮,打开下拉菜单,可以根据需要添加或者删除常用命令按钮。最左边的红色图标为窗口控制按钮。

　　4）选项卡与功能区

　　与 Word 类似,功能区上方是"文件""开始""插入"等选项卡,单击不同选项卡,功能区将相应展示不同命令。有时为了扩大幻灯片的编辑区域,可使用功能区右上方的上/下箭头标志的按钮(帮助按钮左侧)展开或关闭功能区。

　　5）幻灯片编辑区

　　幻灯片编辑区又名工作区,是 PowerPoint 的主要工作区域,在此区域可以对幻灯片进行各种操作,如添加文字、图形、影片、声音,创建超链接,设置动画效果等。工作区只能同时显示一张幻灯片的内容。

　　6）缩略图窗格

　　缩略图窗格也叫"大纲空格",显示了幻灯片的排列结构,每张幻灯片前会显示对应编号,可在此区域编排幻灯片顺序。单击此区域中的不同幻灯片,可以实现工作区内幻灯片的切换。

　　该窗格有"大纲"选项卡和"幻灯片"选项卡。"幻灯片"选项卡中各幻灯片以缩略图的形式呈现,如图 5-2 所示;"大纲"选项卡中仅显示各张幻灯片的文本内容,如图 5-3 所示,在此区域可以对文本进行编辑。

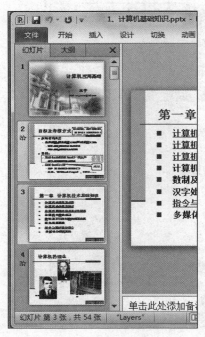

图 5-2　缩略图窗格

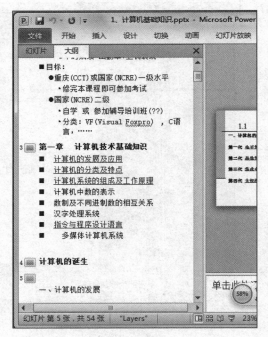

图 5-3　大纲窗格

　　7）备注窗格

　　备注窗格也叫作备注区,可以添加演说者希望与观众共享的信息或者供以后查询的其他信息。若需要向其中加入图形,必须切换到备注页视图模式下操作。

　　8)视图切换按钮

通过单击视图切换按钮,能方便快捷地实现不同视图方式的切换,从左至右依次是"普通视图""幻灯片浏览视图""阅读视图""幻灯片放映"按钮。

　　9)显示比例调节器

通过拖动滑块或者单击左右两侧的加、减号按钮来调节编辑区幻灯片的大小。单击右边的"使幻灯片适应当前窗口"按钮,系统会自动设置幻灯片的最佳比例。

2.PowerPoint 2010 文件的打开与关闭

演示文稿的打开与关闭与 Word 文档的操作类似,这里就不再赘述。

5.1.4　PowerPoint 2010 的视图方式

所谓视图,即幻灯片呈现在用户面前的方式。PowerPoint 2010 提供了 5 种视图方式,其中常用的"普通视图""幻灯片浏览视图"和"阅读视图""幻灯片放映视图"可以通过单击 PowerPoint 窗口右下方的视图切换按钮进行切换(参考图 5-1);若要切换到备注页视图,需要单击"视图"选项卡,在功能区选择"备注页"按钮。

1.普通视图

普通视图是制作演示文稿的默认视图,也是最常用的视图方式,如图 5-1 所示,几乎所有编辑操作都可以在普通视图下进行。普通视图包括幻灯片编辑区、大纲窗格和备注窗格,拖动各窗格间的分隔边框,可以调节各窗格的大小。

2.幻灯片浏览视图

幻灯片浏览视图占据了整个 PowerPoint 文档窗口,如图 5-4 所示,演示文稿的所有幻灯片以缩略图方式显示,可以方便地完成以整张幻灯片为单位的操作,如复制、删除、移动、隐藏幻灯片、设置幻灯片切换效果等。这些操作只需要选中要编辑的幻灯片后右击,在弹出的快捷菜单中选择相应命令即可实现。幻灯片浏览视图不能针对幻灯片内部的具体对象进行操作,例如不能插入或编辑文字、图形,不能自定义动画。

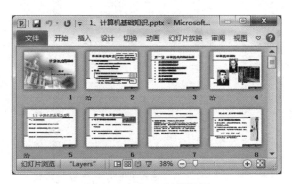

图 5-4　幻灯片浏览视图

3. 幻灯片放映视图

幻灯片放映视图模式下,幻灯片布满整个计算机屏幕,幻灯片的内容、动画效果等都体现出来,但是不能修改幻灯片的内容。放映过程中按 Esc 键可立刻退出放映视图。

在放映视图下右击,在快捷菜单中选择"指针选项"→"笔"命令,如图 5-5 所示,指针形状改变,切换成"绘画笔"形式,这时按住鼠标左键拖动鼠标可以在屏幕上写字、做标记(此项功能对演说者非常有用)。通过快捷菜单命令还可以设置墨迹颜色,也可以用"橡皮擦"命令擦除标记。退出放映视图模式时,系统会弹出对话框询问"是否保留墨迹注释"。

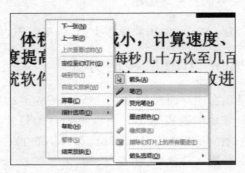

图 5-5　使用绘画笔

4. 备注页视图

备注页视图用于显示和编辑备注页内容,程序窗口没有对应的视图切换按钮,需要通过单击"视图"→"备注页"选项命令实现。备注页视图如图 5-6 所示,上方显示幻灯片,下方显示该幻灯片的备注信息。

图 5-6　备注页视图

5.2　PowerPoint 2010 演示文稿的制作

制作演示文稿的一般流程如下。

（1）创建一个新的演示文稿：毫无疑问，这是制作演示文稿的第一步；也可以打开已有的演示文稿，加以修改后另存为一个新的演示文稿。

（2）添加新幻灯片：一个演示文稿往往由若干张幻灯片组成，在制作过程中添加新幻灯片是经常进行的操作。

（3）编辑幻灯片内容：在幻灯片上输入必要的文本，插入相关图片、表格等媒体信息。

（4）美化、设计幻灯片：设置文本格式，调整幻灯片上各对象的位置，设计幻灯片的外观。

（5）放映演示文稿：设置放映时的动画效果，编排放映幻灯片的顺序，录制旁白，选择合适的放映方式，检验演示文稿的放映效果。如不满意则返回普通视图进行修改。

（6）保存演示文稿：没有保存则前功尽弃，为防止信息意外丢失，建议在制作过程中随时保存。

（7）将演示文稿打包：这一步并非必须，在需要时才操作。

【建议】　在制作演示文稿前应做好准备工作，例如构思文稿的主题、内容、结构、演说流程，收集好音乐、图片等素材。

5.2.1　创建演示文稿

单击程序窗口中的"文件"→"新建"命令，在右侧窗格选项面板中选择新建演示文稿的方式，如图 5-7 所示，创建方式主要有"空演示文稿""样本模板""主题"和"根据现有内容新建"，本书只介绍前两种。

图 5-7　新建演示文稿

1．根据模板创建演示文稿

PowerPoint 2010 为用户提供了模板功能,根据已有模板来创建演示文稿能自动快速形成每张幻灯片的外观,而且风格统一、色彩搭配合理、美观大方,能大大提高制作效率。

【例 5.1】　根据系统提供的模板创建演示文稿,取名为"都市映象",保存在 D 盘根目录下。

根据模板创建演示文稿的步骤如下。

(1) 启动 Microsoft PowerPoint 2010,选择"文件"→"新建"选项,在图 5-7 所示的窗口右侧窗格中单击"样本模板"图标。

(2) 如图 5-8 所示,在弹出的样本模板列表框中双击要应用的模板按钮,比如"都市相册",一个演示文稿就创建好了。PowerPoint 2010 内置的样本模板有"PowerPoint 2010 简介""都市相册""培训""项目状态报告"及"小测试报告"等。

图 5-8　选择应用模块

(3) 创建好的演示文稿如图 5-9 所示,系统自动生成了若干张幻灯片,单击左侧缩略图窗格中每张幻灯片对应的图标,在右侧编辑区根据个人需要修改相关内容即可,幻灯片的编辑将在后文讲述。

(4) 保存演示文稿,方法与 Word 文档类似,单击"文件"→"保存"命令,弹出"另存为"对话框,如图 5-10 所示,在"文件名"文本框中填入文件名"都市映象",再选择保存类型(这里不需要改动,因为保存类型默认为演示文稿类型),选择正确的保存位置(本例为 D 盘根目录下)后单击"保存"按钮。

2．新建空白演示文稿

启动 PowerPoint 2010 后,系统会自动新建一个名为"演示文稿 1"的空白演示文稿,且默认有一张标题幻灯片。用户也可以用图 5-7 所示方法来创建空演示文稿。

空白演示文稿的幻灯片没有任何背景图片和内容,给予用户最大的自由,用户可以根据个人喜好设计独具特色的幻灯片,可以更加精确地控制幻灯片的样式和内容,因此空白演示文稿具有更大的灵活性。

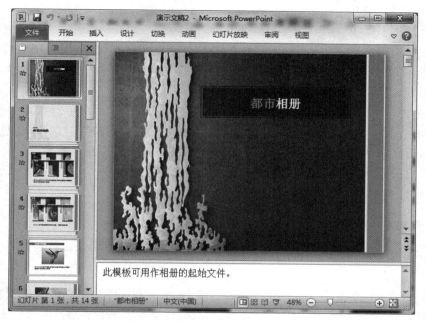

图 5-9　通过应用模板创建的演示文稿

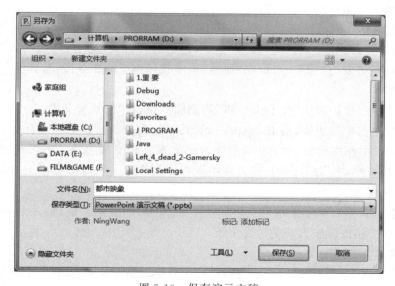

图 5-10　保存演示文稿

5.2.2　文本的输入与编辑

新建演示文稿之后,就可以在幻灯片中加入文字内容了。幻灯片一般是配合讲演者演说时播放用的,建议文字简明扼要、条理清晰、重点突出。文本的输入与编辑通常在普通视图下的幻灯片编辑区进行。

1. 输入文本

与 Word 不同的是,PowerPoint 不能直接在幻灯片上输入文字(用户可以将鼠标移动到幻灯片的不同区域观察鼠标指针的形状,当指针呈"I"字形时输入文字才有效),可以采取以下几种方法实现文本输入。

- 单击占位符,直接录入文字。所谓"占位符",即如图 5-11 所示幻灯片中的虚线框,里面一般包含提示语句,如"单击此处添加标题"。占位符是幻灯片中信息的主要载体,可以容纳文本、表格、图表、SmartArt 图形、图片、影片及声音等。
- 在幻灯片中插入"文本框",然后在文本框中输入文字。
- 在幻灯片中添加"形状"图形,然后在其中添加文字。

2. 编辑文本

PowerPoint 2010 设置文本格式的方法与 Word 操作类似。字形增设了"阴影"效果。

1) 改变位置

在 PowerPoint 2010 中文本的位置可以改变,方法是在文本区域内任意位置单击,呈现占位符边框,将鼠标指针移到占位符的边框上,当指针呈现十字箭头形状时按住鼠标左键拖动占位符到目标位置。选中占位符时,边框上方会出现绿色圆点,当鼠标指向它变成弧形的时候,这时可以拖动鼠标旋转占位符。

2) 设置段落格式

PowerPoint 2010 也可以设置"段落"格式,包括对齐方式、文字方向、项目符号和编号、行距等。切换到"开始"选项卡,可以在"段落"组中找到相应的命令按钮,如图 5-13 所示。

3) 删除文本

- 单击选中占位符边框,按 Delete 键,将删除占位符中的所有文本。
- 单击选中占位符边框,按 Backspace 键,将删除占位符及其中的所有文本。
- 与 Word 中操作类似,将光标定位于待删文本之后按 Backspace 键,或将光标定位于待删文本之前按 Delete 键,或者选中所有要删除的文本后按 Backspace 键或 Delete 键,即可删除文本。

【例 5.2】 以"空白演示文稿"方式新建名为"大学"的演示文稿,输入必要的标题文字后保存,该演示文稿以讲述大学生活为主题。

操作步骤如下。

(1) 启动 PowerPoint 2010,系统自动创建一个空白演示文稿,如图 5-1 所示。

(2) 输入文本:现在看到的幻灯片是演示文稿的首张幻灯片,叫作"标题幻灯片",单击上面的占位符,可以看到光标闪烁,如图 5-11 所示,输入演说的题目,比如"我的大学生活";然后单击下面的占位符,输入副标题文本"——演讲者:张三",效果如图 5-12 所示。

(3) 编辑文本:单击标题占位符的边框或者拖动鼠标选中文本"我的大学生活",然后设置字体格式,在"开始"功能区的"字体"组中可以选择恰当的字体、字号、颜色等,如图 5-13 所示;然后单击"字体"组的 S 标志"阴影"按钮,给文字添加阴影效果,使之更有立体感。

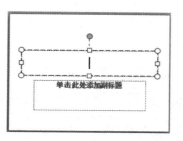

图 5-11　在占位符中输入文字

图 5-12　输入文字后的效果

图 5-13　字体组和段落组

（4）用类似的方法设置副标题格式，然后以"大学"为名保存，保存位置自定。

5.2.3　幻灯片的处理

1. 选择幻灯片

选择操作也叫选中操作，是对幻灯片进行各种编辑操作的第一步。

- 选择一张幻灯片：单击某张幻灯片，该幻灯片就会切换成当前幻灯片。
- 选择连续的多张幻灯片：先选中第一张幻灯片，再按住 Shift 键单击最后一张幻灯片。
- 选择不连续的多张幻灯片：按住 Ctrl 键单击各张待选幻灯片。

【注意】　一般而言，选择操作单击的是普通视图大纲窗格中的幻灯片缩略图或者幻灯片浏览视图中的幻灯片缩略图。

2. 添加新幻灯片

例 5.2 制作的演示文稿只包含一张幻灯片，添加更多的幻灯片才能展现丰富的内容。

【例 5.3】　为例 5.2 制作的演示文稿添加两张幻灯片。

插入新幻灯片之前，应该先确定插入的位置，插入后，新幻灯片会成为当前幻灯片。设置插入位置，既可以选中已有的某张幻灯片将新幻灯片出现在它后面，也可以单击两个幻灯片缩略图之间的灰白区域将新幻灯片放在两者之间。

插入新幻灯片的方法有以下几种。

- 在"开始"功能区的"幻灯片"组中单击"新建幻灯片"按钮，如图 5-14 所示。

【注意】　该按钮分为上下两部分，单击上部可直接新建一张幻灯片，单击下部文字部分则可以选择幻灯片的版式后完成新建。

图 5-14　幻灯片组

- 按 Ctrl+M 组合键。
- 右击缩略图窗格,在快捷菜单中选择"新建幻灯片"命令,如图 5-15 所示。
- 选中插入位置的前一张幻灯片,按 Enter 键。

插入两张幻灯片后的效果如图 5-16 所示,插入完毕后"保存"演示文稿即可。

图 5-15　在缩略图窗格用快捷菜单

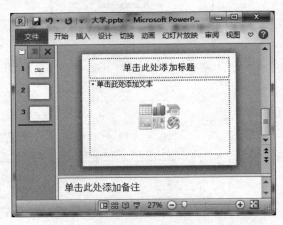

图 5-16　插入新幻灯片之后的效果图

3. 选择新建幻灯片的版式

版式即排版方式,PowerPoint 提供的版式大方适用,合理利用可以提高编排效率。

使用"开始"功能区的"新建幻灯片"命令按钮插入新幻灯片时,可以同时选择幻灯片的版式,单击"新建幻灯片"按钮下方的三角按钮,如图 5-17 所示,在弹出的下拉列表中可以选择需要的版式。

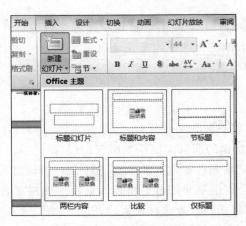

图 5-17　选择版式

4. 修改已有幻灯片的版式

对于已有的幻灯片,用户可以更改它的版式。

【例 5.4】　打开例 5.3 制作的演示文稿,在第二张幻灯片中添加文字内容,将最后一张幻灯片的版式改为"空白"型。

打开演示文稿后,按如下步骤进行操作。

(1) 在左侧的大纲窗格中单击编号为 2 的幻灯片缩略图,使第二张幻灯片成为当前幻灯片。

(2) 在幻灯片编辑区单击占位符,然后输入适当文字,先在上方占位符输入标题,再单击下面的占位符输入正文文本,按 Enter 键可分段,系统会自动给各段添加项目符号,如图 5-18 所示。

【提示】 在占位符输入文本时,系统会自动添加项目符号;用户也可以按喜好更改、取消项目符号。方法是选中目标文本,在"开始"功能区的"段落"组左上方找到"项目符号"命令按钮,单击它右边的三角按钮,在弹出的下拉列表中选择适当的符号即可,如图 5-19 所示。在"段落"组中还有"编号""降低列表级别""增加列表级别"等按钮。

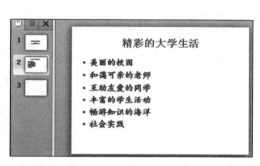

图 5-18　添加文本内容

图 5-19　更改项目符号

(3) 在大纲窗口单击最后一张幻灯片,使它成为当前幻灯片。

(4) 在第 3 张幻灯片的缩略图上右击(或者在编辑区的幻灯片空白处右击),弹出如图 5-20 所示的快捷菜单,选择"版式"→"空白"命令。

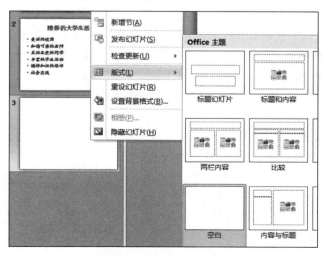

图 5-20　更改幻灯片版式

（5）至此，本例制作完成，选择"开始"→"保存"命令，保存演示文稿。

5. 删除幻灯片

如果要删除幻灯片，首先在左侧的缩略图窗格中选中待删幻灯片，然后在选中对象上右击，在弹出的快捷菜单中选择"删除幻灯片"命令即可；也可以选中待删幻灯片后直接按 Delete 键或 Backspace 键将其删除。

6. 移动/复制幻灯片

移动幻灯片，会改变幻灯片的位置，影响放映的先后顺序。移动幻灯片的方法有如下两种。

1）鼠标单击法

（1）选择要移动的幻灯片，可以是一张，也可以是多张。

【注意】 选中的应该是大纲窗格或者幻灯片浏览视图下的幻灯片缩略图。

（2）在选中的对象上右击，弹出快捷菜单，选择"剪切"命令。

（3）右击目标位置，弹出快捷菜单，选择"粘贴"命令。

2）直接拖动法

用鼠标直接拖动最快捷，选中幻灯片后直接按住左键将其拖动到目标位置。

复制幻灯片与移动操作类似，只需在使用菜单法时选择"复制"命令；使用鼠标拖动法时，同时按住 Ctrl 键。

5.2.4 插入多媒体信息

只有文本内容的幻灯片难免枯燥乏味，适当插入多媒体信息可以使幻灯片更加生动形象。

1. 插入艺术字、图片、形状、文本框

插入艺术字、图片、形状、文本框的方法与在 Word 中操作类似，在"插入"功能区可以找到相应按钮。

【例 5.5】 打开例 5.4 制作的"大学"演示文稿，将标题样式改为艺术字；给第二张幻灯片插入一张适当的剪贴画；给第三张幻灯片添加一个文本框，输入文字内容"请与我联系"，再插入艺术字"谢谢大家！"。

（1）添加艺术字。选中第一张幻灯片中的标题文本"我的大学生活"，在"插入"功能区的"文本"组中单击"艺术字"按钮，在弹出的列表中选择一种样式（如"填充-红色，强调文字颜色 2，暖色粗糙棱台"），艺术字即出现在幻灯片上（若之前没有选中文字，则此时需要输入文字内容）。添加艺术字后原来的文本标题仍然存在，将其删除（不删除也不会影响放映效果），最终效果如图 5-21 所示。

（2）编辑艺术字。对于艺术字，用户可以像编辑普

图 5-21 艺术字效果

通文本那样快速设置颜色、字体、大小；也可以对其属性进行更精确、详细的设置。例如要将艺术字定位于"水平 4.9 厘米，度量依据左上角；垂直 5.1 厘米，度量依据左上角"，方法是选中艺术字后右击，在弹出的快捷菜单中选择"设置形状格式"命令（参考图 5-22），在打开的对话框左侧单击"位置"选项，在右侧填入相关参数即可。

图 5-22　"设置形状格式"对话框

（3）插入剪贴画。在大纲窗格中单击第二张幻灯片的缩略图，使其成为当前幻灯片。在"插入"功能区的"图像"组中选择"剪贴画"命令，程序窗口右侧出现"剪贴画"任务窗格，如图 5-23 所示，单击"搜索"按钮，系统提供的剪贴画以缩略图的形式呈现在列表框中，单击合适的缩略，剪贴画就可以插入当前幻灯片中，然后适当调整大小和位置，效果如图 5-24 所示。

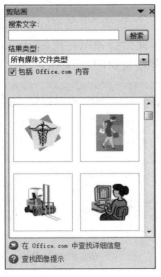

图 5-23　"剪贴画"任务窗格

图 5-24　插入剪贴画的效果

（4）在大纲窗格中单击第三张幻灯片，使其成为当前幻灯片。在"插入"功能区找到"文本"组中的"文本框"命令按钮，鼠标指针变为细十字形状时在幻灯片空白处单击或者拖动画出一个横向文本框，如图 5-25 所示，可以看到有光标在文本框内闪烁，直接输入文字"请与我联系"（若没有出现闪烁的光标，可右击文本框，在快捷菜单中选择"编辑文字"命令）。添加文字后在文字上方右击，在弹出的快捷工具标栏里单击"居中"按钮，使文字居中对齐；然后调整文字格式与文本框的填充色，使之更具立体效果，如图 5-26 所示。

（5）参照本例第一步操作插入艺术字"谢谢大家"，效果如图 5-26 所示。

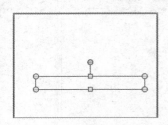

图 5-25　插入文本框

图 5-26　文本框及艺术字效果

（6）选择"文件"→"保存"命令，保存演示文稿。

2．插入表格

在"插入"功能区单击"表格"按钮，弹出下拉列表框，选择不同的方式插入表格，方法同 Word 中操作一样。

3．插入图表

图表是数字类信息以图形的方式呈现，可以更直观表达数字的意义。

操作步骤如下：

（1）在"插入"功能区单击"图表"按钮，或者利用包含"图表"占位符的幻灯片插入图表。

（2）在弹出的图表选择对话框中选择合适的图表，此时会弹出对应的 Excel 表格。

（3）设置表格中相应的项目和数值最后形成最终图表，如图 5-27 所示。

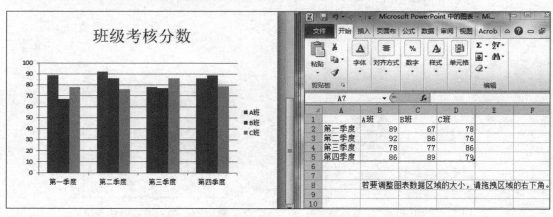

图 5-27　形成图表效果图

4. 插入 SmartArt 图形

SmartArt 图形是信息和观点的视觉表示形式,它能将信息以"专业设计师"水准的插图形式展示出来,能更加快速、轻松、有效地传达信息。

插入 SmartArt 图形的步骤如下。

(1)在"插入"功能区的"插图"组中单击 SmartArt 命令按钮,弹出"选择 SmartArt 图形"对话框,如图 5-28 所示。

(2)根据要表达的信息内容选择合适的布局,例如要表达一个循环的食物链,选择"循环"选项界面中的"文本循环"样式,再单击"确定"按钮,效果如图 5-29 所示。

(3)单击文本占位符,然后输入文字,最终效果参考图 5-30。

(4)当 SmartArt 图形处于编辑状态时,窗口上方会出现"SmartArt 工具"选项卡,在"设计"或"格式"功能区可以进一步编辑美化图形。

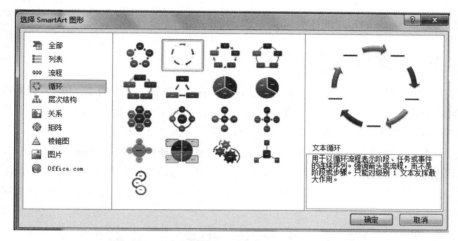

图 5-28 "选择 SmartArt 图形"对话框

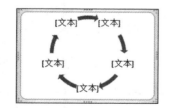

图 5-29 插入的 SmartArt 图形

图 5-30 SmartArt 图形的效果

5. 插入声音和影片文件

PowerPoint 2010 支持插入 MP3、WMA、MIDI、WAV 等多种格式的声音文件。这里以插入文件中的声音为例,操作步骤如下。

(1)在"插入"功能区单击"媒体"组中的"音频"命令按钮下的三角按钮,在下拉列表中选择音频的来源(如"文件中的音频")。

（2）在对话框中找到存放声音文件的位置，选中要插入的声音文件后单击"确定"按钮。

（3）幻灯片上出现"小喇叭"图标，如图 5-31 所示，单击小喇叭出现插入控制条，用户可以单击播放按钮试听插入的音乐。

（4）进一步设置插放方式。"小喇叭"处于选中状态时，窗口上方会多出一个"音频工具"选项卡，如图 5-32 所示，在"格式"功能区可以更改小喇叭的样貌，单击"播放"可以设置音乐的播放方式。

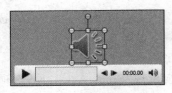

图 5-31　"小喇叭"图标

图 5-32　"音频工具"选项卡

插入影片的方法与插入声音的方法类似，这里不再赘述。

5.2.5　设置幻灯片的背景

以"空白演示文稿"方式新建的演示文稿内所有幻灯片均没有背景，用户可以根据需要自行添加或更改。既可以设置同一演示文稿的所有幻灯片具有统一的背景，也可以让不同幻灯片拥有不同背景。下面通过实例介绍为幻灯片添加背景的方法。

【例 5.6】　为例 5.5 制作的演示文稿的各张幻灯片分别配上不同的背景。

要为幻灯片添加背景，首先要将待添加背景的幻灯片切换为当前幻灯片，然后在幻灯片空白处右击，在快捷菜单中选择"设置背景格式"命令，在弹出的对话框中进行一系列设置即可，如图 5-33 所示。

图 5-33　设置背景格式

- 以文件图片为第一张幻灯片的背景：在"设置背景格式"对话框左侧窗格选择"填充"项，在右侧选中"图片和纹理填充"单击按钮，再单击"文件"按钮。弹出"插入"对话框，找到并选中要当作背景的图片（建议用户事先准备好图片），单击"插入"按钮回到对话框，然后单击"关闭"按钮，效果如图 5-34 所示。若单击"全部应用"按钮，则演示文稿中的所有幻灯片都会以此图片为背景。

图 5-34　图片背景效果

- 用"渐变色"作为第二张幻灯片的背景。渐变色也叫渐近色，在"设置背景格式"对话框左侧窗格选择"渐变填充"选项，然后在右侧单击"预设颜色"下拉按钮，在下拉列表中选择一种颜色，如"麦浪滚滚"。用户还可以在对话框中进一步设置颜色、亮度、透明度等。

- 使用"纹理"作为第三张幻灯片的背景。在"设置背景格式"对话框左侧窗格选择"填充"选项，然后在右侧单击"纹理"下拉按钮，在下拉列表中选择合适的纹理样式（如"花束"），最后单击"关闭"按钮。

5.3　放映幻灯片

放映幻灯片是制作幻灯片的最终目标，在幻灯片放映视图下才可以放映幻灯片。

5.3.1　幻灯片放映操作

1. 启动放映与结束放映

放映幻灯片的方法有以下几种。

- 单击"幻灯片放映"选项卡，选择"开始放映幻灯片"组中的"从头开始"命令按钮，即可从第一张幻灯片开始放映；单击"从当前幻灯片开始"命令按钮，可以从当前幻灯片开始放映。

- 单击窗口右下方的"幻灯片放映"按钮，从当前幻灯片开始放映。

- 按 F5 组合键，从第一张幻灯片开始放映。

- 按 Shift+F5 组合键，从当前幻灯片开始放映。

放映时幻灯片时，幻灯片会占满整个计算机屏幕，在屏幕上右击，弹出的快捷菜单中有一系列命令可以实现幻灯片翻页、定位、结束放映等功能，单击屏幕左下方的 4 个透明按钮也能实现对应功能。为了不影响放映效果，建议演说者使用以下常用功能快捷键。

- 切换到下一张（触发下一对象）：单击，或者按 ↓ 键、→ 键、PageDown 键、Enter 键、Space 键之一，或者向后拨鼠标滚轮。

- 切换到上一张（回到上一步）：按 ↑ 键、← 键、PageUp 键或 Backspace 键皆可，或者向前拨鼠标滚轮。

- 鼠标功能转换：按 Ctrl+P 组合键转换成"绘画笔"，此时可按住鼠标左键在屏幕上勾画做标记；按 Ctrl+A 组合键可还原成普通指针状态。

- 结束放映：按 Esc 键。

在默认状态，放映演示文稿时，幻灯片将按序号顺序播放，直到最后一张，然后计算机黑屏，退出放映状态。

2. 设置放映方式

用户可以根据不同需要设置演示文稿的放映方式，单击"幻灯片放映"功能区中的"设置放映方式"命令按钮，弹出对话框，如图 5-35 所示，可以设置放映类型、需要放映的幻灯片的范围等。其中，"放映选项"组中的"循环放映"，按 Esc 键终止适合于无人控制的展台、广告等幻灯片放映，能实现演示文稿反复循环播放，直到按 Esc 键终止。

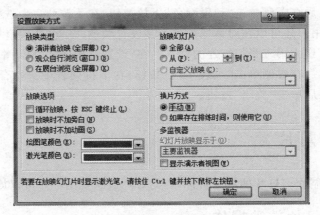

图 5-35　设置放映方式

PowerPoint 2010 有如下三种放映类型可供选择。

1）演讲者放映

演讲者放映是默认的放映类型，是一种灵活的放映方式，以全屏幕的形式显示幻灯片。演说者可以控制整个放映过程，也可用"绘画笔"勾画，适用于演说者一边讲解一边放映（如会议、课堂等）的场合。

2）观众自行浏览

该方式以窗口的形式显示幻灯片，观众可以利用菜单自行浏览、打印，适用于终端服务设备且同时被少数人使用的场合。

3）在展台浏览

该方式以全屏幕的形式显示幻灯片。放映时，键盘和鼠标的功能失效，只保留鼠标指针最基本的指示功能，因而不能现场控制放映过程，需要预先将换片方式设为自动方式或者通过"幻灯片放映"功能区"排练计时"命令按钮设置时间和次序。该方式适用于无人看守的展台。

图 5-35 中右下角有多监视器栏，当计算机连接有外部投影等多个监视器时，选择将幻灯片放映显示于第二监视器（即外部投影），勾选显示演示者视图，即可在另一个监视器（计算机）上显示演示者视图。该视图不仅包含本页幻灯片，还显示所有幻灯片的预览、演讲者备注、计时器等。会议汇报时十分方便。

3. 隐藏幻灯片

如果希望某些幻灯片在放映时不显示，却又不想删除它，可以将它们"隐藏"起来。

要隐藏幻灯片的方法是：选中需要隐藏的幻灯片缩略图，右击，在快捷菜单中选择"隐藏幻灯片"命令；或者单击"幻灯片放映"功能区中的"隐藏幻灯片"命令按钮。

若要取消幻灯片的隐藏属性，按照上述操作步骤再做一次即可。

5.3.2　设置幻灯片的切换效果

幻灯片的切换效果是指放映演示文稿时从上一张幻灯片切换到下一张幻灯片的过渡效果。为幻灯片间的切换加上动画效果，会使放映更加生动自然。

下面通过实例说明设置幻灯片切换效果的步骤。

【例 5.7】　打开例 5.6 制作的演示文稿，为各幻灯片添加切换效果，各幻灯片每隔 5 秒自动切换。然后将文件更名为"大学 1.pptx"进行保存。

在添加幻灯片切换效果之前，建议先将演示文稿以默认的演讲者放映方式放映一次，以便体会添加切换效果之后的不同之处。

（1）选中要设置切换效果的幻灯片。

（2）切换到"切换"选项卡，功能区出现设置幻灯片切换效果的各项命令，如图 5-36 所示。

图 5-36　设置幻灯片切换效果命令按钮

（3）选择切换动画。例如需要"覆盖"效果，可在"切换到此幻灯片"组中单击"覆盖"命令按钮，列表框右侧有向上、向下的三角按钮，单击它们可以看见更多的效果选项。这里设置的切换效果只针对当前幻灯片。

（4）在"计时"组中设置切换"持续时间""声音"等效果。持续时间会影响动画播放速度，在"声音"下拉列表中可以选择幻灯片切换时出现的声音。

（5）在"计时"组中设置"换片方式"，默认为"单击鼠标时"，即单击鼠标时会切换到下一张幻灯片，这里按题目要求，勾选"设置自动换片时间"复选框，然后单击数字框的向上按钮，调整时间为 5 秒。

（6）选择应用范围。单击"全部应用"按钮，使自动换片方式应用于演示文稿中的所有幻灯片；若不单击该按钮，则仅应用于当前幻灯片。

（7）设置完毕后建议读者将演示文稿再放映一次，体会幻灯片的切换效果。

（8）本例的演示文稿需要更名另外保存，选择"文件"→"另存为"命令，弹出"另存为"对话框，将文件名更改为"大学 1"，文件类型不变，单击"保存"按钮即可。

【提示】　若要取消幻灯片的切换效果，选中该幻灯片，在"幻灯片切换方案"下拉列表中选择"无"选项即可。

5.3.3　设置幻灯片中各对象的动画效果

一张幻灯片中可以包含文本、图片等多个对象,可以为它们添加动画效果,包括进入动画、退出动画、强调动画;还可以设置动画的动作路径,编排各对象动画的顺序。

设置动画效果一般在普通视图模式下进行,动画效果只有在幻灯片放映视图或阅览视图模式下有效。

1．添加动画效果

要为对象设置动画效果,应先选择对象,然后在"动画"功能区进行各种设置。可以设置的动画效果有如下几类。

- "进入"效果:设置对象以怎样的动画效果出现在屏幕上。
- "强调"效果:对象将在屏幕上展示一次设置的动画效果
- "退出"效果:对象将以设置的动画效果退出屏幕。
- "动作路径":放映时对象将按设置好的路径运动,路径可以采用系统提供的,也可以自己绘制。

【例 5.8】　打开例 5.7 制作的"大学 1.pptx"演示文稿,为各张幻灯片中的对象添加动画效果,设置第一张幻灯片的动画在单击鼠标时开始播放,第二张幻灯片的动画延时 1 秒自动播放,然后将文件另存为"大学 2.pptx"。

(1) 先为第一张幻灯片上的两个对象设置动画效果。单击选中艺术字对象"我的大学生活",在"动画"功能区的"动画"组中单击"浮入"按钮,如图 5-37 所示,然后单击右侧的"效果选项"按钮,选择动画的方向为"下浮"。

图 5-37　"动画"组中的动画列表框

(2) 选中副标题,为它设置"强调"动画。单击动画列表框右侧的下拉按钮(图 5-37 中圈示标记处),可以展开更多动画效果选项,如图 5-38 所示,单击"强调"栏中的"跷跷板"按钮。

(3) 切换第二张幻灯片为当前幻灯片,为各对象设置"进入"动画。先选中标题,单击动画的"擦除"按钮;再设置动画进入方式为延时 1 秒自动播放,如图 5-39 所示,在"计时"组的"开始"下拉列表中选择"上一动画之后"选项(如果不选择,默认为"单击时",例如第一张幻灯片动画设置就是默认),然后在"延迟"微调框中设置时间为 1 秒。

(4) 选中幻灯片中的剪贴画,在"高级动画"中单击"添加动画"按钮,在下拉列表中选择"更多进入效果"选项,弹出的对话框中有更丰富的效果选项,这里选择"华丽型"→"玩具风车"。然后仿照步骤(3)的操作,将该剪贴画进入的动画也设置为延时 1 秒自动播放。

(5) 设置第二张幻灯片中正文文本的动画效果为"浮入",延时 1 秒自动播放。方法与

图 5-38　动画效果列表框

前述步骤类似,唯一特别的是,对于这种有多段文字的对象,可以单击"效果选项"按钮,在下拉列表中选择是以整个对象为单位,还是以一个段落为单位来演绎动画,如图 5-40 所示。

图 5-39　动画"计时"组　　　　　　图 5-40　效果选项

　　(6)本例动画设置完毕后按 F5 键放映演示文稿,体验动画效果(第三张幻灯片没有设置对象的动画效果,请注意感受它与前两张幻灯片放映时的区别),然后选择"文件"→"另存为"命令,将文件按要求保存。

2.编辑动画效果

　　如果对动画效果不满意,还可以重新编辑。

1)调整动画的播放顺序

设有动画效果的对象前面具有动画顺序标志,如 0、1、2、3 这样的数字,表示该动画出现的顺序,选中某动画对象,单击"计时"组的"向前移动"或"向后移动"按钮,就可以改变动画播放顺序。

另一个方法是在"高级动画"组中单击"动画窗格"按钮,窗口右侧出现任务窗格,在其中进行相应设置,这种界面类似于 PowerPoint 2003 的设置方法。

2) 更改动画效果

选中动画对象,在"动画"组的列表框中另选一种动画效果即可。

【注意】　不要选成"高级动画"组中的"添加动画"。

3) 删除动画效果

选中对象的动画顺序标志,按 Delete 键,或者在动画列表中选择"无"即可。

5.3.4　超级链接的设置

应用超链接可以为两个位置不相邻的对象建立连接关系。超链接必须选定某一对象作为链接点,当该对象满足指定条件时触发超链接,从而引出作为链接目标的另一对象。触发条件一般为鼠标单击或鼠标移过链接点。

适当采用超链接,会使演示文稿的控制流程更具逻辑性,使其功能更加丰富。PowerPoint 可以选定幻灯片上的任意对象作为链接点,链接目标可以是本文档中的某张幻灯片,也可以是其他文件,还可以是电子邮箱或者某个网页。

设置了超链接的文本会出现下画线标志,并且变成系统指定的颜色,可以通过一系列设置改变,方法在本章第 5.5 节介绍。

PowerPoint 2010 可以使用超链接命令和使用动作设置两种方法创建超链接。

1. 使用超链接命令

【例 5.9】　打开例 5.8 制作的演示文稿"大学 2.pptx",在第三张幻灯片上插入超链接,使得单击"请与我联系"文本时可以发送邮件至演讲者张三的邮箱(zhangsan@163.com),最后将文件另存为"大学 3.pptx"。

(1) 选中链接点。本例是将文字"请与我联系"作为链接点,选中文字后在"插入"功能区的"链接"组中单击"超链接"命令按钮,如图 5-41 所示。

图 5-41　"链接"组

(2) 在弹出的"插入超链接"对话框中设置链接目标,如图 5-42 所示。如果要链接到某个文件或网页,则选择"现有文件或网页"选项,然后导航至所需要的文件或者在"地址"文本框中直接输入 URL 地址;如果要链接到本文档中的某张幻灯片,则选择"本文档中的位置"选项,然后在列表框中选择希望链接到的幻灯片;若要链接到某个新文件,则选择"新建文档"选项;本例要求链接到邮箱,单击左下角的"电子邮件地址"选项。

(3) 设置链接的细节。如图 5-43 所示,输入电子邮件地址 zhangsan@163.com(系统将自动在前面加"mailto:",请勿删除);输入邮件的主题,如"交个朋友吧!"。单击"屏幕提示"按钮,可以在对话框中输入提示文本,放映时,当鼠标指针移动到链接点上时将出现这些提示文本。

图 5-42　选择链接目标

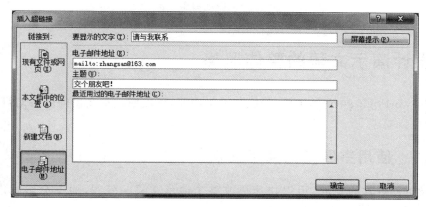

图 5-43　链接到邮箱

（4）设置完成后单击"确定"按钮关闭对话框，可以看到文本"请与我联系"下方出现了下画线。

（5）选择"文件"→"另存为"命令，按要求更名为"大学 3"保存。

超链接在演示文稿放映时才会生效。按 Shift＋F5 组合键放映当前幻灯片，可以看到鼠标指针移至链接点文本"请与我联系"上时，指针形状变为"手"状，这是超链接的标志，单击即可触发链接目标，系统会自动启动收发邮件的软件 Microsoft Outlook。

2．使用"动作设置"对话框

【例 5.10】　在例 5.9 的基础上为第三张幻灯片上的艺术字"谢谢大家"添加一个动作，使得鼠标指针移过它时发出"掌声"。

（1）选中艺术字"谢谢大家"，选择"插入"→"动作"命令。

（2）弹出"动作设置"对话框，如图 5-44 所示，切换到"鼠标移过"选项卡，勾选"播放声音"复选框，在下拉列表中，选择"鼓掌"选项，单击"确定"按钮。可以发现，"谢谢大家"文字下面出现了下画线，这是超链接的标志。

（3）放映幻灯片体验效果，然后保存演示文稿。

图 5-44　添加动作按钮

5.4　设计演示文稿的整体风格

使用 PowerPoint 2010 的主题、母版和模板功能，可以使演示文稿内的各幻灯片格调一致，独具特色。

5.4.1　使用主题修饰演示文稿

通过设置幻灯片的主题，可以快速更改整个演示文稿的外观，而不会影响内容，就像 QQ 空间的"换肤"功能一样。

打开演示文稿，在"设计"功能区的"主题"组中选择需要的样式，如图 5-45 所示，还可以在列表框右侧另选"颜色""字体""效果"。

在幻灯片中设置了超链接的文本下方会出现下画线，并且颜色会变成指定颜色。如果想更改超链接的颜色怎么办呢？这就需要重新编辑幻灯片的配色方案、更改主题颜色。方法如下。

（1）单击"设计"功能区"主题"组中的"颜色"按钮，出现下拉列表如图 5-46 所示，在列表中选择一种喜欢的配色方案。

图 5-45　为幻灯片选择"主题"

图 5-46　选择主题颜色

（2）如果对系统提供的方案不满意，用户可以自己配置，单击"新建主题颜色"选项，弹出对话框，如图5-47所示。

（3）单击"超链接"项右边的三角按钮，在弹出的颜色列表中选择需要的颜色。

图5-47　配置主题颜色

5.4.2　设计、使用幻灯片母版

母版用于设置演示文稿中幻灯片的默认格式，包括每张幻灯片的标题、正文的字体格式和位置、项目符号的样式、背景设计等。母版有"幻灯片母版""讲义母版""备注母版"，本书只介绍常用的"幻灯片母版"。单击"视图"功能区"母版版式"组中的"幻灯片母版"命令按钮，就可以进入幻灯片母版编辑环境，如图5-48所示，母版视图不会显示幻灯片的具体内容，只显示版式及占位符。

幻灯片母版的常用功能如下。

- 预设各级项目符号和字体：按照母版上的提示文本单击标题或正文各级项目所在位置，可以配置字体格式和项目符号，设置的格式将成为本演示文稿每张幻灯片上文本的默认格式。

【注意】　占位符标题和文本只用于设置样式，内容则需要在普通视图下另行输入。

- 调整或插入占位符：单击占位符边框，鼠标移到边框线上变成"十"字形状时按住左键拖动可以改变占位符的位置；单击"视图"功能区"母版版式"组中的"插入占位符"命令，如图5-49所示，在下拉列表中选择需要的占位符样式（此时鼠标变成细十字形），然后拖动鼠标在母版幻灯片上绘制占位符。

- 插入标志性图案或文字（例如插入某公司的logo）：在母版上插入的对象（如图片、文本框）将会在每张幻灯片上的相同位置显示出来。在普通视图下，这些插入的对象不能删除、移动、修改。

图 5-48　幻灯片母版

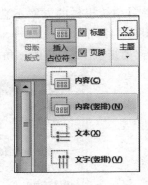

图 5-49　插入占位符

- 设置背景：设置的母版背景会在每张幻灯片上生效。设置的方法和普通视图下设置幻灯片背景的方法相同。
- 设置页脚、日期、幻灯片编号：幻灯片母版下面有 3 个区域，分别是日期区、页脚区、数字区，单击它们可以设置对应项的格式，也可以拖动它们改变位置。

要退出母版编辑状态，可以单击"视图"功能区的"关闭母版视图"按钮。

5.4.3　创建自己的模板

除了应用系统提供的模板，用户还可以自己创建模板文件。

创建模板最快捷的方法是将已有模板按实际需要改动，然后选择"文件"→"另存为"命令，将文件以"PowerPoint 模板"类型保存。PowerPoint 模板文件的扩展名是".potx"，模板的默认保存位置是工作文件夹下的 Templates 文件夹。

需要使用自己的模板时，选择"文件"→"新建"命令，在弹出的面板中选择"我的模板"项，在弹出的对话框中选择需要的模板文件即可。

目前网络上有很多免费提供的精美的 PowerPoint 模板资源，用户也可以下载后存放于电脑上，方便以后创建演示文稿时使用。

5.5　PowerPoint 的其他操作

5.5.1　录制幻灯片演示

录制幻灯片演示是 PointPoint 2010 的一项新功能，它可以记录幻灯片的放映效果，包括用户使用鼠标、绘画笔、麦克风的痕迹。录好的幻灯片完全可以脱离演讲者来放映。方法如下：

（1）单击"幻灯片放映"选项卡，在"设置"组勾选"播放旁白""使用计时""显示媒体控件"选项，再单击"录制幻灯片演示"命令，如图 5-50 所示，选择"从头开始录制"或者"从当前幻灯片开始录制"选项。

（2）在弹出"录制幻灯片演示"的对话框中点击"开始录制"按钮。

（3）幻灯片进入放映状态，开始录制。注意：如果要录制旁白，需要提前准备好麦克风。

（4）如果对录制效果不满意，可以在"录制幻灯片演示"按钮处选择"清除"计时或旁白，重新录制。

（5）保存为视频文件，单击"文件"→"保存并发送"→"创建视频"选项，在右侧面板中设置视频参数（视频的分辨率、是否使用录制时的旁白），单击"创建视频"按钮，如图5-51所示。最后，在弹出的"保存"对话框中选择视频的存放路径。

图 5-50　创建讲义

图 5-51　选择讲义的版式

5.5.2　将演示文稿创建为讲义

演示文稿可以被创建为讲义，保存为Word文档格式。创建方法如下。

（1）选择"文件"→"保存并发送"命令，在"文件类型"栏中选择"创建讲义"选项，如图5-52所示。

（2）单击右侧的"创建讲义"命令按钮。

（3）弹出如图5-53所示的对话框，选择创建讲义的版式，单击"确定"按钮。

图 5-52　创建讲义

图 5-53　选择讲义的版式

（4）系统自动打开 Word 程序，并将演示文稿内容转换至其中，用户可以直接保存该 Word 文档，或者再作适当编辑。

从图 5-52 所示的选项面板中可以看出，PowerPoint 2010 还提供了多种共享演示文稿的方式，如"广播幻灯片""创建 PDF/XPS 文档"等。

5.5.3 打印演示文稿

将演示文稿打印出来，不仅方便演讲者，也可以发给听众以供交流。

选择"文件"→"打印"命令，如图 5-54 所示，在选项面板中设置好打印信息，例如打印份数、打印机、要打印的幻灯片范围以及每页纸打印的幻灯片张数等。

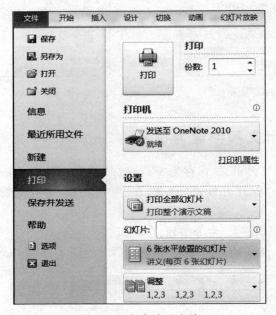

图 5-54 打印演示文稿

5.5.4 将演示文稿打包

如果要在其他电脑上放映制作完成的演示文稿，可以有 3 种途径。

1. PPTX 形式

通常演示文稿是以.pptx 类型保存的，将它复制到其他电脑上，双击打开后，即可人工控制进入放映视图。这种方式的好处是可以随时修改演示文稿。

2. PPSX 形式

将演示文稿另存为 PowerPoint 放映类型（扩展名.ppsx），再将该 PPSX 文件复制到其他电脑上，双击该文件可立即放映演示文稿。

3. 打包成 CD 或文件夹

PPTX 形式和 PPSX 形式要求放映演示文稿的电脑安装 Microsoft Office PowerPoint 软件,如果演示文稿中包含指向其他文件(如声音、影片、图片)的链接,还应该将这些资源文件同时复制到电脑的对应目录下,这操作起来比较麻烦。在这种情况下建议将演示文稿"打包成 CD"。

"打包成 CD"功能能更有效地发布演示文稿,可以直接将放映演示文稿所需要的全部资源打包,刻录成 CD 或者打包到文件夹。

【例 5.11】　将例 5.10 制作完成的名为"大学 3"的演示文稿打包到文件夹。

(1)打开演示文稿,选择"文件"→"保存并发送"命令。

(2)在右侧窗格选择"将演示文稿打包成 CD"选项,再单击右侧的"打包成 CD"命令按钮。

(3)弹出如图 5-55 所示的对话框,可以更改 CD 的名字,如果还要将其他演示文稿包含进来,可单击"添加"按钮,本例不用这一步。

(4)单击"复制到文件夹"按钮,弹出如图 5-56 所示的对话框。如果需要将演示文稿打包到 CD,则单击"复制到 CD"按钮。

(5)单击"浏览"按钮,选择文件夹的保存位置。

(6)单击"确定"按钮关闭对话框完成操作。

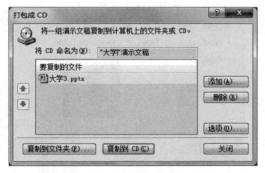

图 5-55　打包演示文稿 I

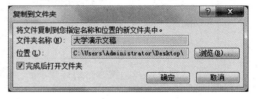

图 5-56　打包演示文稿 II

打包的文件夹中包含放映演示文稿的所有资源,包括演示文稿、链接文件和 PowerPoint 播放器等,在保存位置找到它,将该文件夹复制到其他电脑上,即使其他电脑没有安装 PowerPoint 软件也仍然可以正常放映。

习题 5

1. 按下列要求创建演示文稿,并以"CRH.pptx"保存。所需文字和图片素材文件均保存在"第 5 章素材库\习题 5\习题 5.1"文件夹下。

(1)创建含有 4 张幻灯片的演示文稿。

版式和内容如下:

第 1 张幻灯片：版式为"标题幻灯片"；主标题为"国产动车"；副标题为"科普宣传"如图 P5-1-1 所示。

第 2 张幻灯片：版式为"标题和内容"；标题和正文内容参考图 P5-1-2。

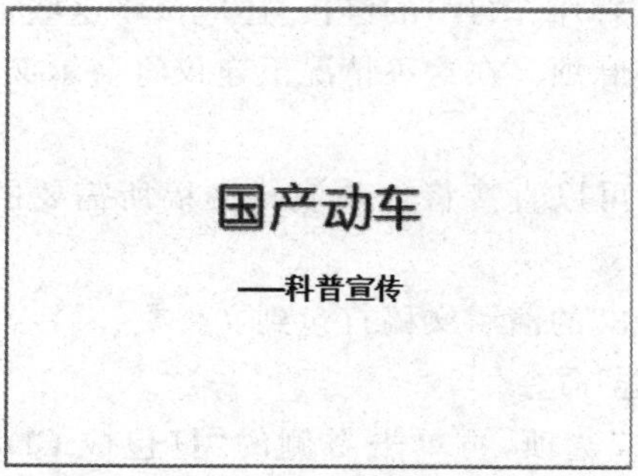

国产动车

——科普宣传

图 P5-1-1　第 1 张幻灯片

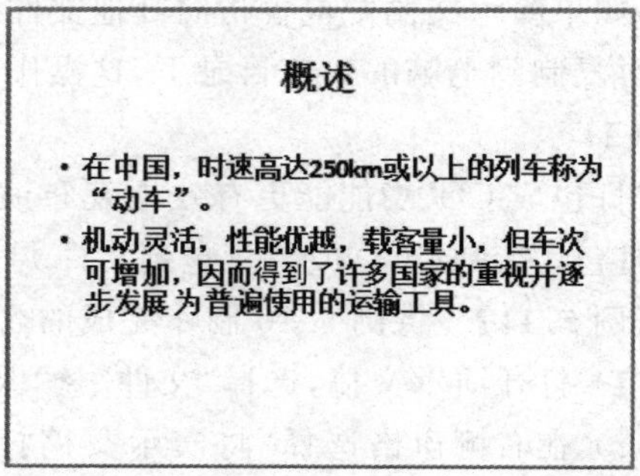

概述

· 在中国，时速高达250km或以上的列车称为"动车"。

· 机动灵活，性能优越，载客量小，但车次可增加，因而得到了许多国家的重视并逐步发展为普遍使用的运输工具。

图 P5-1-2　第 2 张幻灯片

第 3 张幻灯片：版式为"内容与标题"；标题和正文内容参考图 P5-1-3，在右侧插入一幅来自文件的图片。

第 4 张幻灯片：版式为"标题和内容"；标题和正文内容参考图 P5-1-4，在右下方插入一幅剪贴画。

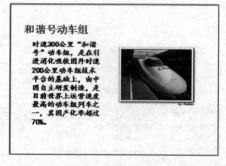

和谐号动车组

时速300公里"和谐号"动车组，是在引进消化吸收国外时速200公里动车组技术平台的基础上，由中国自主研发制造，是目前世界上运营速度最高的动车组列车之一，其国产化率超过70%。

图 P5-1-3　第 3 张幻灯片

中国的动车型号

· CRH1、CRH2、CRH3、CRH5

· CRH380A、CRH380B、CEH380C、CRH380D

· CRH6

图 P5-1-4　第 4 张幻灯片

（2）使用"视点"主题修饰演示文稿，所有幻灯片采用"推进"切换效果，效果选项为"自右侧"。

（3）字体、段落格式的设置，具体如下：

第 1 张幻灯片：主标题文字为加粗加阴影的 72 磅幼圆深红色字体，副标题文字加粗黑色 32 磅仿宋。

第 2 张幻灯片：所有文字内容加粗，正文各段的段前间距 18 榜，1.5 倍行距。

第 3 张幻灯片：标题文字 36 磅，红色（用自定义选项卡的红色 255、绿色 45、蓝色 45），正文文字为楷体 26 磅，并加"点虚线"下画线。

第 4 张幻灯片：所有文字内容加粗，正文各段的段前间距为 20 磅。

（4）背景设置：第 3 张幻灯片的背景设置为"蓝色面巾纸"纹理，并隐藏主题的背景图形。

（5）版式：更改第 2 张幻灯片的版式为"垂直排列标题与文本"。

（6）动画设置，具体如下：

第1张幻灯片：主标题动画为"飞入""自左侧"，持续时间1.5秒；副标题动画为"形状"，效果选项为"加号""放大"，自上一动画后延时0.5秒自动播放；动画顺序是先主标题后副标题。

第2张幻灯片：正文动画为"百叶窗"，效果为"垂直""按段落"。

（7）超链接：为第4张幻灯片上的文字"CRH2"设置超链接，使得单击它可以链接到第3张幻灯片。

（8）为第4张幻灯片上的剪贴画指定位置：水平15.1厘米，度量依据为左上角，垂直10.2厘米，度量依据为左上角。

（9）设置幻灯片的放映类型为"观众自行浏览"。

2．进入"第5章素材库\习题5\习题5.2"文件夹，并按照题目要求完成下面的操作。

为进一步提升北京旅游行业整体队伍素质，打造高水平、懂业务的旅游景区建设与管理队伍，北京旅游局将为工作人员进行一次业务培训，主要围绕"北京主要景点"进行介绍，包括文字、图片、音频等内容。请根据习题5.2文件夹下的素材文档"北京主要景点介绍—文字.docx"，帮助主管人员完成制作任务，具体要求如下。

（1）新建一份演示文稿，并以"北京主要旅游景点介绍.pptx"为文件名保存到习题5.2文件夹下。

（2）第一张标题幻灯片中的标题设置为"北京主要旅游景点介绍"，副标题为"历史与现代的完美结合"。

（3）在第一张幻灯片中插入歌曲"北京欢迎你.mp3"，设置为自动播放，并设置声音图标在放映时隐藏。歌曲素材已存放于习题5.2文件夹下。

（4）第二张幻灯片的版式为"标题和内容"，标题为"北京主要景点"，在文本区域中以项目符号列表方式依次添加下列内容：天安门、故宫博物院、八达岭长城、颐和园、鸟巢。

（5）自第三张幻灯片开始按照天安门、故宫博物院、八达岭长城、颐和园、鸟巢的顺序依次介绍北京各主要景点，相应的文字素材"北京主要景点介绍—文字.docx"以及图片文件均存放于习题5.2文件夹下，要求每个景点介绍占用一张幻灯片。

（6）最后一张幻灯片的版式设置为"空白"，并插入艺术字"谢谢"。

（7）将第二张幻灯片列表中的内容分别超链接到后面对应的幻灯片并添加返回到第二张幻灯片的动作按钮。

（8）为演示文稿选择一种设计主题，要求字体和整体布局合理、色调统一，为每张幻灯片设置不同的幻灯片切换效果以及文字和图片的动画效果。

（9）除标题幻灯片外，其他幻灯片的页脚均包含幻灯片编号、日期和时间。

（10）设置演示文稿放映方式为"循环放映，按Esc键终止"，换片方式为"手动"。

数据库技术基础

数据库技术是数据管理的最新技术,是计算机科学的重要分支。目前,计算机应用系统和信息系统绝大多数都以数据库为基础和核心。

Access 2010 是微软公司的 Microsoft Office 2010 办公软件中的重要组成部分,是一个中小型的数据库管理系统,具有系统小、功能强和使用方便等优点。利用它可以方便地实现信息数据的保存、维护、查询、统计、打印、交流和发布,而且它可以十分方便地与 Office 2010 其他组件"交流"数据。现在它已经成为世界上最流行的桌面数据库管理系统。

学习目标:

- 理解数据库的基础知识。
- 掌握在 Access 2010 中创建数据库的方法。
- 掌握在 Access 2010 中创建表的方法。
- 了解在 Access 2010 中创建查询的方法。

6.1 数据库概述

6.1.1 数据库的基本概念

1. 数据库

数据库(database,DB)是长期存储在计算机内、有结构的、可共享的大量数据的集合。数据库存放数据是按预先设计的数据模型存放的,它能够构造复杂的数据结构,从而建立数据间内在的联系。例如图 6-1 所示的学生课程数据库,它包含了 3 张基本表,即"学生"表、"课程"表和"选课"表,它以表的形式来存储数据。

学生

学号	姓名	性别	系别	出生日期
20131000001	李力	男	信息	1995/5/6
20132000001	王林	男	计算机	1995/10/24
20132000002	陈静	女	计算机	1996/1/1
20132000003	罗军	男	计算机	1995/6/28

课程

课程号	课程名	学分	开课学期
001	计算机基础	3	1
002	大学英语	4	1
003	C语言	3	2
004	数据库	3	4

选课

学号	课程号	成绩
20131000001	001	80
20131000001	002	90
20132000001	001	86
20132000002	003	75

图 6-1 学生课程数据库

2．数据库管理系统

若要科学地组织和存储数据,高效地获取和维护数据,就需要一个软件系统——数据库管理系统对数据实行专门的管理。

数据库管理系统(DataBase Management System,DBMS)是对数据库进行管理的软件,是数据库系统的核心组成部分。数据库的一切操作都是通过 DBMS 实现的,如查询、更新、插入、删除以及各种控制。

DBMS 是位于用户与操作系统之间的一种系统软件,如图 6-2所示。

目前,常用的 DBMS 有 Access、Visual FoxPro、Oracle、SQL Server、DB2 及 Sybase 等。

图 6-2　DBMS 的位置

3．数据库系统的相关人员

数据库系统相关人员是数据库系统的重要组成部分,包括数据库管理员、应用程序开发人员和最终用户 3 类人员。

* 数据库管理员(database administrator,DBA)是负责数据库的建立、使用和维护的专门人员。
* 应用程序开发人员是开发数据库应用程序的人员。
* 最终用户是通过应用程序使用数据库的人员,最终用户无须自己编写应用程序。

4．应用程序

应用程序是指利用各种开发工具开发的、满足特定应用环境的程序。开发应用程序的工具有很多,如 C、C++、Java、NET 及 ASP 等。

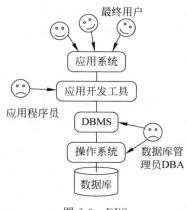

图 6-3　DBS

5．数据库系统

数据库系统(database system,DBS)是实现有组织地、动态地存储大量关联数据,提供数据处理和信息资源共享的系统。它是采用数据库技术的计算机系统。

数据库系统由硬件系统、数据库、数据库管理系统、应用程序和数据库系统的相关人员 5 部分组成。数据库系统的核心是 DBMS,如图 6-3 所示。

6．数据库应用系统

数据库应用系统是指系统开发人员利用数据库系统资源开发出来的面向某一类实际应用的应用软件系统。例如,以数据库为基础的学生选课系统、图书管理系统、飞机订票系统、人事管理系统等。从实现技术角度而言,这些都是以数据库为基础和核心的计算机应用系统。

6.1.2　数据管理技术的发展

计算机对数据的管理是指对数据的组织、分类、编码、存储、检索和维护。

计算机在数据管理方面经历了由低级到高级的发展过程。它随着计算机硬件、软件技术的发展而不断发展。数据管理经历了人工管理、文件系统、数据库系统3个发展阶段。

1．人工管理阶段

人工管理约从20世纪40年代到50年代，硬件方面只有卡片、纸带、磁带等，软件方面没有操作系统，没有进行数据管理的软件，计算机主要用于数值计算。在这个阶段，程序员将程序和数据编写在一起，每个程序都有属于自己的一组数据，程序之间不能共享，即便是几个程序处理同一批数据，在运行时也必须重复输入，数据冗余很大，如图6-4所示。

2．文件系统阶段

文件系统阶段约从20世纪50年代到60年代，有了磁盘等大容量存储设备，有了操作系统。数据以文件形式存储在外存储器上，由文件系统统一管理。用户只需按名存取文件，不必知道数据存放在什么地方以及如何存储。在这一阶段有了文件系统对数据进行管理，使得程序和数据分离，程序和数据之间有了一定的独立性。用户的应用程序和数据可分别存放在外存储器上，不同应用程序可以共享一组数据，实现了数据以文件为单位的共享，如图6-5所示。

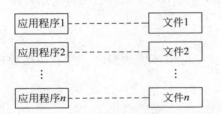

图6-4　人工管理阶段应用程序与数据的关系

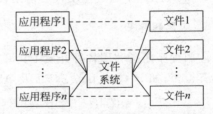

图6-5　文件系统阶段应用程序与数据的关系

3．数据库系统阶段

数据库系统阶段约从20世纪60年代至现在，出现了大容量且价格低廉的磁盘，操作系统已日渐成熟，为数据库技术的发展提供了良好的基础。为了解决数据的独立性问题，实现数据的统一管理，达到数据共享的目的，数据库技术应运而生。数据库系统阶段应用程序与数据的关系如图6-6所示。

数据库系统的特点如下。

- 采用一定的数据模型：在数据库中数据按一定的方式存储，即按一定的数据模型组织数据。
- 最低的冗余度：数据冗余是指在数据库中数据的重复存放。数据冗余不仅浪费了大量的存储空间，而且会影响数据的正确性。数据冗余是不可避免的，但是数据库可以最大限度地减少数据的冗余，确保最低的冗余度。

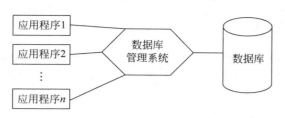

图 6-6 数据库系统阶段应用程序与数据的关系

- 较高的数据独立性：在处理数据时，用户所面对的是简单的逻辑结构，而不涉及具体的物理存储结构，数据的存储和使用数据的程序彼此独立，数据存储结构的变化尽量不影响用户程序的使用，用户程序的修改也不要求数据结构做较大改动。
- 安全性：保护数据库，防止不合法使用所造成的数据泄漏、更改和破坏。
- 完整性：系统采用一些完整性规则，以确保数据库中数据的正确性。

6.1.3 数据模型

数据模型是数据库中数据的存储方式。在几十年的数据库发展进程中出现了 3 种重要的数据模型，即层次模型、网状模型和关系模型。

1. 层次模型

层次模型用树形结构来表示实体及实体间的联系，如 1968 年 IBM 公司推出的 IMS (information management system)。在层次模型中，各数据对象之间是一对一或一对多的联系。这种模型层次清楚，可沿层次路径存取和访问各个数据，层次结构犹如一棵倒立的树，因而称为树形结构。

2. 网状模型

网状模型用网状结构来表示实体及实体间的联系。网状模型犹如一个网络，此种结构可用来表示数据间复杂的逻辑关系。在网状模型中，各数据实体之间建立的通常是一种层次不清的一对一、一对多或多对多的联系。

3. 关系模型

关系模型用一组二维表表示实体及实体间的联系，即关系模型用若干行与若干列数据构成的二维表格来描述数据集合以及它们之间的联系，每个这样的表格都被称为关系。关系模型是一种易于理解，并具有较强数据描述能力的数据模型。

在这三种数据模型中，层次模型和网状模型现在已经很少见到了，目前应用最广泛的是关系模型。自 20 世纪 80 年代以来，软件开发商提供的数据库管理系统几乎都支持关系模型。

每一种数据库管理系统都是基于某种数据模型的，例如 Access、SQL Server 和 Oracle 都是基于关系模型的数据库管理系统。在建立数据库之前必须先确定选用何种类型的数据库，即确定采用什么类型的数据库管理系统。

6.1.4　关系模型

关系模型将数据组织成二维表的形式,这种二维表在数学上称为关系。图 6-1 中的学生-课程数据库采用的就是关系模型,该数据库由 3 个关系组成,分别为学生关系、课程关系、选课关系。

下面介绍关系模型的相关术语。

- 关系:一个关系对应一个二维表。
- 关系模式:对关系的描述,一般形式如下。

关系名(属性 1,属性 2,…,属性 n)

例如,在学生-课程数据库中,学生关系、课程关系和选课关系的关系模式分别如下:

学生(学号,姓名,性别,系别,年龄)
课程(课程号,课程名,学分,开课学期)
选课(学号,课程号,成绩)

- 记录:表中的一行称为一条记录,记录也被称为元组。
- 属性:表中的一列称为一个属性,属性也被称为字段。每个属性都有一个名称,称为属性名。
- 关键字:表中的某个属性或属性集,它的取值可以唯一地标识一个元组。例如,在学生表中学号可以唯一地标识一个元组,所以学号是关键字。
- 主关键字:一个表中可能有多个关键字,但在实际应用中只能选择一个,被选中的关键字称为主关键字,简称主键。
- 值域:属性的取值范围。例如性别的值域是{男,女},成绩的值域是 0 到 100。

6.2　Access 2010 数据库

Access 属于关系数据库管理系统,在创建数据库之前用户应该先对 Access 数据库的相关知识有所了解。

6.2.1　Access 2010 的启动和退出

1. Access 2010 的启动

- 单击"开始"按钮,选择"所有程序"→Microsoft office→Microsoft Access 2010 命令。
- 用户可在桌面上创建 Access 2010 的快捷方式,双击快捷方式图标即可启动 Access 2010。
- 在文件夹中双击 Access 文件,则可启动 Access 并打开该文件。

2. Access 2010 的退出

- 单击 Access 2010 窗口右上角的"关闭"按钮。

- 选择"文件"→"退出"命令。
- 单击 Access 2010 窗口左上角的"控制"图标,在弹出的控制菜单中选择"关闭"命令; 或直接双击该图标。
- 按 Alt＋F4 组合键。

6.2.2 Access 2010 的窗口

Access 2010 窗口与 Office 2010 的其他组件非常类似,包括标题栏、选项卡、状态栏、导航栏、数据库对象窗口以及帮助,如图 6-7 所示。

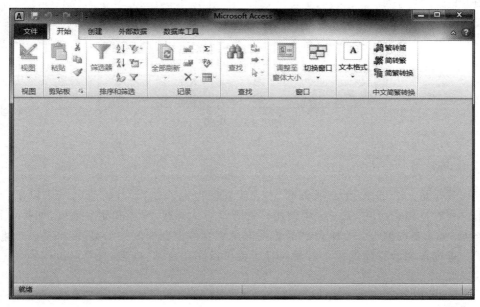

图 6-7 Access 2010 窗口

Access 2010 中最突出的新界面元素就是选项卡。选项卡代替了以前版本的菜单栏和工具栏,是一个带状区域,包含多组命令按钮。选项卡中包括多个围绕特定方案或对象进行处理的选项卡,Access 2010 的选项卡有"文件""开始""创建""外部数据"和"数据库工具",如图 6-8 所示。

图 6-8 Access 2010 窗口的选项卡

6.2.3 Access 数据库的组成

Access 数据库是多个对象的集合,包括表、查询、窗体、报表、宏和模块。每一个对象都是数据库的一个组成部分,其中表是数据库的基础,它记录着数据库中的全部数据内容;而其他对象只是 Access 提供的工具,用于对数据库进行维护和管理,如查找、计算统计、打印、编辑和修改等。这里简单介绍其中常用的几个对象。

1. 表

表是数据库中基本的对象,用来存放数据信息。每个表由若干记录组成,每个记录都对应一个实体,同一表中的每条记录都具有相同的字段定义,每个字段存储着对应于实体的不同属性的数据信息。每个表都有关键字,使表中的记录唯一化。

图 6-9 所示为一张二维表,其中每一行称为一个记录,对应着一个实体;每一列称为一个字段,对应着实体的一个属性。

学生				
学号	姓名	性别	系别	出生日期
20131000001	李力	男	信息	1995/5/6
20132000001	王林	男	计算机	1995/10/24
20132000002	陈静	女	计算机	1996/1/1
20132000003	罗军	男	计算机	1995/6/28

图 6-9　学生表

2. 查询

查询就是从一个或多个表(或查询)中查找某些特定的数据,并将查询结果以集合的形式供用户查看。用户可在 Access 中使用多种查询方式查找、插入和删除数据,如简单查询、参数查询、交叉表查询等。查询得到的数据记录集合称为查询的结果集,结果集以二维表形式显示。查询作为数据库的一个对象保存后就可以作为窗体、报表,甚至可以作为另一个查询的数据源。

3. 窗体

窗体是 Access 提供的可以交互输入数据的对话框,通过创建窗体可以很方便地在多个表中查看、输入和编辑信息,从而对其中的数据进行各种操作。窗体的数据源可以是表,也可以是查询。

4. 报表

Access 中的报表与现实生活中的报表是一样的,是一种按指定的样式格式化的数据,可以浏览和打印。与窗体一样,报表的数据源可以是表,也可以是查询。

6.3　Access 2010 数据库的操作

6.3.1　创建数据库

在 Access 2010 中,数据库为一个扩展名为.accdb 的文件,其中可以包含若干个表、查询、窗体等。这里的一个表即为一个关系。如果要使用 Access 数据库,一般要先建立库,然后在库中建表,再在表中输入数据,最后对表中数据进行各种操作。

数据库的创建方法有两种,如果没有满足需要的模板,或在另一个程序中有要导入 Access 的数据,那么最好的办法是创建空数据库;同时,为了方便用户创建数据库,Access 2010 提供了各式各样的数据库模板,如教职员、任务、学生等,用户可以从中选择一种模板来创建数据库。

空数据库是没有对象和数据的数据库。用户创建空数据库后可以根据实际需要添加表、窗体、查询、报表、宏和模板等对象。这种方法最灵活,可以创建出所需要的各种数据库。下面以实例的形式介绍如何创建一个空数据库。

【例 6.1】　在"第 6 章素材库\例题 6\例 6.1"文件夹下创建名为"学生-课程.accdb"的空数据库。

操作步骤如下。

(1) 启动 Access 2010,选择"文件"→"新建"命令,出现"可用模板"窗格,单击"空数据库"图标,在"可用模板"窗格右侧的"文件名"文本框中输入数据库名(默认名为 database1.accdb,在这里输入"学生-课程"),如图 6-10 所示。

图 6-10　"可用模板"窗格

(2) 单击"文件名"文本框后的打开文件夹按钮 ,在弹出的"文件新建数据库"对话框中,对保存位置进行设置(在这里选择"第 6 章\例题 6\例 6.1"文件夹),然后单击"确定"按钮关闭对话框,如图 6-11 所示。

(3) 在右侧窗格下面单击"创建"按钮,即可新建一个"学生-课程.accdb"的空数据库,如图 6-12 所示。

按照用户事先对数据库的要求,现在就可以开始对数据表进行设计了,具体设计方法将在下一小节介绍。

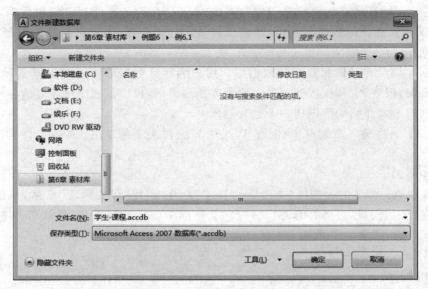

图 6-11 "文件新建数据库"对话框

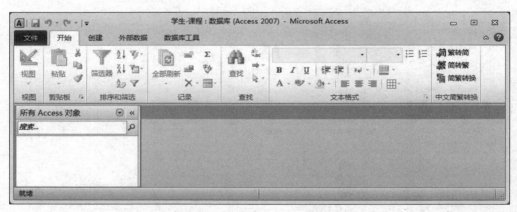

图 6-12 创建成功后的"学生-课程.accdb"空数据库

6.3.2 创建表

表是 Access 数据库中最基本的对象,所有数据都存放在表中。数据库中的其他所有对象都是基于表建立的,对任何数据的操作也是针对表进行的。如果要创建基本表,首先必须确定表的结构,即确定表中各字段的字段名、字段类型及字段属性。

本小节先介绍构成表的字段的数据类型和字段属性,然后介绍创建表的操作方法。

1. 表结构

表是由若干行和若干列组成的。

- 字段：表中的列称为字段，它用于描述某种特征。例如学生表中的学号、姓名、性别等分别描述了学生的不同特征。
- 分量：行和列相交处存储的数据称为分量。
- 主键：用于唯一标识每行的一列或一组列，又称为主关键字。每行在主键上的取值不能重复。例如，学生表的主键是学号，不能采用姓名作为主键，因为姓名可能重复。在某些情况下可能需要使用两个或多个字段一起作为表的主键。
- 外键：引用其他表中的主键字段。外键配合主键用于表明表之间的关系。Access使用主键字段和外键字段将多个表中的数据关联起来，从而将多个表联系在一起。

1) 字段类型

在 Access 中数据类型共有 10 种，常用的是表 6-1 中列出的 8 种。

表 6-1 数 据 类 型

数据类型	字段长度	说 明
文本型（Text）	最多存储 255 个字符	存储文本
备注型（Memo）	不定长，最多可存储 6.4 万个字符	存储较长的文本
数字型（Number）	整型：2 个字节	存储数值
	单精度：4 个字节	
	双精度：8 个字节	
日期/时间（Date/Time）	8 个字节（系统固定的）	存储日期和时间
货币型（Currency）	8 个字节（系统固定的）	存储货币值
自动编号型（AutoNumber）	4 个字节（系统固定的）	自动编号
是/否型（Yes/No）	1 位（bit）（系统固定的）	存储逻辑型数据
OLE 对象（OLE Object）	不定长，最多可存储 1GB	存储图像、声音等

在实际应用中，对于不需要计算的数值数据都应设置为文本型，如学生学号、身份证号、电话号码等。另外，在 Access 中文本型数据的单位是字符，不是字节。一个英文字母算一个字符，一个汉字也算一个字符。例如，字符串"大一共有 4800 个学生。"的长度为 12。

2) 字段属性

在确定了数据类型之后还应设定字段属性，这样才能更准确地描述储存的数据。不同的字段类型有着不同的属性，常见的属性共有以下 8 种。

- 字段大小：指定文本型和数字型字段的长度。文本型字段的长度为 1～255 个字符，数字型字段的长度由数据类型决定。
- 格式：指定字段的数据显示格式。
- 小数位数：指定小数的位数（只用于数字型和货币型数据）。
- 标题：用于在窗体和报表中取代字段的名称。
- 默认值：添加新记录时自动加入到字段中的值。
- 有效性规则：用于检查字段中的输入值是否符合要求。
- 有效性文本：当输入数据不符合有效性规则时显示的信息文本。
- 索引：可以用来确定某字段是否作为索引，利用索引可以加快对索引字段的查询、排序和分组等操作。

例如,图 6-13 所示为性别字段的属性。

图 6-13 "性别"字段的属性

2. 创建表

在完成表的结构设计后,接下来的工作就是创建表。创建表包括构造表中的字段、定义字段的数据类型和设置字段的属性等,然后就是向表中添加数据记录。

使用 Access 创建表分为创建新的数据库和在现有的数据库中创建表两种情况。在创建新数据库时系统会自动创建一个新表。在现有的数据库中可以通过以下 3 种方式创建表:

- 使用数据表视图创建表;
- 使用设计视图创建表;
- 从其他数据源(如 Excel 工作簿、Word 文档等)导入或链接到表。

【例 6.2】 在"学生-课程. accdb"数据库中创建"学生"表、"选课"表和"课程"表。

由于篇幅受限,本例仅介绍使用设计视图创建"学生"表的方法和过程。

操作步骤如下:

(1) 确定表结构,如表 6-2 所示。

表 6-2 "学生"表的表结构

字 段 名 称	数 据 类 型	字 段 大 小
学号	Text	11 个字符
姓名	Text	4 个字符
性别	Text	1 个字符
系别	Text	20 个字符
出生日期	Date/Time	8 个字节

(2) 将例 6.1 文件夹中的"学生-课程. accdb"文件复制到例 6.2 文件夹中并将其打开。

(3) 在"创建"选项卡的"表格"组中单击"表设计"按钮,如图 6-14 所示,这时将创建名为"表1"的新表,并在"设计视图"模式下打开。

（4）在表的设计视图模式下,按照表6-2的内容,在"字段名称"列表中输入字段名称,在"数据类型"列表中选择相应的数据类型,在"常规"属性选项卡中设置字段大小,如图6-15所示。

（5）选中"学号"字段,在"表格工具-设计"选项卡的"工具"组中单击"主键"按钮,如图6-16所示,"学号"字段前便出现"钥匙"图标,如图6-17所示,说明"学号"字段被定义为"主键"。

图6-14　"创建"选项卡下的"表格"组

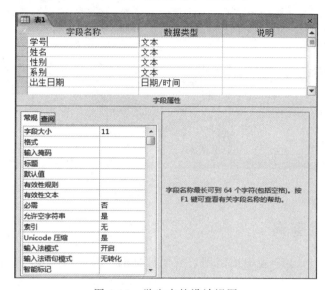

图6-15　学生表的设计视图

图6-16　"工具"组

图6-17　"学号"字段被设置为主键

（6）在快速访问工具栏中单击"保存"按钮,在打开的"另存为"对话框中输入表的名称"学生",然后单击"确定"按钮关闭对话框完成保存,如图6-18所示。

（7）打开"学生"表,在表中输入如图6-19所示记录,完成"学生"表的创建。

图6-18　"另存为"对话框

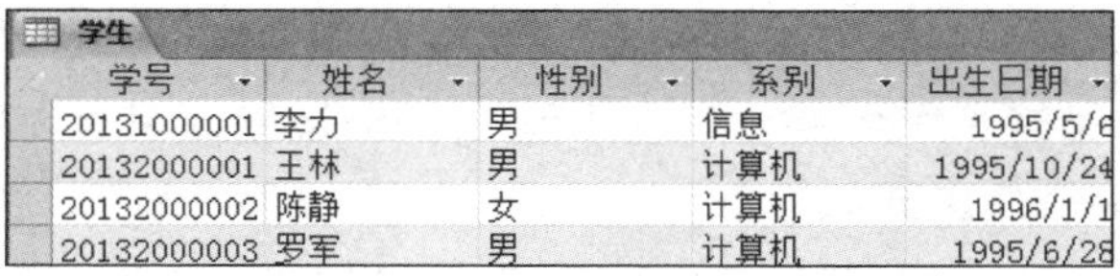

学号	姓名	性别	系列	出生日期
20131000001	李力	男	信息	1995/5/6
20132000001	王林	男	计算机	1995/10/24
20132000002	陈静	女	计算机	1996/1/1
20132000003	罗军	男	计算机	1995/6/28

图6-19　"学生"表记录

在"学生-课程.accdb"数据库中任选一种创建表的方法创建"选课"表和"课程"表,如图 6-20 和图 6-21 所示。

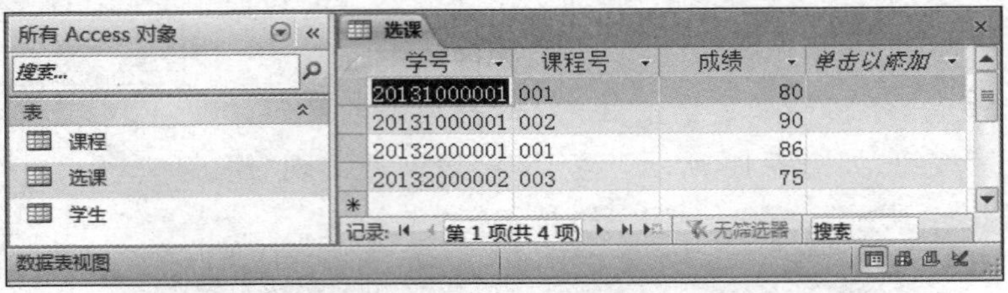

图 6-20   "选课"表

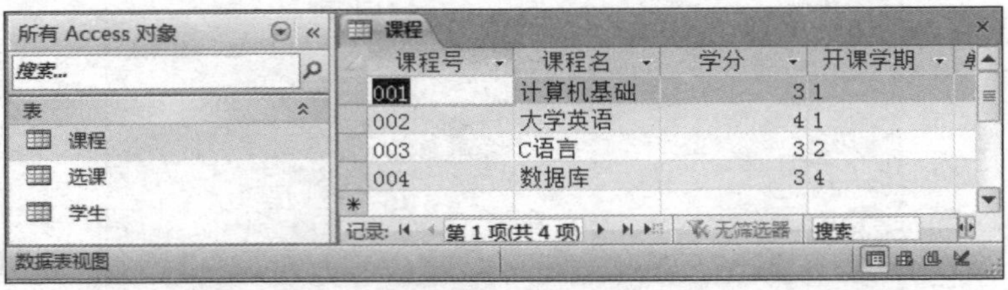

图 6-21   "课程"表

6.3.3   创建查询

查询就是从一个或多个表中搜索用户需要数据的一种工具。用户可以将查询得到的数据组成一个集合,这一集合称为查询。一旦在 Access 2010 中生成了查询,用户就可以用它来生成窗体、报表或者其他查询。

Access 提供了多种不同类型的查询,用于满足用户的不同需求。根据对数据源操作方式和操作结果的不同,查询可以分为 5 种,分别是选择查询、参数查询、交叉表查询、操作查询和 SQL 查询。在这里只介绍选择查询。

选择查询是最常用的,也是最基本的查询类型,它是根据指定的查询条件从一个或多个表中获取数据并显示结果。使用选择查询还可以对记录进行分组,并对记录作计数、求平均值以及其他类型的计算。

Access 提供了两种方法创建选择查询,分别为使用查询向导和在设计视图中创建查询。本节将以举例的形式来介绍这两种创建方法。

1. 用查询向导创建查询

使用查询向导创建查询是一种最简单的方法,它采用直观的图形方式操作,帮助用户逐步完成查询的创建,但该方法不灵活。

【例 6.3】   在"学生-课程.accdb"数据库中查询各门课程的课程号、课程名和学分。

操作步骤如下。

(1) 将例 6.2 文件夹中的"学生-课程.accdb"文件复制到例 6.3 文件夹中并将其打开,在"创建"选项卡的"查询"组中单击"查询向导"按钮,如图 6-22 所示。

(2) 在打开的"新建查询"对话框右侧窗格中选中"简单查询向导"选项,然后单击"确定"按钮,如图 6-23 所示。

(3) 在打开的"简单查询向导"对话框 1 的"请确定查询中使用哪些字段"界面下,在"表/查询"下拉列表框中选中要使用的"表:课程",在"可用字段"列表框中选择查询所需的字段,然后单击"添加"按钮 ＞ ,将其添加到"选定字段"列表框中(这里添加了课程号、课程名和学分),单击"下一步"按钮,如图 6-24 所示。

图 6-22　"创建"选项卡的"查询"组

图 6-23　"新建查询"对话框

图 6-24　"简单查询向导"对话框 1

(4) 在打开的"简单查询向导"对话框 2 的"请确定采用明细查询还是汇总查询"选项组中对查询方式进行选择(这里采用默认的"明细"查询),单击"下一步"按钮,如图 6-25 所示。

（5）在打开的"简单查询向导"对话框 3 的"请为查询指定标题"文本框中输入"课程查询"，另外还可以设置是"打开查询查看信息"还是"修改查询设计"（这里采用默认选择"打开查询查看信息"），如图 6-26 所示。

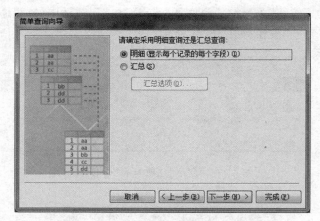

图 6-25 "简单查询向导"对话框 2

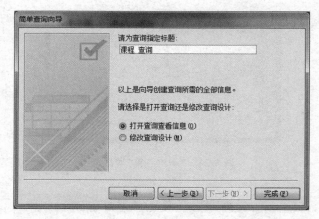

图 6-26 "简单查询向导"对话框 3

（6）单击"完成"按钮完成查询的创建，查询的结果如图 6-27 所示。

图 6-27 查询结果

2．在设计视图中创建查询

查询设计视图是创建、编辑和修改查询的基本工具。使用在设计视图中创建查询这种方法可以灵活地选择数据库中的数据表，灵活地设置查询所需的字段项、条件等。下面以实例的形式介绍该方法的使用。

1）查询设计视图的基本结构

查询设计视图主要由两部分构成，上半部为对象窗格，下半部为查询设计网格，如图6-28所示。

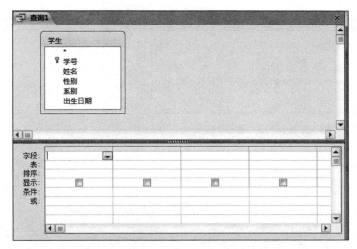

图6-28 查询设计视图

在对象窗格中放置了查询所需要的数据源表和查询。查询设计网格由若干行组成，其中有"字段""表""排序""显示""条件""或"以及若干空行。

- 字段：放置查询需要的字段和用户自定义的计算字段。
- 表：放置字段行的字段来源的表或查询。
- 排序：对查询进行排序，有"降序""升序"和"不排序"3种选择。在记录很多的情况下对某一列数据进行排序可方便进行数据的查询。如果不选择排序，则查询运行时按照表中记录的顺序显示。
- 显示：决定字段是否在查询结果中显示。各个列中有已经勾选了的复选框，默认情况下所有字段都将显示出来。如果不想显示某个字段，则可取消勾选复选框。
- 条件：放置所指定的查询条件。
- 或：放置逻辑上存在或关系的查询条件。
- 空行：放置更多的查询条件。

【注意】 对于不同类型的查询，查询设计网格所包含的项目会有所不同。

2）使用设计视图创建查询

下面介绍如何使用查询设计视图创建指定条件的查询。

【例6.4】 在"学生-课程.accdb"数据库中查询计算机系的学生，结果要求显示学号、姓名和性别。

操作步骤如下。

(1) 将例 6.3 文件夹中的"学生-课程. accdb"文件复制到例 6.4 文件夹中并将其打开。

(2) 在"创建"选项卡的"查询"组中单击"查询设计"按钮,如图 6-29 所示,打开"显示表"对话框,如图 6-30 所示。

图 6-29　"创建"选项卡下的"查询"组

图 6-30　"显示表"对话框

(3) 在"表"选项卡中选中"学生"表,然后单击"添加"按钮,再单击"关闭"按钮关闭"显示表"对话框,打开查询设计视图窗口,如图 6-31 所示。

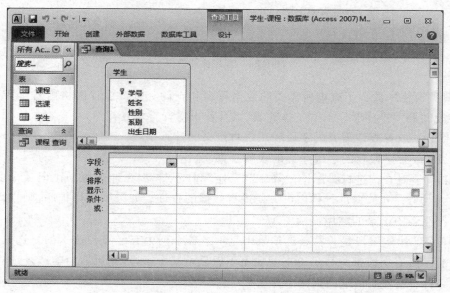

图 6-31　查询设计视图窗口

(4) 由于该查询需要用到前面 4 个字段,所以依次将"学生"表中的"学号""姓名""性别"和"系别"字段选中并拖到设计网格中,或者在"学生"表中分别双击这 4 个字段,这些字段将自动添加到设计网格的"字段"行中。

(5) 由于该查询只需要显示"学号""姓名""性别"3 个字段,所以在"显示"行中取消"系别"字段的勾选。

（6）由于该题查询的是"计算机"系的情况，所以在"系别"字段的"条件"行中输入"计算机"，如图 6-32 所示。

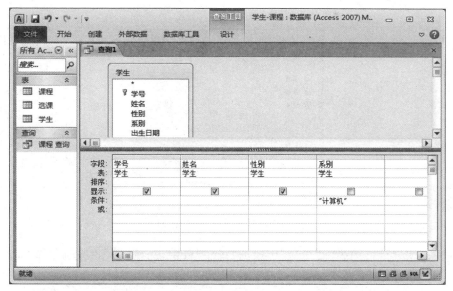

图 6-32　设置显示字段和条件后的查询设计视图

（7）在"查询工具-设计"选项卡的"结果"组中单击"运行"按钮，如图 6-33 所示，即可查看查询结果，如图 6-34 所示。

（8）单击快速访问工具栏上的"保存"按钮打开"另存为"对话框，输入查询名称（默认名称为"查询 1"，在这里取名为"计算机系学生"），单击"确定"按钮对创建的查询进行保存，如图 6-35 所示。

图 6-33　"查询工具-设计"选项卡的"结果"组

图 6-34　"查询 1"的运行结果

图 6-35　"另存为"对话框

【例 6.5】　在例 6.4 的基础上将查询结果按学号降序排序。

操作步骤如下。

（1）将例 6.4 文件夹中的"学生-课程.accdb"文件复制到例 6.5 文件夹中并将其打开。

（2）在打开的数据库窗口中的"所有 Access 对象"栏的"查询"类别中，右击"计算机系学生"图标，在弹出的快捷菜单中选择"设计视图"命令，如图 6-36 所示，打开该查询的设计视图。

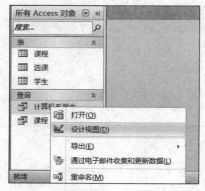

图 6-36 "计算机系学生"的快捷菜单

（3）在查询设计视图中的"学号"字段的"排序"行中，选择"降序"选项，如图 6-37 所示。

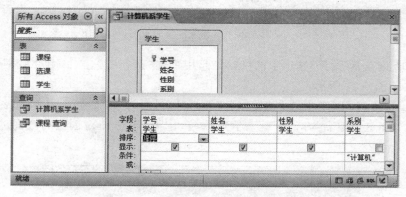

图 6-37 在"排序"行中选择"降序"选项

（4）在"查询工具-设计"选项卡的"结果"组中单击"运行"按钮，即可查看查询结果，如图 6-38 所示。

（5）单击"文件"选项卡，在弹出的下拉列表中选择"对象另存为"选项，在打开的"另存为"对话框的"将'计算机系学生'另存为："文本框中输入"按学号排序计算机系学生"，然后单击"确定"按钮关闭对话框，如图 6-39 所示。

图 6-38 查询结果

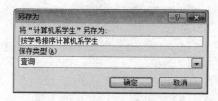

图 6-39 "另存为"对话框

习题 6

1. 单项选择题

（1）Access 是一个（　　）。

    A. 数据库   B. 数据库管理系统

    C. 数据库系统   D. 硬件

（2）数据库管理系统是一种（　　）。

    A. 采用数据库技术的计算机系统

    B. 包括数据库管理员、计算机软硬件以及数据库系统的系统

    C. 位于用户和操作系统之间的一种数据管理软件

    D. 包括操作系统在内的数据管理软件系统

（3）在关系型数据库管理系统中，所谓关系是指（　　）。

    A. 二维表格

    B. 各条数据记录之间存在着的关系

    C. 一个数据库与另一个数据库之间存在的关系

    D. 上述说法都正确

（4）数据库系统的核心是（　　）。

    A. 数据库   B. 数据库管理系统

    C. 数据模型   D. 数据库管理员

（5）Access 2010 数据库文件的扩展名是（　　）。

    A. DOC   B. XLSX

    C. ACCDB   D. MDB

（6）Access 2010 数据库属于（　　）数据库系统。

    A. 树状   B. 逻辑型

    C. 层次型   D. 关系型

（7）一间宿舍可住多名学生，则实体宿舍和学生之间的联系是（　　）。

    A. 一对一   B. 一对多

    C. 多对一   D. 多对多

（8）Access 2010 中表和数据库的关系是（　　）。

    A. 一个数据库可以包含多个表   B. 一个表只能包含两个数据库

    C. 一个表可以包含多个数据库   D. 一个数据库只能包含一个表

（9）下面显示的是查询设计视图的"设计网格"部分：
从所显示的内容中可以判断出该查询要查找的是（　　）。

    A. 性别为"女"并且 1980 年以前参加工作的记录

    B. 性别为"女"并且 1980 年以后参加工作的记录

    C. 性别为"女"或者 1980 年以前参加工作的记录

    D. 性别为"女"或者 1980 年以后参加工作的记录

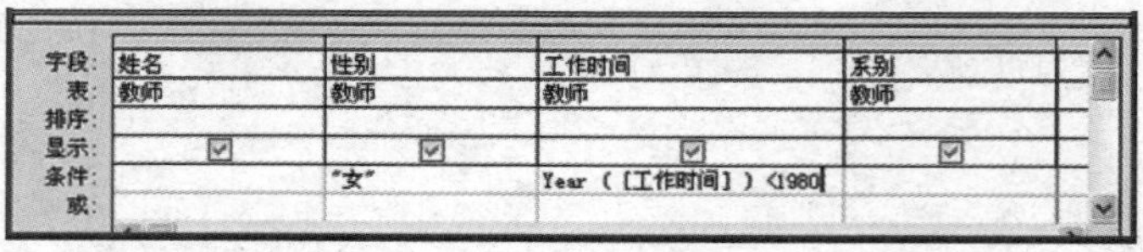

字段	姓名	性别	工作时间	系别
表	教师	教师	教师	教师
排序				
显示	☑	☑	☑	☑
条件		"女"	Year（[工作时间]）<1980	
或				

（10）一个关系数据库的表中有多条记录，记录之间的相互关系是（　　）。

    A. 前后顺序不能任意颠倒，一定要按照输入的顺序排列

    B. 前后顺序可以任意颠倒，不影响库中的数据关系

    C. 前后顺序可以任意颠倒，但排列顺序不同，统计处理结果可能不同

    D. 前后顺序不能任意颠倒，一定要按照关键字段值的顺序排列

2．操作题

进入"第6章素材库\习题6\习题6.2文件夹"，打开"学生-课程.accdb"数据库，按下列要求进行操作。

（1）在学生表中修改记录和插入记录；

将王林改为王小宁；

表中增加记录：20132000004 李艳 女 计算机 1996-10-10。

（2）新建查询，显示选课表中所有成绩大于或等于80且小于等于90的记录，查询结果按成绩降序排序并保存为QUERY。

第7章

计算机网络基础知识

计算机网络诞生于 20 世纪 60 年代末期,是计算机技术与通信技术融合发展的产物,也是当今世界对人们的生产和生活产生影响最大、意义最为深远的技术之一。因为有了计算机网络,人们的交流从古老的飞鸽传书,到了现在的天涯咫尺。世界因为有了计算机网络而变小,人类因为有了计算机网络而变得更加强大。

学习目标:

- 理解计算机网络的基本概念。
- 了解计算机网络的分类、功能和特点。
- 了解计算机网络的构成和基本结构。
- 理解 ISO/OSI 参考模型。
- 掌握 IP 地址与域名的概念和特点。
- 掌握 Internet 的使用。
- 掌握电子邮件的使用及管理。

7.1 计算机网络的基本概念

7.1.1 计算机网络概述

随着计算机网络的出现和发展,电子商务、电子邮件等得以广泛应用。计算机网络已经成为人们生活中不可或缺的一部分,正在深刻地改变着人们的工作和生活。

1. 计算机网络的定义

计算机网络是指将地理位置不同的具有独立功能的多台计算机及其外部设备,通过通信线路连接起来,在网络操作系统、网络管理软件及网络通信协议的管理和协调下,实现资源共享和信息传递的系统,如图 7-1 所示。

2. 计算机网络的主要功能

计算机网络已经广泛应用于人们生产生活的方方面面,人们通过计算机网络了解全球资讯、实现远程视频会议、实现实时管理和监控、通过计算机网络实现远程购物等。总的来说,计算机网络的主要功能可简单概括如下。

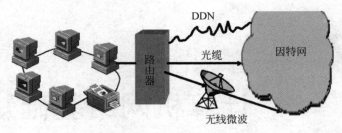

图 7-1　计算机网络

1）数据通信

数据通信是计算机网络最基本的功能之一。该功能使分散在不同地理位置的计算机可以互传信息。计算机网络改变了现代通信方式，人们利用网络传送电子邮件、进行实时聊天、电子商务等，极大地提高了工作效率。数据通信功能是计算机网络实现其他功能的基础。

2）资源共享

资源共享包括共享软件、硬件和数据资源，是计算机网络最具有吸引力的功能之一。资源共享使网上用户能享受网上的资源，互通有无，大大提高了系统资源的利用率。

3）提高系统可靠性

网络中的每台计算机都可通过网络相互成为后备机。一旦某台计算机出现故障，它的任务就可由其他的计算机代为完成，可避免在单机情况下，一台计算机发生故障引起整个系统瘫痪的现象的发生，从而提高系统的可靠性。

4）实现分布式处理

在计算机网络中，可以将某些大型的处理任务分解为多个小型任务，然后分配给网络中的多台计算机分别处理，最后再把处理结果合成，实现分布处理。

从网络应用的角度来看，计算机网络功能还有很多，而且随着计算机网络技术的不断发展，其功能也将不断丰富，各种网络应用也将会不断出现。在以上功能中，计算机网络的最主要的功能是数据通信和资源共享。

3．数据通信

从系统功能的角度来看，计算机网络主要由资源子网和通信子网组成，而数据通信是计算机网络的基础。

数据通信是指在计算机或终端之间以二进制的形式进行数据传输、信息交换，是通信技术和计算机技术相结合而产生的一种新的通信方式。数据通信系统的主要技术指标有信道、带宽、比特率、误码率。

1）信道

传输信息的通路称为信道，是信号传输的媒介，可分为有线信道（如各种电缆和光缆等）和无线信道（如地波传播、短波电离层反射、超短波、人造卫星中继等）两类。信道的作用是把携有信息的信号（电的或光的）从它的输入端传递到输出端，因此，它的最重要特征参数是信息传递能力。

2）模拟信号与数字信号

信号指的是数据的电磁编码,通常分为模拟信号和数字信号。

模拟信号即连续的信号,是特定的模拟量,如电压、电流等,当前电话信号和广播电视信号等都是模拟信号,如图 7-2 所示。

数字信号是表示数字量的电信号,幅度的取值是离散的,从一个值到另一个值的改变是瞬时的,就像开启和关闭电源一样。如计算机通信使用的二进制代码"1"和"0"组成的信号是一种数字信号,受噪声的影响较小,便于数字电路进行处理,如图 7-3 所示。

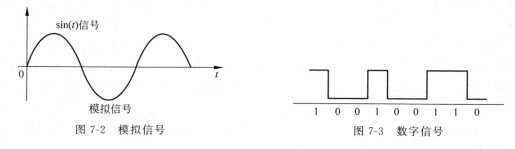

图 7-2　模拟信号　　　　　　图 7-3　数字信号

3）调制和解调

人们将发送端数字脉冲信号转换成模拟点信号的过程称为调制;将接收端模拟信号还原成数字脉冲信号的过程称为解调。将调制和解调两种功能结合在一起的设备称为调制解调器。

4）带宽

带宽应用的领域非常多,可以用来标识信道传输数据的传输能力或者标识单位时间内通过链路的数据量。在计算机网络中,人们常以带宽来表示信道的数据传输速率。

数据传输速率是描述数据传输系统性能的重要技术指标之一,它在数值上等于每秒钟传输的数据代码的二进制位数,单位为比特/秒,通常以 b/s(又称为比特率,bit per second)来表示。

在实际应用中,常用的数据传输速率单位有 Kb/s、Mb/s 和 Gb/s。其中:

$1kb/s=10^3 b/s$　　$1Mb/s=10^6 b/s$　　$1Gb/s=10^9 b/s$

带宽是指单位时间内能通过信道的最高数据量。在日常生活中描述带宽时常常把 b/s 省略掉,例如:带宽为 4M,完整的应称为 4Mb/s。

5）误码率

误码率是衡量在规定时间内数据传输精确性的指标。误码是由于在信号传输中衰变改变了信号的电压,信号在传输中遭到破坏而产生的。误码率则是指二进制比特在数据传输系统中被传错的概率,是衡量通信系统可靠性的指标。

7.1.2　计算机网络的形成与分类

1. 计算机网络的形成

计算机网络的发展大体上可以分为四个时期。在这期间,计算机技术和通信技术紧密结合,相互促进,共同发展,最终产生了今天的 Internet。

1) 面向终端的计算机通信网：其特点是计算机是网络的中心和控制者,终端围绕中心计算机分布在各处,呈分层星型结构,各终端通过通信线路共享主机的硬件和软件资源,计算机的主要任务还是进行批处理。在 20 世纪 60 年代出现分时系统后,则具有了交互式处理和成批处理能力。

2) 分组交换网：分组交换网由通信子网和资源子网组成,以通信子网为中心,不仅共享通信子网的资源,还可共享资源子网的硬件和软件资源。网络的共享采用排队方式,即由结点的分组交换机负责分组的存储转发和路由选择,给两个进行通信的用户段续(或动态)分配传输带宽,这样就可以大大提高通信线路的利用率,非常适合突发式的计算机数据。

3) 形成计算机网络体系结构：为了使不同体系结构的计算机网络都能互联,国际标准化组织 ISO 提出了一个能使各种计算机在世界范围内互联成网的标准框架——开放系统互连基本参考模型 OSI。只要遵循 OSI 标准,一个系统就可以和位于世界上任何地方的、也遵循同一标准的其他任何系统进行通信。

4) 高速计算机网络：其特点是采用高速网络技术,既促进了综合业务数字网的实现,也带动了多媒体和智能型网络的兴起。

2. 计算机网络的分类

由于计算机网络的广泛应用,目前世界上出现了各种形式的计算机网络。我们可以从不同的角度对计算机网络进行分类,比如从网络的交换功能、网络的拓扑结构、网络的作用范围、网络的服务方式等角度进行分类。但这些分类标准只给出了网络某一方面的特征,并不能反映网络技术的本质。目前,从网络覆盖的地理范围划分是一种大家都认可的通用网络分类方法,按这种方法可以把计算机网络划分为局域网、广域网和城域网。

1) 局域网

局域网(Local Area Network,LAN)是一种只在局部地区范围内将计算机、外设和通信设备互联在一起的网络。常见于一栋大楼、一个工厂或一个企业,其地理范围一般在几十米到几千米之间。这是最常见、应用最广的一种网络。

局域网具有较高的网络传输速率(10Mb/s～10Gb/s)、误码率较低、成本低、组网容易和维护方便等特点。

2) 城域网

城域网(Metropolitan Area Network,MAN)又称为城市地区网络,是一种覆盖范围介于局域网和广域网之间的计算机网络,覆盖范围在几千米至几十千米之间,是一种大型的局域网,可以实现大量用户之间的信息传输,但对网络设备、传输的要求比局域网要高。

3) 广域网

广域网(Wide Area Network,WAN)又称远程网,是一个在相对广阔的地理区域内进行数据传输的通信网络,由相距较远的局域网或城域网互联而成,可以覆盖若干个城市、整个国家,甚至全球。所覆盖的范围一般从几十千米到几千千米。它主要的目的是实现远距离计算机之间的数据传输和信息共享。我们所熟知的 Internet(因特网,又称国际互联网)可以视为世界上最大的广域网。

广域网具有覆盖地理区域大的优点,但是其一般要借用公用通信网络,如电话线、通信卫星线等来实现其通信,而且传输速率比较低(一般为 64kb/s～2Mb/s),网络拓扑结构非常复杂。

7.1.3　计算机网络的拓扑结构

所谓网络拓扑结构,来源于数学概念,将工作站、服务器等网络单元抽象为"点",网络中的通信介质抽象为"线",从而抽象出网络系统的具体结构,也就是网络中各个站点相互连接的形式。网络拓扑图可以反映出网络中各个实体相互间的连接情况。网络的拓扑结构主要有星形拓扑、环形拓扑、总线型拓扑、树形拓扑和混合型拓扑。其中最常见的基本拓扑结构是星形、环形和总线型结构 3 种,如图 7-4、图 7-5 和图 7-6 所示。

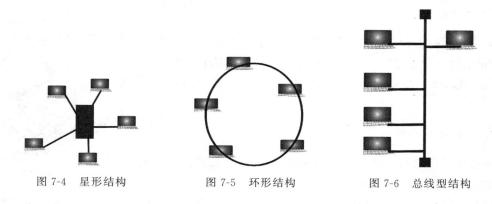

图 7-4　星形结构　　　　图 7-5　环形结构　　　　图 7-6　总线型结构

1. 星形拓扑结构

在星形网络中,有一个中心节点(又称中央转接站,一般是集线器或交换机),其他所有节点都与这一中心节点连接,如图 7-4 所示。中心节点是所有其他节点的中继节点,接收各节点的信息并再转发到相应的节点。

星形拓扑结构网络的主要优点是结构简单,组网容易,线路集中,便于管理和维护。主要缺点是任何两个节点要进行通信都必须经过中央节点控制,中心节点负担重,容易在中心节点处形成系统"瓶颈";由于每条线路只连接一个终端,故线路利用率较低。

2. 环形拓扑结构

在环形拓扑结构中,入网的计算机通过通信线路连成一个封闭环路,如图 7-5 所示。环形网络中数据沿着一个方向在各节点间传输,当信息流中的地址与环上的某个节点地址相符时信息被该节点复制,然后该信息被送回源发送点,完成一次信息的发送。

环形拓扑结构的主要优点是由于信息流动是单向的,所以各节点发出的信息不会产生冲突,而且传输时的时延也是确定的,实时性较高;网络组网容易。主要缺点一是可靠性差,当环路上任何一个节点发生故障时都将导致整个网络的瘫痪,因此,为了保证可靠性可采用双环结构;二是灵活性差,无论是增加还是减少网络节点都需要断开原有环路,中断网络工作。

3．总线型拓扑结构

由一条高速公用总线连接若干个节点所形成的网络结构如图 7-6 所示，称为总线型拓扑结构。在总线型拓扑结构中，所有节点都通过同一条线路进行信息传输，任何一个节点发送的信息都可以沿着总线向两个方向传送，并可以被任一个节点所接收，由于其信息向四周传播，类似于广播电台，故总线型网络也被称为广播式网络。总线型拓扑结构是 LAN 技术中使用最普遍的一种。

总线型拓扑结构的主要优点是结构简单、布线容易、可靠性较高、易于扩充；主要缺点是所有数据都需经过总线传送，总线成为整个网络的瓶颈，出现故障诊断较为困难。

4．树形拓扑结构

树形拓扑是一种分级结构，如图 7-7 所示。在树形结构的网络中，任意两个节点之间不产生回路，每条通路都支持双向传输。这种结构的特点是扩充方便、灵活，成本低，易推广，适合于分主次或分等级的层次型管理系统。

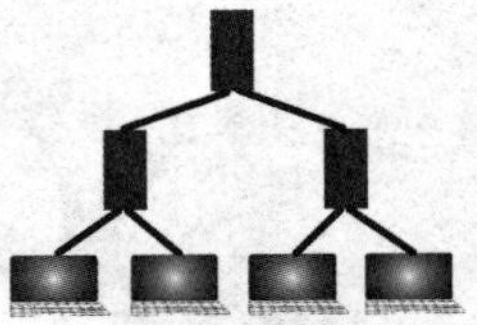

5．混合型拓扑结构

混合型结构是两种或几种网络拓扑结构混合构成的一种网络

图 7-7　树形结构

拓扑结构（也称为杂合型结构）。例如星形总线型拓扑结构是由星形结构和总线型结构的网络结合在一起的网络结构，这样的拓扑结构更能满足较大网络的扩展，解决了星形网络在传输距离上的局限，也解决了总线型网络在连接用户数量上的限制。在这种混合型网络中，通常使用双绞线作为星形拓扑结构的连接线，使用光纤作为主干线路的连接线。这种拓扑结构同时兼顾了星形网络与总线型网络的优点，同时又在一定程度上弥补了上述两种拓扑结构的缺点。

7.1.4　网络硬件

与计算机系统类似，计算机网络分为网络硬件和网络软件两部分。下面主要介绍常见的网络硬件设备。网络硬件设备根据其功能，分为传输介质和网络连接设备。

1．传输介质

传输介质是指网络连接设备间的中间介质，也是信号传输的媒体。常用的传输介质分为有线传输介质和无线传输介质两大类。

1）有线传输介质

有线传输介质是指两个通信设备之间的物理连接部分，它能将信号从一方传输到另一方。有线传输介质主要有双绞线、同轴电缆和光纤（见图 7-8）。双绞线和同轴电缆传输电信号，光纤传输光信号。

2）无线传输介质

无线传输介质指能在自由空间传输的电磁波。利用电磁波在自由空间的传播可以实现多种无线通信。在自由空间传输的电磁波根据频谱可将其分为无线电波、微波、红外线、激

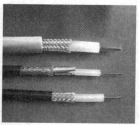

图 7-8　双绞线、同轴电缆、光纤

光等,信息被加载在电磁波上进行传输。

2．网络连接设备

除了传输介质外,还需要各种网络连接设备才能将独立工作的计算机连接起来,构成计算机网络。在计算机网络中,常用的网络连接设备有网卡、集线器、交换机及路由器等。

1) 网卡

网卡也称为网络接口卡(Network Interface Card)或网络适配器(Network Adapter),是构成网络的基本设备,也是计算机网络中最重要的连接设备之一,如图 7-9 所示。

网卡通常安装在计算机内部,用于实现计算机和有线传输介质之间的物理连接,为计算机之间相互通信提供一条物理通道,并通过这条通道进行数据的发送和接收。

2) 集线器

集线器也称为 Hub,它是连接计算机的最简单的网络设备。集线器的主要功能是对接收到的信号进行再生整形放大,以扩大网络的传输距离,同时把所有节点集中在以它为中心的节点上。Hub 上常有多个端口,有 10Mb/s、100Mb/s 和 10/100Mb/s 自适应 3 种规格,外形如图 7-10 所示。

图 7-9　网卡　　　　　　　　　　　图 7-10　集线器

3) 交换机

交换机也称为交换式 Hub(Switch Hub),如图 7-11 所示,与 Hub 外形一样,但功能比 Hub 高级,其每个端口都可以获得同样的带宽。如 100Mb/s 交换机,每个端口都有 100Mb/s 的带宽;而 100Mb/s 的 Hub 则是多个端口共享 100Mb/s 的带宽。

4) 路由器

所谓路由,是指把数据从一个地方传送到另一个地方的行为,而路由器是执行这种行为的机器。路由器是一种连接多个网络或网段的网络设备,外形如图 7-12 所示。它能将不同网络或网段之间的数据信息进行"翻译",从而使它们之间能够互相"读"懂对方的数据,构成一个更大的网络。

图 7-11　交换机　　　　　　　　　　图 7-12　路由器

路由器的主要功能有 3 个。

- 网络互连:路由器支持各种局域网和广域网接口,用于互连局域网和广域网,实现不同网络互相通信。
- 数据处理:提供包括数据过滤、分组转发等功能。
- 网络管理:提供包括配置管理、性能管理、容错管理和流量控制等功能。

7.1.5　网络软件

计算机网络的设计除了硬件,还必须考虑软件,目前的网络软件都是高度结构化的。主要有网络协议、网络操作系统以及网络应用软件等。下面主要介绍网络通信协议。

1. 网络通信协议概述

什么是网络通信协议呢?计算机网络最基本的功能就是将分别独立的计算机系统互连起来,使它们之间能互相通信(即信息交换)。通信的双方要进行对话,就必须遵守双方都认可的规则,而在计算机网络中将计算机之间通信所必须遵守的规则、标准或是某些约定统称为网络协议。网络协议是计算机网络的核心问题,是计算机网络的不可缺少的组成部分。

由于计算机网络是相当复杂的系统,通信双方必须高度协调才行,而这种"协调"是相当复杂的。为了设计这样复杂的计算机网络,人们提出了将网络分层的办法。将庞大而复杂的问题转化为若干较小的局部问题,而这些局部问题比较容易研究和处理。

在每个计算机网络中,都必须有一套统一的协议,否则计算机之间无法进行通信。不同的计算机网络或网络操作系统可以有不同的协议,这些协议具有一定的排它性。而在很多情况下,需要把不同的网络连接在一起来实现网络之间的通信。十分明显,这就需要制定一个国际范围的标准。

2. ISO 与 OSI 参考模型

为使不同计算机厂家生产的计算机能相互通信,以便在更大范围内建立计算机网络,国际化标准组织 ISO(International Standards Organization)于 1978 年提出了网络国际标准开放系统互连参考模型 OSI/RM(Open System Interconnection Reference Model),简称 OSI。在开放系统互连的术语中,"开放"是指只要遵循 OSI 标准,一个系统就可以和位于世界上任何地方的、也遵循同一标准的其他任何系统进行通信。

OSI 开放系统模型自下而上共有 7 个层次,分别为物理层(Physical Layer)、数据链路层(Data Link Layer)、网络层(Network Layer)、传输层(Transport Layer)、会话层(Session Layer)、表示层(Presentation Layer)、应用层(Application Layer),如图7-13所示。

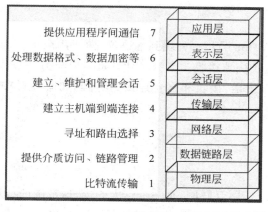

图7-13　OSI/RM层次图

OSI模型描述了网络硬件和软件如何以层的方式协同工作进行网络通信。其中,低三层可看作是传输控制层,负责有关通信子网的工作,解决网络通信问题。高三层为应用控制层,负责有关资源子网的工作,解决应用进程的通信问题。传输层为通信子网和资源子网的接口,起到连接传输和应用的作用。

这7层中的每一层都有一个特殊的网络功能。例如最高层应用层是使用者运行的应用程序(例如Windows应用程序);而最底层物理层连接通信媒体,负责数据比特流的传输;中间的每一层都向上一层提供服务,又是下一层的用户。

OSI模型作为一个完整的体系结构,具有层次分明、概念清楚的优点,但是过于复杂,不容易实现,而且运行效率很低。这里不再具体介绍。

3. TCP/IP协议族

TCP/IP协议族是一种网际互连通信协议,其目的在于实现网际间各种异构网络和异种计算机的互连通信。

TCP/IP协议族并非国际标准,但由于其开放的环境以及对各种计算机网络互连的良好支持,已成为一个事实上的工业标准。正是因为采用了TCP/IP协议,Internet得到了迅速发展。

TCP/IP协议族同样采用分层结构,将计算机网络分为应用层、传输层、网络层、网络接口层四个层次,如图7-14所示。

TCP/IP协议族是Internet网络协议集的总称,含有上百个协议,其中最基本、也是最重要的两个协议是网际协议IP和传输控制协议TCP。因此,现在人们习惯把TCP/IP协议族称为TCP/IP。

图7-14　TCP/IP协议族
四层模型

1) 网际协议IP

在Internet中,IP(Internet Protocol)详细定义了计算机通信应该遵循的规则和具体细节,其中包括分组数据包的组成以及路由器如何将一个分组递交到目的地等。IP 的主要作用是实现不同类型网络的互连和路由选择。IP 协议具有很强的灵活性，对网络硬件几乎没有任何要求，任何一个网络只要可以从一个地点向另一个地点传送二进制数据，就可以使用 IP 加入 Internet。

2）传输控制协议

TCP(Transmission Control Protocol)是一种端到端协议，向应用层提供面向连接的服务，确保网上发送的数据得以完整、正确地接收。当一台计算机需要与另一台计算机进行连接时，TCP 会让它们建立一个连接、发送、接收和终止连接的过程，同时通过"超时重传"等机制确保数据可靠传输。

7.2   Internet 基础

Internet(因特网)又称互联网或国际互联网，是一个巨大的、全球范围的计算机网络，是一种借助于现代通信和计算机技术实现全球信息传递的快捷、有效、方便的工具。Internet可以连接各种各样的计算机和各种网络，不管它们处于世界上的任何地方，只要遵循相同的通信协议 TCP/IP，都可以连接到 Internet 中。由于越来越多的人参与，接入的计算机越来越多，Internet 的规模越来越大，网络上的资源越来越丰富。

7.2.1   Internet 的产生和发展

Internet 前身是 ARPA(美国国防部高级研究计划局)于 1969 年为军事目的而建立的ARPANET(阿帕网)，最初只连接了 4 台主机，目的是将各地的不同计算机以对等通信的方式连接起来。ARPANET 在发展的过程中提出了 TCP/IP 协议，为 Internet 的发展奠定了基础。1984 年后分解为 ARPANET 民用科研网和 MILNET 军用计算机网。1986 年 NSF(美国国家科学基金会)建立了 NSFNET，分主干网、地区网和校园网 3 级网络。后来NSFNET 接管了 ARPANET，并将网络更名为 Internet，推动了 Internet 的发展。1989 年，CERN(欧洲原子核研究组织)开发的 WWW(万维网)被广泛应用于 Internet，从而使Internet 更加普及，使用更加方便。Internet 就这样由一个科研网逐步发展成为现在的面向全球的商业网。

我国最早接入 Internet 的是中国科学院高能物理研究所。1994 年 5 月，该所的计算机正式进入 Internet。1994 年，中国 Internet 只有一个国际出口和三百多个入网用户。到2000 年年初，我国的 Internet 用户已达几百万人，并且已初步建立起初具规模的四大Internet 骨干网，它们是 CHINANET(中国公用 Internet 网)、CHINAGBN(中国金桥信息网)、CSTNET(中国科技网)和 CERNET(中国教育和科研网)。

现在，人们通过 Internet 了解全球最新的科技动态、热点、新闻，促进我国与世界各国的交流，缩小了人们的距离，使地球真正成为"地球村"。

7.2.2   Internet 提供的服务

Internet 是跨越全球的网络，Internet 提供的服务非常多，并且不断出现新的应用，其中最基本、最主要的服务包括电子邮件(E-mail)服务、WWW(World Wide Web 的简称，国内称为万维网)服务、FTP(File Transfer Protocol,文件传输协议)服务等。

1. E-mail

E-mail,又称电子邮箱,是 Internet 上应用最广泛的一项服务。它是一种用电子手段提供信息交换的通信方式。通过网络的电子邮件系统,用户可以用非常低廉的价格(不管发送到哪里,都只需负担网费即可),以非常快速的方式(几秒钟之内可以发送到世界上任何指定的目的地),与世界上任何一个角落的网络用户联系,这些电子邮件可以是文字、图像、声音等各种形式。同时,用户可以得到大量免费的新闻、专题邮件,并实现轻松的信息搜索。

2. WWW 服务

WWW 是基于超文本标记语言(Hyper Text Markup Language,HTML)的、方便用户在 Internet 上搜索和浏览信息的信息服务系统,它将 Internet 上不同地点的相关数据有机地组织在一起,根据用户的查询要求,自动到相应的计算机上查找有关内容并返回结果,它的表现形式主要为网页。WWW 服务使用 HTTP 协议(Hyper Text Transfer Protocol,超文本传输协议)把用户的计算机与 WWW 服务器相连。浏览器访问 WWW 的方式通常为"http://域名"。例如"http://www.qq.com",其中 http 表示使用 HTTP 协议。现在 WWW 的应用已成为 Internet 上最受欢迎的应用之一。WWW 的出现极大地推动了 Internet 的发展。

3. FTP 服务

FTP(File Transfer Protocol)服务允许 Internet 上的用户将一台计算机上的文件传送到另一台计算机上。通常,一个用户需要在 FTP 服务器中进行注册,即建立用户账号,在拥有合法的用户名和密码后,才可进行有效的 FTP 连接和登录,然后才可以在两者之间传输文件。

目前,Internet 上的 FTP 服务主要为文件下载服务和文件上传服务。Internet 上的一些免费软件、共享软件、资料等多通过这个渠道发布。一般浏览器中 FTP 访问的格式为"ftp://ftp 服务器地址",例如"ftp://ftp.microsoft.com",其中 ftp 代表使用 FTP 协议。

4. 远程登录服务

远程登录(Telnet)是指在网络通信协议 Telnet 的支持下,用户计算机暂时成为远程某一台主机的仿真终端。只要知道远程计算机的域名或 IP 地址、账号和口令,用户就可以通过 Telnet 工具实现远程登录。登录成功后,用户可以使用远程计算机对外开放的功能和资源。

5. 其他服务

除了上述常用的 Internet 服务,还有网上聊天、网络新闻服务、电子公告板(BBS)服务、电子商务及远程教育等服务。当然,Internet 上还有一些新兴的服务正以其丰富多彩的界面吸引着越来越多的用户使用它们。

7.2.3 IP 地址

就像日常生活中人们相互通信需要对方的地址一样,互联网中的计算机要互相通信也要有一个可唯一识别的地址,这个地址就是 IP 地址。所谓 IP 地址,就是给网络上的每台主机分配一个唯一的 32 位地址,以便在网络上寻址。

IP 地址是 TCP/IP 协议中所使用的网际层地址标识。IP 协议经过近三十年的发展,主要有 IPv4 协议和 IPv6 协议两个版本,它们的最大区别是地址表示方式不同,前者由 32 位二进制组成,而后者由 128 位组成。目前,因特网广泛使用的 IPv4 即 IP 地址第四版本,在本书中如果不加以特殊说明,IP 地址是指 IPv4 地址。

从概念上讲,每个 IP 地址由网络号标识和主机号标识两部分组成。IP 地址有固定的、规范的格式。目前规定 IP 地址长度由 32 位二进制数(4 个字节)组成,分成四组,每 8 位构成一组,这样每组所能表示的十进制数的范围是 0～255,组与组之间用“.”隔开。例如,202.198.0.10 和 10.3.45.24 都是合法的 IP 地址。

为了便于对 IP 地址进行管理,同时还考虑到网络的差异很大,有的网络有很多主机,而有的网络上主机则很少,根据地址的第一段将 IP 地址分成 5 类,即 A 类、B 类、C 类、D 类和 E 类:0-127 为 A 类;128-191 为 B 类;192-223 为 C 类,D 类和 E 类留作特殊用途(见表 7-1)。

表 7-1　5 类 IP 地址

类型	范　　围		
A 类	0.0.0.0	到	127.255.255.255
B 类	128.0.0.0	到	191.255.255.255
C 类	192.0.0.0	到	223.255.255.255
D 类	224.0.0.0	到	239.255.255.255
E 类	240.0.0.0	到	247.255.255.255

IP 地址现在由 Internet 网络信息中心 INTERNIC 进行分配,但是,由于近几年 Internet 上的节点数量增长速度太快,IP 地址逐渐匮乏,很难达到 IP 设计初期希望给每一台主机都分配唯一 IP 地址的期望。为了解决 IPv4 协议面临的地址短缺的问题,新的协议和标准 IPv6 诞生了。IPv6 协议中包括新的协议格式、有效的分级寻址和路由结构、内置的安全机制等,其中最重要的就是长达 128 位的地址结构。IPv6 的地址空间是 IPv4 的 2^{96} 倍,能提供超过 3.4×10^{38} 个地址。可以说,有了 IPv6,在今后的 Internet 发展中,几乎可以不用担心地址短缺的问题。

7.2.4 域名系统

为了解决用户记忆 IP 地址困难的问题,便引入域名(domain name)的概念。域名,简单来说就是由一串用点分隔的名字组成的 Internet 上某一台计算机的名称。用户可以避开 IP 地址,使用域名来访问网络上的计算机。域名与 IP 地址的关系就像某人的姓名和身份证号码之间的关系。

1. 域名

域名(Domain name)的实质是用一组由字符组成的名字代替 IP 地址,优点是记忆方便。为了避免重名,域名采用层次结构,各层次之间用圆点"."作为分隔符,它的层次从左到右逐级升高,其一般格式是"主机名.组织机构名.第二级域名.第一级域名"。

第一级域名也称为顶级域名,在 Internet 中,顶级域名是标准化的,分为组织机构和地理模式两类。几种常见的域名代码如表 7-2、表 7-3 所示。

表 7-2　常用一级组织机构域名的标准代码

com(商业)	edu(教育)	gov(政府机构)
mil(军事部门)	org(民间团体或组织)	net(网络服务机构)

表 7-3　常用一级地理模式的标准代码

国家或地区代码	国家或地区名	国家或地区代码	国家或地区名
au	澳大利亚	cn	中国
jp	日本	fr	法国
ca	加拿大	us	美国

第二级域名是指在顶级域名之下的域名。在地理模式顶级域名注册的二级域名均由该国自行确定。我国将二级域名划分为"类别域名"和"行政区域名",共有 40 个,如 GOV(表示国家政府部门)、EDU(表示教育机构)、BJ(北京市)、SH(上海市)等。

2. 域名系统 DNS

域名系统 DNS(Domain Name System)是一个遍布在 Internet 上的分布式主机信息数据库系统。域名系统主要是通过为每台主机建立 IP 地址与域名之间的映射关系实现文字式的域名和 IP 地址之间的转换,亦称为域名解析。DNS 就是进行域名解析的服务器。

在 Internet 上使用域名访问站点时,域名系统首先将域名"翻译"成对应的 IP 地址,然后访问这个 IP 地址。所以使用域名或 IP 地址,两者具有相同的效果。

7.2.5　接入 Internet

随着技术的不断发展,各种 Internet 接入方式应运而生。目前常见的 Internet 接入方式有拨号、ADSL、局域网接入和有线电视网接入方式等。

1. 拨号接入

拨号接入指的是利用调制解调器(MODEM,俗称"猫")将计算机通过电话线与 Internet 主机相连。当需要上网时,拨打一个特殊的电话号码(即上网账号),即可将计算机与 Internet 主机连接起来。

拨号接入操作简单、使用方便、灵活性强,只要有 MODEM 和电话线便可上网。但是上网速度慢(最高为 56kb/s),费用较高,而且上网期间长期占用电话线路,不能拨打或接听电话。

2．ADSL 接入

ADSL 是非对称数字用户线路(Asymmetric Digital Subscrible Line)的简称,是一种通过电话线提供宽带数据业务的技术,其技术比较成熟,发展较快。ADSL 是一种非对称的 DSL 技术,所谓非对称是指用户线的上行速率与下行速率不同,上行速率低,下行速率高,特别适合传输多媒体信息业务。通常 ADSL 接入在不影响正常电话通信的情况下可以提供最高 3.5Mb/s 的上行速率和最高 24Mb/s 的下行速率。

目前 ADSL 上网主要采用 ADSL 虚拟拨号接入。除了计算机外,使用 ADSL 接入 Internet 需要的设备有一台 ADSL MODEM、一个 ADSL 分离器和一条电话线。

3．局域网接入

所谓局域网接入,是指用户的计算机通过局域网接入 Internet。这种方式的前提是局域网已经以某种方式连入 Internet。目前,新建住宅小区或商务楼流行局域网接入,这种接入方式在出口处使用的技术种类很多,其中 FTTx(Fiber-to-the-x,光纤接入)＋LAN 是一种较新的大楼或小区接入技术。通常网络服务商采用光纤接入楼或小区,再通过光纤接入交换机把光信号转化为电信号,然后通过双绞线接入用户家里,这样可以为整栋楼或小区提供更大的共享带宽。而用户通常采用虚拟拨号接入局域网。

根据光纤深入到用户群的距离来分类,光纤接入网分为 FTTC(光纤到路边)、FTTZ(光纤到小区)、FTTB(光纤到楼)、FTTO(光纤到办公室)和 FTTH(光纤到户),它们统称为 FTTx。

4．有线电视网接入

有线电视网接入也即 Cable MODEM(线缆调制解调器)接入,是指利用 Cable MODEM 将电脑接入有线电视网。有线电视网目前多数采用光纤—同轴混合网(HFC)模式,HFC 采用光纤作传输干线,同轴电缆作分配传输网,即在有线电视前端将 CATV(有线电视)信号转换成光信号后用光纤传输到服务小区(光节点)的光接收机,由光接收机将其转换成电信号后再用同轴电缆传到用户家中。

Cable MODEM 通过有线电视上网,传输速率可达 10～36Mb/s。除了实现高速上网外,还可实现可视电话、电视会议、远程教学、视频在线点播等服务,实现上网、看电视两不误,成为事实上的信息高速公路。

7.3　IE 浏览器的使用

网络浏览的过程就是用浏览器查询网页中信息的过程。目前最常用的浏览器是微软公司开发的(IE)Internet Explorer 浏览器,即互联网浏览器。它是 Windows 系统自带的浏览器。

7.3.1　IE浏览器的使用简介

1. 启动IE浏览器

在Windows 7中，启动IE浏览器的方法有多种，可以单击"开始"按钮，选择"所有程序"→Internet Explorer命令，也可以双击桌面上的IE浏览器快捷方式图标，或单击任务栏快速启动工具栏中的IE浏览器图标。

2. 浏览器界面的组成

IE浏览器工作界面如图7-15所示。可以看到它与常用的应用程序相似，有标题栏、菜单栏、工具栏、工作区及状态栏等。

图7-15　IE 8.0浏览器界面

7.3.2　IE浏览器的常用操作

1. 浏览网页

在Internet中，每一个网站或网页都有一个网址，如果要访问该网站或网页，需要在IE浏览器窗口的地址栏文本框中输入网址，例如输入"www.qq.com"，如图7-16所示，单击转到按钮或者按Enter键，当网页下载结束后即可访问腾讯主页。

图7-16　输入网址

当在 IE 浏览器窗口内打开多个网页时,可以利用工具栏中的按钮进行页面间的切换。进入 IE 浏览器界面后,工具栏中显示了常见的网页切换按钮,如图 7-17 所示。

图 7-17　工具按钮

后退:单击"后退"按钮可以转到当前网页打开前的一页。

前进:单击"前进"按钮可以转到后一页。

【注意】　如果"后退"和"前进"按钮都呈灰色(不可用),则表明目前在 IE 窗口中只打开了一个网页。

刷新:单击"刷新"按钮将重新打开当前的网页。

停止:单击工具栏中的"停止"按钮,将中止当前操作。

2. 保存网页

如果想在不接入 Internet 的情况下也能浏览网页,不妨将网页保存到计算机硬盘中,IE 允许以 HTML 文档、文本文件等多种格式保存网页。具体操作步骤如下。

(1) 打开需要保存的网页,选择"文件"→"另存为"命令,如图 7-18 所示。

图 7-18　选择"另存为"命令

(2) 弹出"保存网页"对话框,在"文件名"下拉列表框中输入指定的一个文件名,如"腾讯首页",在"保存类型"下拉列表框中选择"网页,全部(＊.htm;＊.html)",如图 7-19 所示。

(3) 单击"保存"按钮,即可将网页以指定的名称、类型保存在本地计算机上,以后用户可以随时用相关程序(如 IE 或 Word)打开网页进行浏览。

3. 保存网页中的图片

对于网页上的一些图片,如果用户喜欢,可以将网页中的图片单独保存到计算机中。保

图 7-19 保存网页

存图片的步骤如下。

（1）在需要保存的图片上右击，在弹出的菜单中选择"图片另存为"命令，如图 7-20 所示。

（2）弹出"保存图片"对话框，选择图片的保存路径，填写图片的保存名称，单击"保存"按钮，即可将图片保存到指定路径，如图 7-21 所示。

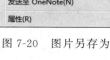

图 7-20 图片另存为　　　　　　　　　　　图 7-21 保存图片

4. 将网页添加到收藏夹

利用 IE 浏览器的"收藏夹"功能可以将许多感兴趣的网页收藏起来，用户以后可以随时查阅和浏览该网页。下面介绍将网页保存到收藏夹的操作步骤。

（1）打开要收藏的网页，选择"收藏夹"→"添加到收藏夹"命令，如图 7-22 所示。

图 7-22　收藏网页

（2）弹出"添加收藏"对话框，在"名称"文本框中输入名称，单击"添加"按钮，如图 7-23 所示。

（3）网页被收藏后，单击"收藏夹"菜单项，在弹出的下拉菜单中即可看到已经收藏的网页名称，单击即可打开并浏览，如图 7-24 所示。

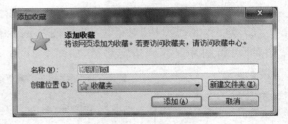

图 7-23　添加收藏

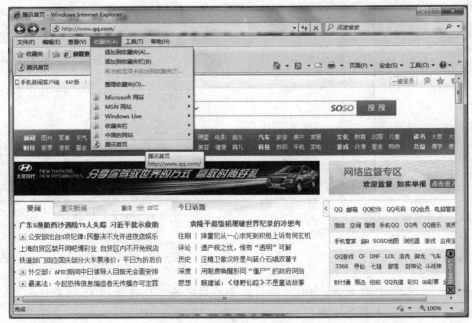

图 7-24　使用收藏网页

7.4　收发电子邮件

随着计算机的普及,全世界越来越多的人通过网络进行实时交流。本节我们将具体探讨电子邮件的一些特点和使用方法。

7.4.1　电子邮件简介

电子邮件(E-mail)英文全称为 Electronic Mail,是一种用电子手段提供信息交换的通信方式,是 Internet 应用最广的服务。类似于普通生活中邮件的传递方式,电子邮件采用存储转发的方式进行传递,根据电子邮件地址由网上多个主机合作实现存储转发,从发信源结点出发,经过路径上若干网络结点的存储和转发,最终使电子邮件传送到目的邮箱。

电子邮件通过网络传送,具有方便、快速、不受地域或时间的限制、费用低廉、相对安全等优点,深受广大用户欢迎。

与生活中邮递信件需要写明收件人的地址类似,要使用电子邮件服务,首先要拥有一个电子邮箱,每个电子邮箱应有一个唯一可识别的电子邮件地址。电子邮箱通常由用户提供申请,然后由提供电子邮件服务的机构为用户建立。当用户需要使用电子邮件服务时,根据自己设置的用户名和邮箱密码登录进入到邮箱后,即可收发电子邮件。电子邮件不仅可以传输文字,还可传输文本、图片、音乐、动画等多媒体文件。

电子邮件地址的通用格式为"用户名@主机域名"。

用户名代表收件人在邮件服务器上的账号。用户名由用户自行设置,用户可根据自己的喜好和习惯设置各种适合自己并区别于其他人的用户名。通常用户名要求包括 6~18 个字符,包括字母、数字和下画线等。用户名通常以字母开头,以字母和数字结尾,并且不区分大小写。

主机域名是指提供电子邮件服务的主机的域名,代表邮件服务器。

例如"swsm_sj@163.com"就是一个电子邮件地址,它表示在"163.com"邮件主机上有一个名为 swsm_sj 的电子邮件帐户。

7.4.2　申请免费电子邮箱

在网上有很多提供免费电子邮箱的网站,如新浪、搜狐、网易等。下面以申请免费网易电子邮箱"swsm_sj@163.com"为例介绍申请电子邮箱和发送电子邮件的方法。

(1) 在 IE 浏览器的地址栏输入网址"http://www.163.com",打开网易主页,单击"注册免费邮箱"超链接,如图 7-25 所示。

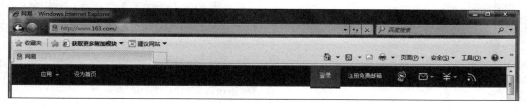

图 7-25　网易主页

（2）在打开的"注册网易免费邮箱"窗口中单击"注册字母邮箱"按钮，如图 7-26 所示。

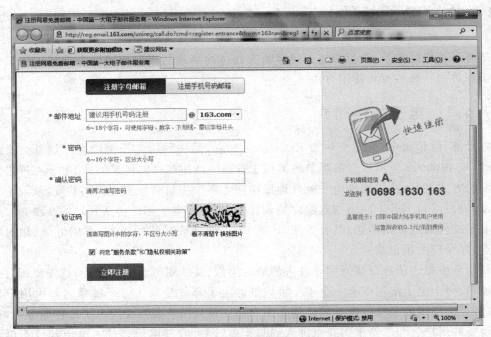

图 7-26　注册网易免费邮箱

（3）根据要求，在"邮件地址"文本框中输入用户名，在"密码"文本框中输入所需要的密码等信息，如图 7-27 所示。

图 7-27　填写注册信息

（4）单击"立即注册"按钮，即可激活邮箱，并进入电子邮箱，如图 7-28 所示。

图 7-28 进入网易免费邮箱

按照以上方法，用户可以在大多数的 ISP 机构申请邮箱。

7.4.3 使用浏览器收发电子邮件

当成功申请免费电子邮箱后，一般可以立即使用。下面利用上面申请的电子邮箱介绍如何收发电子邮件。

（1）打开网易主页，鼠标指针移到红色"登录"按钮上方，弹出面板，如图 7-29 所示。

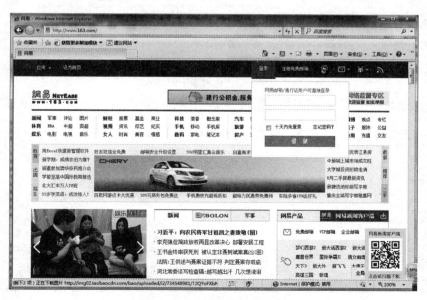

图 7-29 登录网易免费邮箱

　　（2）在文本框中分别输入邮箱的帐号和密码，单击"登录"按钮。如果用户名和密码正确，则登录成功进入邮箱，如图 7-30 所示。

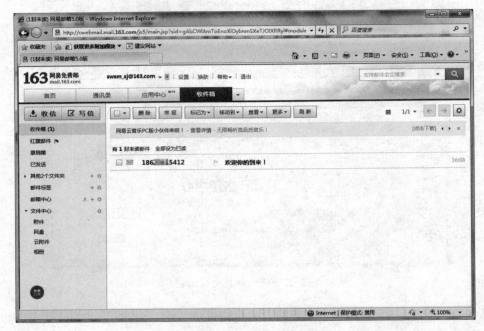

图 7-30　进入网易免费邮箱

　　（3）单击左侧列表中的"收信"按钮，将在右侧窗格看到收件箱中的邮件，如图 7-31 所示。

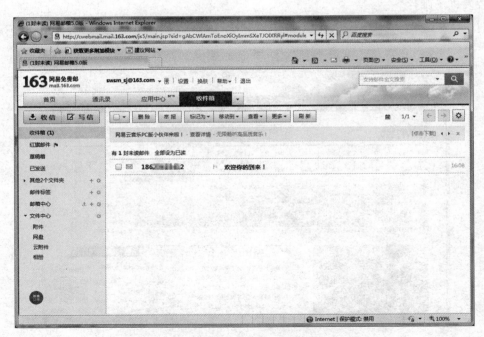

图 7-31　网易收件箱

（4）单击相应的邮件名称即可进入邮件正文页面查看邮件，并可在该窗口中进行删除、回复、转发等操作，如图 7-32 所示。

图 7-32 阅读邮件

（5）单击左侧列表中的"写信"按钮，在右侧显示的邮件编写窗口中设置一些必要的收件/发件信息，如对方的 E-mail 地址、主题、邮件正文等，如图 7-33 所示。

图 7-33 撰写邮件

（6）邮件编写完后，单击"发送"按钮，出现如图 7-34 所示的发送成功界面。

图 7-34　邮件发送成功

7.4.4　通过 Microsoft Outlook 2010 管理电子邮件

除了可在网页上进行电子邮件的收发，用户还可以使用电子邮件客户机软件管理电子邮件。在日常生活中，使用后者更加方便，功能也更为强大。目前电子邮件客户机软件很多，如 Foxmail、金山邮件、Outlook 等都是常用的电子邮件客户机软件。虽然软件的界面各不相同，但其操作方法基本类似。

下面将具体介绍如何使用 Microsoft Outlook 2010 管理电子邮件。

1. Microsoft Outlook 2010 简介

Microsoft Outlook 2010（以下简称 Outlook）是 Office System 2010 套装软件的组件之一，其主要功能是进行电子邮件的收发和个人信息管理。使用 Outlook，可以方便地收发电子邮件、管理联系人信息、记日记及安排日程等。

启动 Microsoft Outlook 2010 的方法如下。

- 单击"开始"按钮，选择"所有程序"→Microsoft Office →Microsoft Outlook 2010 命令。
- 双击桌面上的 Microsoft Outlook 快捷方式图标。

启动 Microsoft Outlook 2010 后，即打开如图 7-35 所示的 Microsoft Outlook 2010 主界面。

图 7-35 Microsoft Outlook 2010 窗口界面

2. 配置邮箱账号

创建与管理账号是 Outlook 的基本功能,利用该功能可以创建多个账户。

在使用 Outlook 收发电子邮件之前,必须对 Outlook 进行账号设置,具体操作步骤如下。

(1) 在 Microsoft Outlook 2010 主界面中选择"文件"→"信息"命令,打开"账户信息"设置页面,如图 7-36 所示

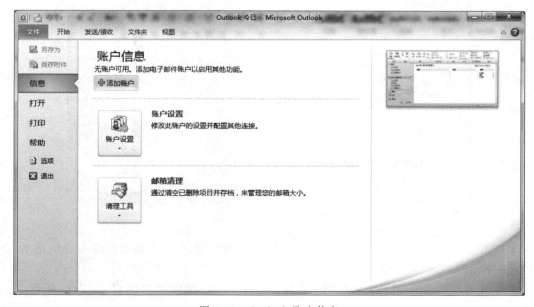

图 7-36 Outlook 账户信息

（2）单击"添加账户"按钮，打开"添加新账户"对话框，选中"电子邮件账号"单选按钮，单击"下一步"按钮，如图 7-37 所示。

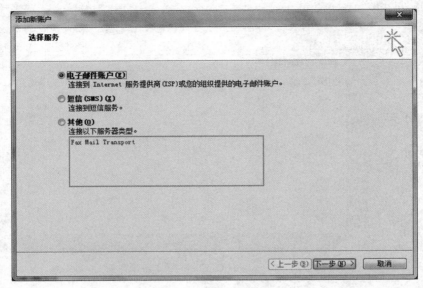

图 7-37　添加新账号

（3）在"您的姓名"文本框中输入账号的名称，如"涉外商贸学院"。在"电子邮件地址"和"密码"文本框中分别输入电子邮件地址和密码等信息，如图 7-38 所示。

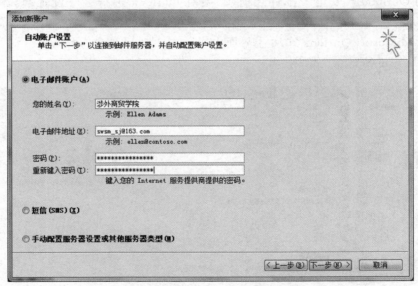

图 7-38　设置账户信息

（4）单击"下一步"按钮，打开"正在配置"界面，其中显示了配置邮箱服务器的进度，如图 7-39 所示。

（5）配置完成后会在"添加新账户"对话框中显示"祝贺您！"的提示信息，如图 7-40 所示。

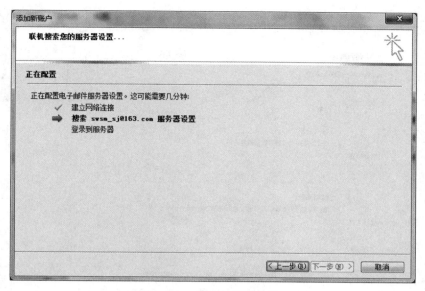

图 7-39　设置邮箱服务器

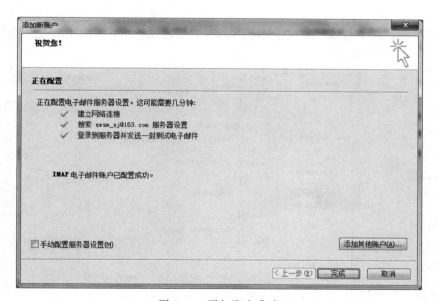

图 7-40　添加账户成功

（6）选择"文件"→"信息"命令，"账户信息"列表中会显示出新创建的账号信息。此时就可以使用 Outlook 进行邮件的收发了，如图 7-41 所示。如果还有其他账户，可继续按照相同的方法添加。

3. 邮件的接收与阅读

使用 Outlook 接收电子邮件的具体方法如下。

（1）启动 Outlook，在主界面左侧窗格中单击"收件箱"按钮，中间窗格列出收到邮件的列表，右部是邮件的预览区，如图 7-42 所示。

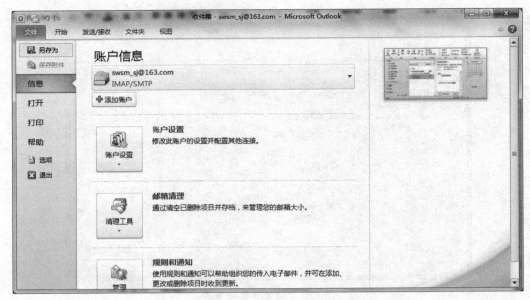

图 7-41 查看账号信息

图 7-42 Outlook 收件箱

（2）在功能区单击"发送/接受所有文件夹"按钮，如果有邮件到达，会出现如图 7-43 所示的"Outlook 发送/接收进度"窗口，并显示出邮件接收的进度。

（3）下载完毕以后就可以阅读邮件了。在左侧窗格中的"收件箱"列表项处会显示收到的邮件数量，单击"邮件"列表区，在邮件预览区就会显示相应邮件的内容，如图 7-44 所示。

（4）双击中间窗格邮件列表区中需要阅读的邮件，将弹出邮件阅读窗口显示邮件内容，如图 7-45 所示。

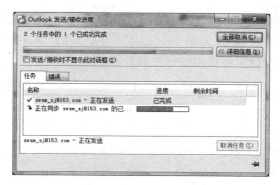

图 7-43　Outlook 发送/接收进度

图 7-44　Outlook 收件箱

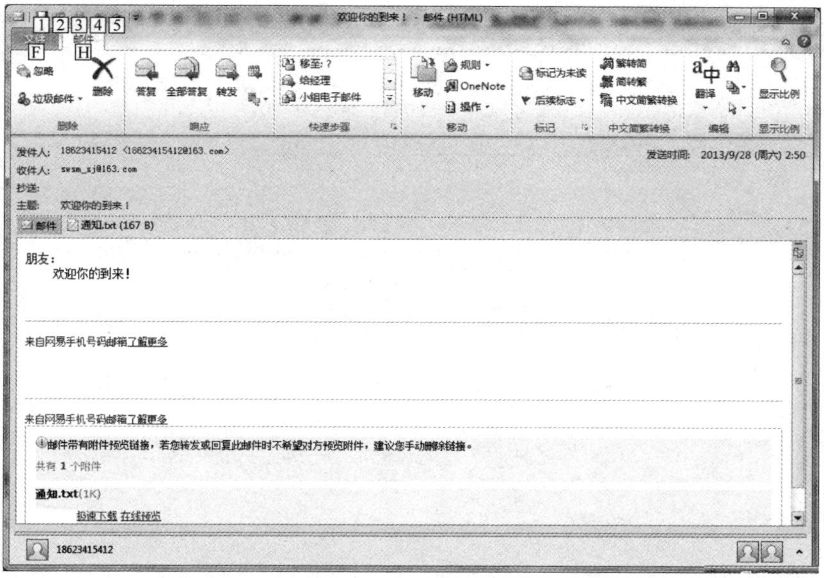

图 7-45　阅读邮件窗口

（5）如果收到的邮件带有附件，邮件图标右侧会列出附件的名称。右击文件名，在弹出的快捷菜单中选择"另存为"命令，如图 7-46 所示。在打开的"保存附件"对话框中指定保存路径，然后单击"保存"按钮，即可把附件保存到计算机中。

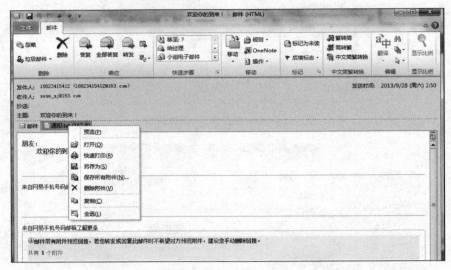

图 7-46　保存附件

4. 撰写与发送邮件

使用 Outlook 撰写与发送电子邮件的具体方法如下。

（1）单击 Outlook 窗口主界面左侧的"邮件"按钮，然后单击常用工具栏中的"新建电子邮件"按钮，打开撰写邮件窗口，如图 7-47 所示。

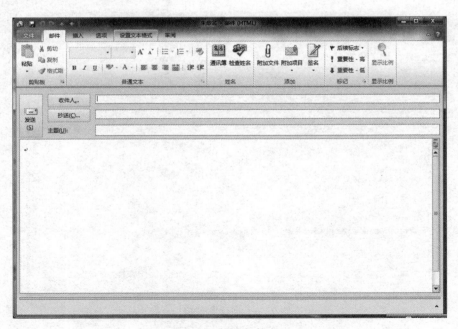

图 7-47　撰写邮件窗口

（2）在"收件人"文本框中输入收件人的 E-mail 地址，在"主题"文本框中输入邮件的主题，在邮件文本区域输入邮件的内容，如图 7-48 所示。

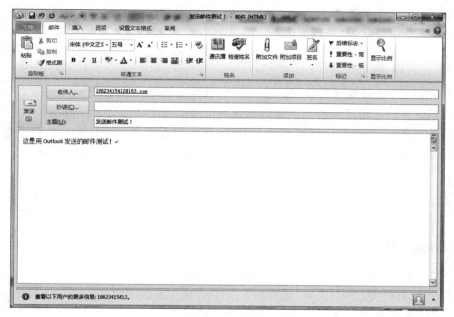

图 7-48 撰写邮件

（3）如需添加附件，单击"附加文件"按钮，在弹出的"插入文件"对话框中选择要附加的文件，则在邮件窗口的"附件"文本框中将会列出所插入的附件，如图 7-49 所示。

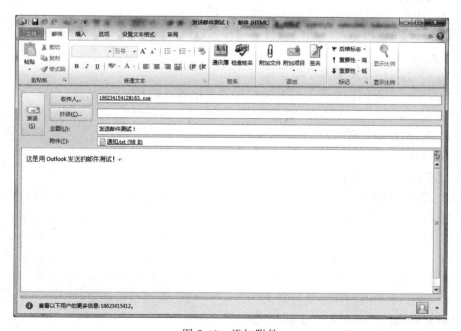

图 7-49 添加附件

（4）单击"发送"按钮，即可将邮件发送到指定邮箱。

对于邮件的正文，我们可以像编辑 Word 文档一样进行一些排版操作。例如改变字体大小、颜色、调整对齐方式，甚至插入图片、表格等。

- 抄送：所谓抄送，就是在你给某人发送邮件时同时将这封信发送给其他人，具体来说就是发送邮件时在"抄送"中填入多个 E-mail 地址，各地址之间用逗号或分号隔开，再将信发出。
- 密件抄送：密件抄送和抄送的唯一区别就是它能够避免各个收件人查看到这封邮件同时还发送给了哪些人。密件抄送是个很实用的功能，假如一次向成百上千位收件人发送邮件，最好采用密件抄送方式，既可以保护各个收件人的地址不被其他人轻易获得，也可以使收件人节省下收取大量抄送的 E-mail 地址的时间。

习题 7

1. 单项选择题

（1）有一域名为 bit. edu. cn，根据域名代码的规定，此域名表示（　　）。

　　A. 政府机关　　　　B. 商业组织　　　　C. 军事部门　　　　D. 教育机构

（2）下列各项中，非法的 Internet 的 IP 地址是（　　）。

　　A. 202.96.12.14　　　　　　　　　　B. 202.196.72.140

　　C. 112.256.23.8　　　　　　　　　　D. 201.124.38.79

（3）关于电子邮件的说法，不正确的是（　　）。

　　A. 电子邮件的英文简称是 E-mail

　　B. 加入英特网的每个用户通过申请都可以得到一个"电子信箱"

　　C. 在计算机上申请的"电子信箱"，以后只有通过这台计算机上网才能收信

　　D. 一个人可以申请多个电子信箱

（4）Internet 中不同网络和不同计算机相互通信的基础是（　　）。

　　A. ATM　　　　　　B. TCP/IP　　　　C. Novell　　　　D. X. 25

（5）域名 MH. BIT. EDU. CN 中主机名是（　　）。

　　A. MH　　　　　　B. EDU　　　　　C. CN　　　　　D. BIT

（6）计算机网络的目标是实现（　　）。

　　A. 数据处理　　　　B. 文献检索　　　　C. 资源共享和信息传输信息传输

（7）若要将计算机与局域网连接，则至少需要具有的硬件是（　　）。

　　A. 集线器　　　　　B. 网关　　　　　C. 网卡　　　　　D. 路由器

（8）Modem 是计算机通过电话线接入 Internet 时所必须的硬件，它的功能是（　　）。

　　A. 只将数字信号转换为模拟信号　　　B. 只将模拟信号转换为数字信号

　　C. 为了在上网的同时能打电话　　　　D. 将模拟信号和数字信号互相转换

（9）通常网络用户使用的电子邮箱建在（　　）。

　　A. 用户的计算机上　　　　　　　　　B. 发件人的计算机上

　　C. ISP 的邮件服务器上　　　　　　　D. 收件人的计算机上

（10）下列说法中，正确的是(　　　)。

    A. 域名服务器(DNS)中存放 Internet 主机的 IP 地址

    B. 域名服务器(DNS)中存放 Internet 主机的域名

    C. 域名服务器(DNS)中存放 Internet 主机域名与 IP 地址的对照表

    D. 域名服务器(DNS)中存放 Internet 主机的电子邮件的地址

2. 操作题

（1）进入"第 7 章素材库\习题 7.2\保存网页"文件夹，利用 IE 等网页浏览器，按要求保存网页，具体要求如下：

某网站的主页地址是：http：//www.qq.com，任意打开一条新闻页面浏览，并将页面以 HTML 格式保存到指定文件夹下。

（2）进入"第 7 章素材库\习题 7.2\发送电子邮件"文件夹，利用 Outlook 按要求发送电子邮件，具体要求如下：

使用 Outlook 给张斌(zhangbin@163.com)发送邮件，插入附件"关于参加运动会的通知.txt"，并使用密件抄送将此邮件发送给 liuqi@sohu.com。

（3）进入"第 7 章素材库\习题 7.2\接收阅读电子邮件"文件夹，按要求接收电子邮件，具体要求如下：

使用 Outlook 接收邮件，并查看其内容，并保存相应的附件到"我的电脑"指定的位置。

第8章

网页制作

互联网是一个浩瀚的知识海洋,越来越多的人从各种网站上获取各方面的知识。随着网络的高速发展,各种网站也以惊人的速度不断增加,网站建设和网页制作越来越成为各公司发展的重中之重。与此同时,也有越来越多的学生及技术爱好者在学习并推广应用网页制作这门技术。众多的网页制作工具让人眼花缭乱,难以取舍。本章将介绍 Dreamweaver CS6 的应用方法,并以网站建设流程为主线介绍网页制作的基础技术。

学习目标:

- 了解网页制作的基本流程。
- 了解常用的网页制作工具。
- 理解客户服务器模式及 WWW 工作原理。
- 掌握 HTML 文档基本结构及常用标记。
- 掌握利用 Dreamweaver CS6 制作网页的基本方法。
- 理解网页测试发布的作用及方法。

8.1 网页制作流程

网页建设之初就应该有一个整体的战略和目标设计,有一个整体的规划,要明确内容的主题及最终期望达到的效果,然后才可以选择合适的技术进行制作设计。当网页实现了设计要求之后,就可发布到互联网上,并进行必要的宣传推广。网页在后期还需要定期维护,以保持内容新颖和功能完善。

对于初学者而言,对网页制作的流程有一个大致的认识是很有必要的。网页制作是一个循环往复的过程,如图 8-1 所示。

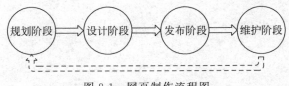

图 8-1 网页制作流程图

8.1.1 规划阶段

一个网站的成功与否与建站前的网站规划有着极为重要的关系。在建立网站前应明确建设网站的目的,确定网站的功能,确定网站规模及投入费用,进行必要的市场分析等。只有详细的规划才能避免在网站建设中出现的很多问题,才能使网站建设能顺利进行。

网站规划是指在网站建设前对市场进行分析、确定网站的目的和功能,并根据需要对网站建设中的技术、内容、费用、测试、维护等做出规划。

1. 网站定位要精准

建站的目的是为用户提供服务,部分网站还需获取盈利,如果定位错误,用户对提供的服务不感兴趣也就意味这是一个没有价值的网站。没有价值以及不能获取盈利的网站最终都是会被关掉的。那么应该如何来进行网站定位呢? 要做一个网站,必然就是做自己所了解的行业,既然了解这个行业,就很清楚这个行业里的利与弊,取利舍弊,从能提供的优质服务出发来定制一个发展方向就可以了。

2. 网站栏目规划要清晰

对于一个好的网站,导航栏是很重要的,用户都是通过导航栏来选择自己感兴趣的栏目,进而继续寻找自己想要的信息和服务,导航栏应该很清楚地体现网站所提供的信息和服务的重点。

3. 网站要有自己的特色

网站一定要有自己的特色,绝大多数的企业网站都是千篇一律的模式,有好的产品服务也没能在网站首页体现出来。现在这个时代,即便是酒香也怕巷子深,既然做了网站,就应该把自己的特色搬出来,让用户第一眼就看到。

4. 注重细节和用户体验

网站做出来后面对的几乎都是潜在的客户,然后在这些潜在的客户中找出优质客户。网站本身要注重的细节就是结构要清晰,不能单击一下进去之后想找回原来那个页面却找不到了,这是大忌。清晰的栏目结构可以让客户愿意花更多的时间来浏览网站信息,尽量做到每一篇文章都是对用户有用的,对每一个产品都有详细的介绍能让用户一目了然了解产品所有的重要信息。做网站之前先去同行的网站看看,看看别人的网站提供的是什么服务,用户的态度是怎样的,用户体验是很重要的,可以做一个调查来了解用户的行为习惯和意向及用户想要但是目前网络上还没有的信息。通过调查结果来展开内容产品介绍可以取得很好的效果。

8.1.2　设计阶段

什么是网页设计呢? 通俗来说,网页设计就是通过页面结构定位、合理布局、图片文字处理、程序设计及数据库设计等一系列工作的总和。设计阶段包括两方面,一方面要决定网页的内容、导航结构和其他制作要素;另一方面要根据内容设计网页的外观,包括排版、文字字体设置、导航条设计等。

网页制作应该是一切以人为本,用户体验始终放在第一位,网页设计、网站架构、代码编写不仅仅是一个复制粘贴的过程。对于内容主题的选择,要做到小而精,主题定位要小,内容要精。网站制作要突出个性,注重浏览者的综合感受,力求在众多的网站中脱颖而出。

另外,选择一种好的、可视化的、所见即所得的网页制作工具是很有必要的,这样可以更方便快捷地使用较新的技术完成我们的设计制作工作。

8.1.3 发布阶段

网页设计完成之后,网页建设任务可以告一段落,经过测试确定无误后,即可以发布到和 Internet 相连的服务器上去。为了让更多的人访问网站,进行网站推广是很重要的,其目的在于让尽可能多的潜在用户了解并访问网站,以通过网站获得有关产品和服务等信息。

网站推广需要借助于一定的网络工具和资源,常用的网站推广工具和资源包括搜索引擎、分类目录、电子邮件、网站链接、在线黄页和分类广告、电子书、免费软件、网络广告媒体、传统推广渠道等。所有的网站推广方法实际上都是对某种网站推广手段和工具的合理利用,因此制定和实施有效的网站推广方法的基础是对各种网站推广工具和资源的充分认识和合理应用。

8.1.4 维护阶段

建站容易维护难。对于网站来说,只有不断地更新内容才能保证网站的生命力,否则网站不仅不能起到应有的作用,反而会对企业或个人自身形象造成不良影响。如何快捷方便地更新网页,提高更新效率,是很多网站面临的难题。现在网页制作工具很多,但为了更新信息需要日复一日地编辑网页,对于信息维护人员来说,疲于应付是普遍存在的问题。内容更新是网站维护的一个瓶颈。

Dreamweaver CS6 在网站维护上的特色是其他网页编辑软件所无法比拟的。设计说明功能能及时地跟踪网页文件的情况。网站报告如此强大,不仅仅可以用来监控网页,还可以用来监控设计说明和工作流程。特别是在多人开发同一网站的情况下,签入/签出功能有效地避免了编辑网页时可能会出现的冲突。

8.2 WWW 概述

WWW(World Wide Web)又称万维网,是分布在世界各地的计算机互相连接在一起组成的信息仓库。在 WWW 中信息以文档的形式存放在世界某个角落的某一台计算机中,每一个文档被称为网页(Web Page)。用户是如何来获取这些网页信息的呢?

8.2.1 客户端服务器模式

在计算机网络中,客户端服务器模式已成为网络计算的核心思想之一,它是相互协作的应用程序之间主要的交互模式。

服务器(Server)指的是能在网络上提供服务的一台计算机。服务器能接收请求,产生响应,并将结果返回给客户端。

客户端(Client)能向服务器发出请求并能处理接收服务器返回的信息。

例如,当用户在自己的个人计算机上打开浏览 cctv.com 网站时,cctv.com 所在的计算机就称为服务器,而用户自己的电脑就称为客户端,如图 8-2 所示。

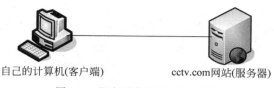

自己的计算机(客户端)　　　　　　cctv.com网站(服务器)

图 8-2　服务器与客户端示例图

8.2.2　WWW 工作原理

WWW 的工作原理有 3 个要素,即 WWW 服务器、WWW 浏览器及两者之间的协议规范。简单地说,WWW 服务器的功能是生成并传递文档,WWW 浏览器的功能是接收文档,并在客户机上对文档进行解释表达。

当用户想进入万维网上的一个网页或者其他网络资源的时候,通常要首先在浏览器上输入想访问的网页的统一资源定位符(Uniform Resource Locator,URL),或者通过超链接方式链接到那个网页或网络资源。

WWW 服务器收到客户机的请求后,客户机即与此服务器开始通信,它们之间的请求与响应方式遵循超文本传输协议(HTTP 协议)。在通常情况下,服务器将客户端所请求网页的 HTML 文本、图片和构成该网页的一切其他文件很快逐一发送给客户端。

WWW 网络浏览器接下来的工作是把 HTML、CSS 和其他接收到的文件所描述的内容,加上图像、链接和其他必需的资源解释后显示给用户。这些就构成了用户所看到的“网页”。这种网页文件由 HTML 标记组成,扩展名一般为 htm 或 html,如图 8-3 所示。

发出请求(URL)
返回网页(HTML)
用户计算机(安装WWW浏览器)　　　　Web服务器(安装WWW服务器)

图 8-3　WWW 工作原理图

8.3　网页制作工具介绍

目前,网页制作与开发软件种类较多,这些软件可以实现主页制作与 HTML 语言相分离,用户只需要在编辑器中输入文本或图片,网页编辑软件将会把这些文本或图片转换成相应的 HTML 语言代码。网页编辑软件实现了“所见即所得”的制作效果,大大简化了制作网页的难度。在这么多网页制作软件中,目前最知名和最常用的两套热门软件应该是 SharePoint Designer 2010 和 Dreamweaver CS6。

8.3.1　SharePoint Designer 2010 简介

Microsoft FrontPage 是微软公司推出的一款集网页设计、制作、发布、管理于一体的软件,用它可以快速编辑一个网页,具有上手快、易学、易用的特点,它是微软公司出品的一款网页制作入门级软件。

SharePoint Designer 是微软公司继 FrontPage 之后推出的新一代网站创建工具。Microsoft SharePoint Designer 2010 是一个 Web 和应用程序设计程序,用于构建和自定义在 Microsoft SharePoint Foundation 2010 和 Microsoft SharePoint Server 2010 上运行的网站。

使用 SharePoint Designer 2010,用户可以创建数据丰富的网页,构建支持方蝶工作流(Foundare Workflow)的强大解决方案,以及设计网站的外观;用户可以创建各式各样的网站,从小型项目管理团队网站到仪表板驱动的企业门户解决方案。

SharePoint Designer 2010 提供了独特的网站创作体验,用户可在该软件中创建SharePoint 网站,自定义构成网站的组件,围绕业务流程设计网站的逻辑将网站作为打包解决方案部署。用户无须编写一行代码即可完成所有这些工作。

Microsoft SharePoint Designer 包含不少新特性,它具有全新的视频预览功能,包括新媒体和一个 Silverlight 的内容浏览器 Web 部件,微软内嵌了 Silverlight 功能(一种工具,用于创建交互式 Web 应用程序)和全站支持 AJAX 功能,可以让用户很方便地给网站添加丰富的多媒体和互动性体验。通过 Silverlight Web Part 功能,用户可以在网页上设置显示一个视频显示框,这是以前没有的功能。企业可以利用这些功能建设自己的视频网站,而不需要额外的编程。Microsoft SharePoint 还具有全新的备份和恢复功能,让用户能够更加方便地选择需要备份的组件,节省了操作时间,也缩短了之前复杂烦琐的过程。SharePoint 的管理中心网站也经过了重新设计,能够提供更好的可用性,包括检测 SharePoint 服务器的工作状况这一新功能。

8.3.2　Dreamweaver CS6 简介

Dreamweaver CS6 是一款集网页制作和网站管理于一身的所见即所得网页编辑器,是第一套针对专业网页设计师的视觉化网页开发工具,利用它可以轻而易举地制作出跨越平台限制和跨越浏览器限制的充满动感的网页。

Dreamweaver CS6 可以用最快速的方式将 Fireworks、FreeHand 或 Photoshop 等文件移至网页上。其使用检色吸管工具选择荧幕上的颜色可设定最接近的网页安全色。对于选单、快捷键与格式控制,都只要一个简单步骤便可完成。Dreamweaver CS6 能与 Playback Flash、Shockwave 和外挂模组等设计工具搭配,不需离开 Dreamweaver CS6 便可完成设计,整体运用流程自然、顺畅。除此之外,只要单击便可使 Dreamweaver CS6 自动开启Firework 或 Photoshop 等软件来进行编辑与设定图档的最佳化。

使用网站地图可以快速制作网站雏形,设计、更新和重组网页。如果改变了网页位置或文件名称,Dreamweaver CS6 会自动更新所有链接,支持文字、HTML 码、HTML 属性标签和一般语法的搜寻及置换功能,使得复杂的网站更新变得迅速又简单。

Dreamweaver CS6 提供 Roundtrip HTML、视觉化编辑与原始码同步编辑功能。它包含 HomeSite 和 BBEdit 等主流文字编辑器。框架和表格的制作速度非常快。进阶表格编辑功能可以帮助用户选择单格、行、栏或作未连续之选取,甚至可以排序或格式化表格群组。Dreamweaver CS6 支持精准定位,利用可轻易转换成表格的图层以拖拉置放的方式进行版面配置。

　　Dreamweaver CS6 成功整合了动态式出版视觉编辑及电子商务功能,提供了超强的支持能力给第三方厂商,包含 ASP、Apache、BroadVision、Cold Fusion、iCAT、Tango 与自行发展的应用软件。当用户正使用 Dreamweaver CS6 设计动态网页时,所见即所得的功能使用户不需要通过浏览器就能预览网页。Dreamweaver CS6 将内容与设计分开,建立网页外观的样板,指定可编辑或不可编辑的部分,应用于快速网页更新和团队合作网页编辑。内容提供者可直接编辑以样式为主的内容,不会不小心改变既定的样式。用户也可以使用样板正确地输入或输出 XML 内容。

　　利用 Dreamweaver CS6 设计的网页可以全方位呈现在任何平台的热门浏览器上。使用响应迅速的 CSS3 自适应网格版面,来创建跨平台和跨浏览器的兼容网页设计。利用简洁、业界标准的代码为各种不同设备和计算机开发项目,提高工作效率。直观地创建复杂网页设计和页面版面,无须忙于编写代码。"实时视图"现已使用最新版的 WebKit 转换引擎,能够提供绝佳的 HTML5 支持。"多屏幕预览"面板能够让用户检查智能手机、平板电脑和台式机所建立的 HTML5 内容呈现效果。

　　由此可见,Microsoft SharePoint Designer 2010 是一个非常简单易用的网页编辑软件,用它可以快速地编好一个网页,具有上手快、易学、易用的特点。而 Dreamweaver CS6 是一款专业的 HTML 编辑器,用于对 Web 站点、Web 页和 Web 应用程序进行设计、编码和开发。无论用户愿意享受手工编写 HTML 代码时的驾驭感,还是偏爱在可视化编辑环境中工作,Dreamweaver CS6 都会为我们提供有用的工具,使用户拥有更加完美的 Web 创作体验。

8.4　HTML 概述

　　HTML(HyperText Markup Language)即超文本标记语言,或称为超文本链接标示语言,是目前万维网(WWW)上应用最为广泛的语言,也是构成网页文档的主要语言。

8.4.1　HTML 简介

　　HTML 通过标记及属性对超文本的语义进行描述。超文本包括文字、表格、多媒体、超链接等内容,是构成网页的基本元素。HTML 中的标记是一条命令,是区分超文本各个部分的分界符,将 HTML 文档划分成不同的逻辑部分,它会告诉浏览器如何显示超文本。网页元素放在标记之间,浏览器对这些标记进行解释,进而显示出文字、图像、动画、声音等。

　　HTML 只是一个纯文本文件,由标记及夹在其中的超文本组成,文件的扩展名为 htm 或 html。创建和浏览一个 HTML 文档需要两个工具:一个是 HTML 编辑器,用于生成和保存 HTML 文档的应用程序;另一个是 Web 浏览器,用来打开 Web 网页文件,提供查看 Web 资源的客户端软件。

8.4.2　HTML 文档的基本结构

　　以下是一个最基本的 HTML 文档的代码:

```
< html >
    < head >
        < meta http - equiv = "Content - Type" content = "text/html; charset = utf - 8" />
        < title >我的主页</title>
    </head>
    < body >
        欢迎光临我的主页。
    </body >
</html >
```

其在 Web 浏览器上显示的效果如图 8-4 所示。

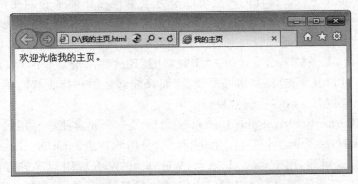

图 8-4　简单 HTML 文档在浏览器中显示的效果

一个 HTML 文档是由一系列超文本元素和标记组成的。HTML 用标记来设置超文本元素的外观显示特征和排版效果。HTML 文档分为文档头(head)和文档体(body)两部分，文档头对整个文档进行一些必要的定义，文档体中定义要显示的各种信息。

< html ></html >在文档的最外层，文档中的所有文本和 HTML 标记都包含在其中，它表示该文档是用超文本标记语言 HTML 编写的。< head ></head >是 HTML 文档的头部标记。在浏览器窗口中，头部信息不显示在正文中，在这些标记中可以插入其他标记，用于说明文档的标题和整个文档的公共属性。< title ></title >是嵌套在< head >头部标记中的，标记之间的文本是文档标题，它被显示在浏览器窗口的标题栏中。< body ></body >标记之间的文本是正文，是在浏览器中要显示的页面内容。

8.4.3　HTML 标记及属性

HTML 中的标记用来分隔和描述超文本的元素，以形成超文本的布局、文字和格式及五彩缤纷的页面。

HTML 标记分为单标记和双标记两种。双标记是由首标记<标记名>和尾标记</标记名>组成的，双标记只作用于这对标记中的内容。单标记的格式为<标记名/>，单标记在相应的位置插入元素就可以了。大多数标记都有自己的一些属性，属性是标记中的参数选项，写在首标记内，用于进一步改变显示效果。属性有属性值，各属性之间无先后次序。

标记及属性的语法格式为：

"<标记名 属性 1 = "属性值 1" 属性 2 = "属性值 2">内容</标记名>"

大多数属性值不用加西文双引号,但是包括空格、%、♯等特殊字符的属性值必须带双引号。提倡对属性值全部加双引号。

输入始标记时,一定不要在"<"与标记名之间输入多余的空格,也不能在中文输入法状态下输入这些标记及属性,否则浏览器将不能正确地识别括号中的标记命令及属性,从而无法正确地显示信息。

<head>是 HTML 文档的头部标记,是双标记。在浏览器窗口中,头部标记的信息不显示在正文中,在此标记中还可以嵌入其他标记,用以说明文档的标题和整个文档的公共属性。主要的头部标记及功能说明如表 8-1 所示。

表 8-1　主要头部标记及功能说明

标记名称	功 能 描 述
<link>	设置与其他文档的链接
<meta>	设置网页的制作者、网页制作工具、网页的关键字及其他网页描述信息
<script>	设置网页的脚本语言
<style>	设置网页的样式
<title>	设置网页文档标题,显示在浏览器窗口的标题栏中

<body>是 HTML 文档的主体标记,是双标记。主体标记之间的文本是网页的正文部分,是在浏览器中显示的网页内容,可以嵌入字体、表格、多媒体、表单及超链接等标记。

1. 字体

超文本中最重要的元素是文字。字体标记为<font>,用于设置文本的字体、大小和颜色,语法格式为:"<font face="字体名称" size="字号大小" color="字体颜色">文本</font>"。

2. 标题

<hn>标记用于设置文档体中出现的标题文字,被设置的文字将以黑体样式显示在网页中。标题标记的语法格式为"<hn>标题内容</hn>"。

<hn>标记是双标记,这里的 n 共分为 6 级,在<h1>和</h1>之间的文字就是第一级标题,是最大最粗的标题;<h6>和</h6>之间的文字是最后一级,是最小、最细的标题。

3. 表格

在 HTML 文档中,表格是通过<table>、<th>、<tr>、<td>标记设置的。在一个最基本的表格中,必须包含一对<table>标记、多对<tr>标记和多对<td>标记或<th>标记。表格是按行和列(单元格)排列的,一个表格由几行组成就要有几个行标记<tr>,有几列组成就要有几个列标记<td>。

4. 图像

网页中插入图像用单标记<img>,当浏览器解释执行<img>标记时就会显示此标记所设定的图像。如果要对插入的图像进行修饰,可使用图像属性。图像大小的改变可直接通过对 width 和 height 属性的设置来完成,但通常只设为图像的真实大小,以避免失真,改变图像大小最好用图像专用工具软件。在网页中插入图像的基语法格式如下:

"< img src = "URL 图像路径" width = "宽度" height = "高度" alt = "替代文字" border = "边框的粗度" />"

5. 超链接

超链接的标记为< a >,是双标记。建立超链接的语法格式如下:

"< a href = "目标资源地址"?target = "窗口名称" title = "指向链接显示的文字">超链接名称</a>"

其中,属性 href 定义链接所指向的目标地址,可以是文本、图像、音乐、影像视频等文件;属性 title 用于设置指向链接时所显示的标题文字。

"超链接名称"是要单击链接的元素,可以是文本,也可以是图像,"超链接名称"带下画线且与其他文字颜色不同。当鼠标指向"超链接名称"处时会变成手状,单击它可以访问指定的目标资源地址。

6. 表单

表单一般应该包含填写信息的输入框、提交按钮等控件,能够容纳各种各样的信息,是网页浏览者与服务器之间信息交互的界面。表单标记为< form >,是双标记,在开始和结束标记之间的所有定义都属于表单的内容。

表单标记< form >具有 action、method、name 和 target 属性,语法格式如下:

"< form action = "应用程序的 URL" method = "get|post" name = "名称" target = "目标窗口">... </form >"

熟练运用以上标记可以通过手工编写 HTML 代码编写网页,但对编写人员的技术要求高。但利用 Dreamweaver CS6 中的可视化编辑功能,可以快速地创建页面而无须编写任何代码。

8.5　Dreamweaver 基本操作

8.5.1　站点创建工作流程

使用 Dreamweaver CS6 来创建 Web 站点,其工作流程概述如下。

1. 规划和设置站点

确定将在哪里发布文件,检查站点要求、访问者情况以及站点目标。此外,还应考虑诸如用户访问以及浏览器、插件和下载限制等技术要求。在组织好信息并确定结构后,用户就可以开始创建站点了。

2. 组织和管理站点文件

在"文件"面板中,用户可以方便地添加、删除和重命名文件及文件夹,以便根据需要更改组织结构。"文件"面板中还有许多工具,用户可使用它们管理站点,从远程服务器传输文件,设置存回/取出过程来防止文件被覆盖以及同步本地和远程站点上的文件。使用"资源"面板可方便地组织站点中的资源,然后可以将大多数资源直接从"资源"面板拖到Dreamweaver 文档中。

3. 设计网页布局

用户可以自行选择要使用的布局方法,或综合使用 Dreamweaver 布局选项创建站点的外观。可以使用 Dreamweaver 元素、CSS 定位样式或预先设计的 CSS 布局来创建布局。利用表格工具,可以通过绘制并重新安排页面结构来快速地设计页面。如果希望同时在浏览器中显示多个元素,可以使用框架来设计文档的布局。最后,用户可以基于 Dreamweaver 模板创建新的页面,然后在更改模板时自动更新这些页面的布局。

4. 向页面添加内容

添加内容即添加资源和设计元素,如文本、图像、鼠标经过图像、图像地图、颜色、影片、声音、HTML 链接及跳转菜单等。对标题和背景等元素可以使用内置的页面创建功能,在页面中直接输入,或者从其他文档中导入内容。Dreamweaver 还提供相应的行为以便为响应特定的事件而执行任务,例如在访问者单击"提交"按钮时验证表单,或者在主页加载完毕时打开另一个浏览器窗口。Dreamweaver 还提供了工具来最大限度地提高 Web 站点的性能并测试页面,以确保能够兼容不同的 Web 浏览器。

5. 通过手动编码创建页面

手动编写 Web 页面的代码是创建页面的另一种方法。Dreamweaver 提供了易于使用的可视化编辑工具,但同时也提供了高级的编码环境,用户可以采用任一种方法或同时采用这两种方法来创建和编辑页面。

6. 针对动态内容设置 Web 应用程序

许多 Web 站点都包含了动态页,动态页使访问者能够查看存储在数据库中的信息,并且一般会允许某些访问者在数据库中添加新信息或编辑信息。若要创建动态页,必须先设置 Web 服务器和应用程序服务器,再创建或修改 Dreamweaver 站点,然后连接到数据库。

7. 创建动态页

在 Dreamweaver 中,用户可以定义动态内容的多种来源,其中包括从数据库提取的记录集、表单参数和 JavaBeans 组件。若要在页面上添加动态内容,只需将该内容拖动到页面上即可。

通过设置页面,可以同时显示一个记录或多个记录、显示多页记录、添加用于在记录页之间来回移动的特殊链接以及创建记录计数器来帮助用户跟踪记录。用户可以使用 Adobe ColdFusion 和 Web 服务等技术封装应用程序或业务逻辑。如果需要更多的灵活性,则可以创建自定义服务器行为和交互式表单。

8．测试和发布

测试页面是一个在整个开发周期中进行的持续的过程。这一工作流程的最后环节是在服务器上发布该站点。许多开发人员还会安排定期的维护，以确保站点保持最新并且工作正常。

8.5.2 Dreamweaver CS6 窗口界面

1．Dreamweaver CS6 的启动与退出

Dreamweaver CS6 的启用与退出方法很简单，与其他软件的操作方式基本一致。

1）Dreamweaver CS6 的启动

启动 Dreamweaver CS6 常用以下几种方法。

- 选择"开始"→"程序"→Adobe Dreamweaver CS6 命令。
- 在桌面上创建 Dreamweaver CS6 的快捷方式，通过双击 Dreamweaver 快捷方式图标，可启动 Dreamweaver CS6。
- 在文件夹中双击网页文档文件，则可启动 Dreamweaver CS6，之后自动打开该文档。

2）Dreamweaver CS6 的退出

退出 Dreamweaver CS6 有以下几种方法。

- 单击 Dreamweaver CS6 窗口右上角的"关闭"按钮。
- 单击"文件"→"退出"命令。
- 单击 Dreamweaver CS6 窗口左上角的"控制"图标，在弹出的控制菜单中选择"关闭"命令，或直接双击该图标。
- 按 Alt＋F4 组合键。

2．Dreamweaver CS6 窗口的组成

在启动 Dreamweaver CS6 之后，就进入了 Dreamweaver CS6 程序主窗口，如图 8-5 所示。窗口是主要的工作平台，因此需要了解窗口及其组成。

1）菜单栏

Dreamweaver CS6 的菜单栏位于窗口的上方，整个工作界面协调一致。选择菜单栏中的命令，主要包括"文件""编辑""查看""插入""修改""格式""命令""站点""窗口"及"帮助"等，在弹出的菜单中可以选择要执行的命令。

2）文档工具栏

文档工具栏中包含了一些按钮，可以帮助用户在文档的不同视图间快速切换，例如代码、视图、设计视图，同时显示了代码和设计视图的拆分视图。文档工具栏中还包含一些与查看文档、在本地和远程站点间传输文档有关的常用命令和选择，如在浏览器中预览/调试、文件管理、验证标记等。

3）状态栏

状态栏提供了与正创建的文档有关的其他信息。其中，"标签选择器"显示环绕当前选定内容的标签的层次结构，单击该层次结构中的任何标签，可以选择该标签及其全部内容，

图 8-5　Dreamweaver CS6 的工作界面

比如单击< body >可以选择文档的整个正文。利用"缩放工具"可以设置当前页面的缩放比率。"窗口大小"用来将"文档"窗口的大小调整到预定义或自定义的尺寸。状态栏最右侧显示了当前页面的文档大小和估计下载时间。

4）属性检查器

使用属性检查器可以检查和编辑当前选定页面元素（如文本和插入的对象）的最常用属性。属性检查器中的内容会根据选定的元素有所不同。例如，如果选择页面上的一个图像，则属性检查器将改为显示该图像的属性。在默认情况下，属性检查器位于工作区的底部边缘，用户可以将其取消停靠，并使其成为工作区中的浮动面板。

5）"插入"面板

"插入"面板包含用于创建和插入对象（如表格、图像和链接）的按钮。这些按钮按几个类别进行组织，用户可以通过弹出"类别"菜单选择所需类别来进行切换。当前文档包含服务器代码（如 ASP 或 CFML 文档）时，还会显示其他类别。

某些类别具有带弹出菜单的按钮。从弹出菜单中选择一个命令时，该选项将成为按钮的默认操作。例如，如果从"图像"按钮的弹出菜单中选择"图像占位符"命令，下次单击"图像"按钮时，Dreamweaver 会插入一个图像占位符。每当从弹出菜单中选择一个新选项时，该按钮的默认操作都会改变。

6）"文件"面板

使用"文件"面板可查看和管理 Dreamweaver 站点中的文件。在"文件"面板中查看站点、文件或文件夹时，用户可以更改查看区域的大小，还可以展开或折叠"文件"面板。当折叠"文件"面板时，它以列表的形式显示本地站点、远程站点、测试服务器等内容；在展开时，它会显示本地站点、远程站点、测试服务器中的其中一个。

对于 Dreamweaver 站点，用户还可以通过更改或折叠面板中默认显示的视图（本地站点视图或远程站点）来对"文件"面板进行自定义。

7）文档编辑区

文档编辑区是用于创建或编辑网页文件的操作区。在设计视图中，编辑区默认为空白；切换至代码视图时，左侧有竖直的代码工具箱及代码行数显示。用户也可以根据操作习惯作拆分视图显示，如图 8-6 所示。

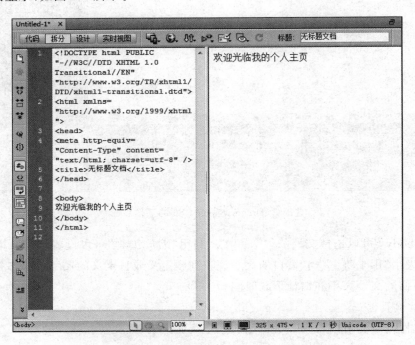

图 8-6　文档编辑区

8.5.3　Dreamweaver CS6 创建站点

Dreamweaver CS6 站点是 Web 站点中所有文件和资源的集合。要制作网页，首先需创建站点，为站点内的所有文件建立联系。利用 Dreamweaver CS6 的管理站点功能，能对创建的站点进行修改、删除和复制等操作。站点可以小到一个网页，也可大到一个网站。

制作一个网站一般需要首先将制作好的这个网站的所有网页暂时保存在自己的计算机上，最后再上传到拥有上传权限的服务器上。Dreamweaver CS6 可以将本地计算机的一个文件夹作为一个站点。

（1）在本地计算机上创建一个文件夹，命名为 MySite，如图 8-7 所示。

图 8-7　网站文件夹

（2）在 Dreamweaver CS6 菜单栏中选择"站点"→"新建站点"命令，弹出"站点设置对象"设置向导对话框。

（3）在左侧窗格选择"站点"选项，右侧窗格第一个选项要求输入站点名称，以便于在 Dreamweaver CS6 中标识该站点，这里输入 MySite；第二个选项要求填写本地站点文件夹，可以手工输入，也可以通过浏览文件夹功能直接选择本地现有文件夹，如图 8-8 所示。

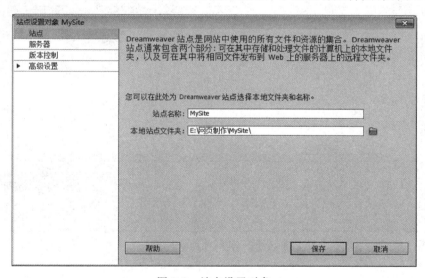

图 8-8　站点设置对象

（4）单击"服务器"选项，在右侧窗格对站点所需服务器进行配置，如图 8-9 所示。在这里，可以进行远程服务器和测试服务器配置。

【注意】　这个服务器配置只是个可选配置，如果不需要则可以忽略这一步配置。

（5）单击"保存"按钮，完成 MySite 本地站点的创建。选择"站点"→"管理站点"命令，弹出"管理站点"对话框，能查看到所创建的站点，并有"新建""编辑""复制""删除"等功能按钮，如图 8-10 所示。

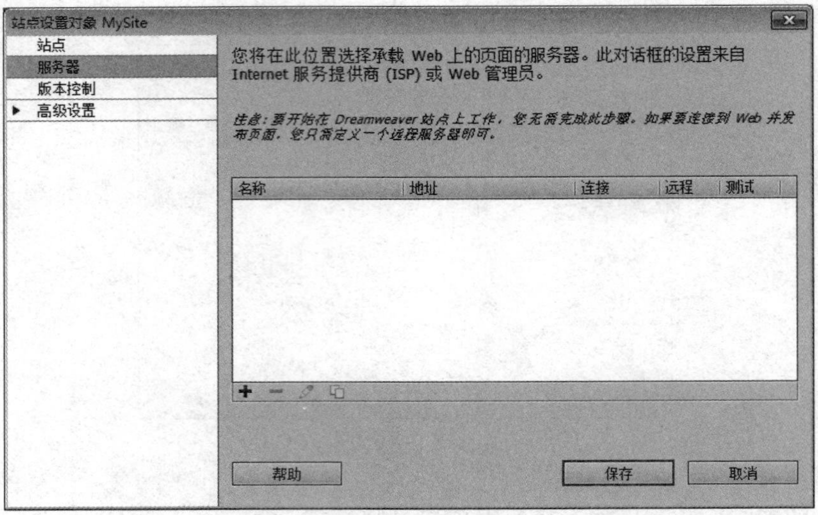

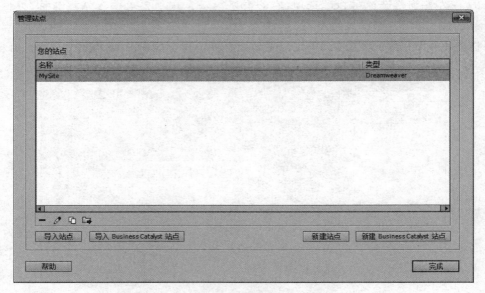

图 8-9　服务器设置

图 8-10　管理站点

8.5.4　Dreamweaver CS6 创建站点文件夹及网页

前面已经创建了一个名为 MySite 的本地站点。不过，当前的站点还是空的，没有实际内容，接下来根据站点的事先规划，向站点中添加站点文件夹及网页文件。

1. 创建站点文件夹

创建站点文件夹以形成完整的网站目录结构，这与 Windows 的资源管理器的原理是一致的。这样可以有效管理各种资源，可以将它们分门别类地存放在文件夹中。如 Images 文件夹,可以专门用于存放图像等资源文件。

创建站点文件夹的操作方法如下。

（1）在"文件"面板中选中"站点- MySite"站点根目录,然后右击,在弹出的快捷菜单中选择"新建文件夹"命令。

（2）将新建的文件夹命名为 Images,用于存放站点中的图像文件。

图 8-11　站点文件夹

随着站点的扩大,文件夹的数量会增加,用如上的方法可创建其他的文件夹,如图 8-11 所示。

2. 创建网页文件

网页（web page）是网站中的一"页",通常是 HTML 格式（文件扩展名为. htm 或. html）。

创建网页文件的操作如下。

（1）选择"文件"→"新建"命令,弹出"新建文档"对话框,在左侧窗格选择"空白页"选项,在中间窗格的"页面类型"列表框中选择 HTML,在右侧窗格的"布局"列表框中选择"无","文档类型"设为 XHTML 1.0 Transitional,如图 8-12 所示。

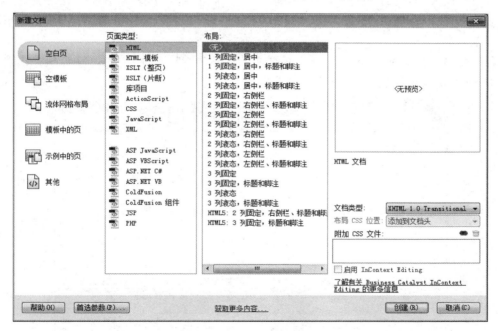

图 8-12　新建网页文件对话框

（2）单击"创建"按钮,在文档编辑区域生成新创建的网页文档。

（3）选择"文件"→"保存"命令,弹出"另存为"对话框,"保存在"文本框中即为当前站点的路径,在"文件名"文本框中输入网页文件名"index. html",单击"保存"按钮,新建的网页文档即可保存在站点根目录下。

8.5.5 Dreamweaver CS6 网页文本编辑

1. 添加文本

若要向 Dreamweaver 网页文档中添加文本,可以直接在"文档"窗口中输入文本,也可以剪切并粘贴文本,还可以从其他文档导入文本。

当将文本粘贴到 Dreamweaver 文档中时,可以使用"粘贴"或"选择性粘贴"命令。"选择性粘贴"命令允许以不同的方式指定所粘贴文本的格式。例如,如果要将文本从带格式的 Microsoft Word 文档粘贴到 Dreamweaver 文档中,但是想要去掉所有格式设置,以便能够为所粘贴的文本应用自己的 CSS 样式表,可以在 Word 中选择文本后将它复制到剪贴板,然后使用"选择性粘贴"命令选择只允许粘贴文本的选项。

HTML 只允许字符之间有一个空格;若要在文档中添加其他空格,必须插入不换行空格。插入不换行空格的操作方法有如下几种。

- 选择"插入"→HTML →"特殊字符"→"不换行空格"命令。
- 按 Ctrl+Shift+Space 组合键。
- 在"插入"面板的"文本"类别中单击"字符"按钮,然后选择"不换行空格"图标。

在网页文档中如需换行分段,可以直接按下 Enter 键;如需换行但不分段,可以按 Shift+Enter 组合键实现。

【例 8.1】 在新建的 index. html 网页文档中输入"张三的个人主页"等相关内容,如图 8-13 所示。

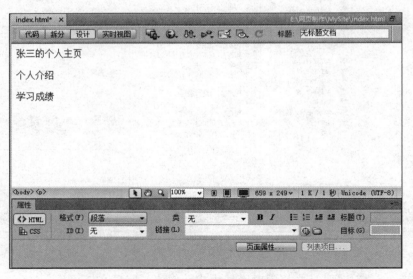

图 8-13 网页文档中输入文本

2. 设置段落格式

Dreamweaver 中的文本格式设置与使用标准的字处理程序类似。用户可以为文本块设置默认格式(段落、标题 1、标题 2 等)以及更改所选文本的字体、大小、颜色和对齐方式，或者应用文本样式如粗体、斜体、代码(等宽字体)和下画线。

Dreamweaver 将两个属性检查器(CSS 属性检查器和 HTML 属性检查器)集成为一个属性检查器。使用 CSS 属性检查器时，Dreamweaver 使用层叠样式表(CSS)设置文本格式。CSS 使 Web 设计人员和开发人员能更好地控制网页设计。CSS 属性检查器使用户能够访问现有样式，也能创建新样式。虽然 CSS 是设置文本格式的首选方法，但对于网页制作初学者，笔者推荐学习使用 HTML 设置文本格式。

使用 HTML 属性检查器中的"格式"下拉列表或"格式"→"段落格式"级联菜单，可以应用标准的段落和标题标签。

【例 8.2】 设置标题文本。将标题"张三的个人主页"设置为"标题 1"格式，如图 8-14 所示。

(1) 选中标题文本"张三的个人主页"。

(2) 右击选择"格式"→"段落格式"命令，或者在属性检查器中的"格式"下拉列表中选择"标题 1"选项。

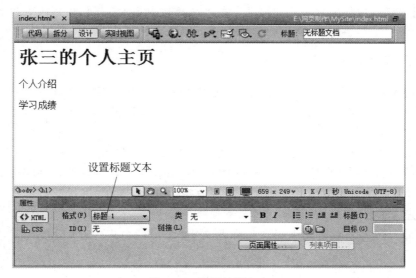

图 8-14　设置标题文本

3. 更改文本颜色

用户可以更改页面中所有文本的默认颜色，也可以更改页面中所选文本的颜色。

(1) 为页面定义默认的文本颜色。

选择"修改"→"页面属性"→"外观(HTML)"或"链接(HTML)"命令，然后为"文本颜色""链接颜色""已访问链接"和"活动链接"选项选择颜色。

【注意】 活动链接颜色是单击链接时链接变成的颜色。有些 Web 浏览器可能不会使用指定的颜色。

(2) 更改所选文本的颜色。

选择"格式"→"颜色"命令，从系统颜色拾取器中选择一种颜色，然后单击"确定"按钮。

在"选择器名称"文本框中输入当前定义的颜色样式名称,然后单击"确定"按钮。

4. 对齐文本

使用"格式"→"对齐"命令可以对齐文本。

(1) 选择要对齐的文本,或者将光标插入到文本开头。

(2) 选择"格式"→"对齐"命令,并选择对齐命令(左对齐、居中对齐、右对齐、两端对齐)中的某一种。

【**注意**】 可以对齐和居中对齐整个文本块,但不能对齐和居中对齐标题或段落的某一部分。

5. 缩进文本

使用"缩进"命令可以将 HTML 标签应用于文本段落,缩进页面两侧的文本。

(1) 将插入点放在要缩进的段落中。

(2) 选择"格式"→"缩进"或"凸出"命令。

【**注意**】 可以对段落应用多重缩进。每次选择该命令时,文本都会从文档的两侧进一步缩进。

6. 应用字体样式

使用 HTML 可以将文本格式应用于站点中的一个字母或整个文本段落和文本块。使用"格式"菜单命令可设置或更改所选文本的字体特征,可以设置字体类型、样式(如粗体或斜体)和大小。

(1) 选择文本。如果未选择文本,则选项将应用于随后输入的文本。

(2) 若要更改字体,选择"格式"→"字体"命令,在级联菜单中选择一种字体组合。如果选择"默认",则删除先前应用的字体。若要更改字体样式,选择"格式"→"样式"命令,在级联菜单中选择一种字体样式(粗体、斜体、下画线等)。

【**例 8.3**】 网页文本格式编辑。将标题文本"张三的个人主页"设置为红色、粗体、斜体、居中对齐。

综合上述各操作方法,完成各项设置,效果如图 8-15 所示。

7. 水平线

水平线对于组织信息很有用。在页面上,可以使用一条或多条水平线以可视方式分隔文本和对象。在属性检查器中,可以设置水平线的宽和高,宽和高以像素为单位或以页面大小百分比的形式指定水平线的宽度和高度。对齐指定水平线的对齐方式包括默认、左对齐、居中对齐或右对齐。仅当水平线的宽度小于浏览器窗口的宽度时,该设置才适用。

【**例 8.4**】 在标题行下方插入水平线,并设置其高度为 2 个像素,效果如图 8-16 所示。

(1) 在文档窗口中将插入点放在要插入水平线的位置,即在标题行下方。

(2) 选择"插入"→HTML →"水平线"命令,插入一条水平线。

(3) 在"文档"窗口中选定刚插入的这条水平线。

(4) 在属性检查器中,在"高度"文本框中输入2,在"对齐"下拉列表中选择"居中对齐"。

图 8-15 文本格式编辑

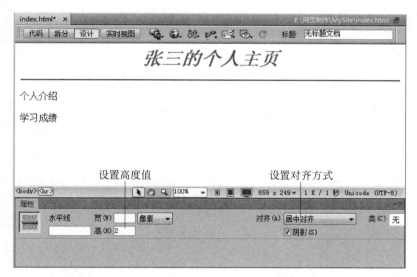

图 8-16 添加水平线

8.5.6 Dreamweaver CS6 网页图像编辑

图像是网页最主要的元素之一。虽然存在很多种图形文件格式,但网页中通常使用的只有 3 种,即 GIF、JPEG 和 PNG。GIF 和 JPEG 文件格式的支持情况最好,大多数浏览器都可以查看它们。

GIF(图形交换)格式图像最多使用 256 种颜色,最适合显示色调不连续或具有大面积单一颜色的图像,例如导航条、按钮、图标、徽标或其他具有统一色彩和色调的图像。虽然质量上没有 JPEG 和 JPG 图像高,但具有占存储空间小、下载速度最快、支持动画效果及背景色透明等特点。

JPEG(联合图像专家组)格式图像是用于摄影或连续色调图像的较好格式,这是因为 JPEG 文件可以包含数百万种颜色。随着 JPEG 文件品质的提高,文件的大小和下载时间也会随之增加。通常可以通过压缩 JPEG 文件在图像品质和文件大小之间达到良好的平衡。

PNG(可移植网络图形)是一种替代 GIF 格式的无专利权限制的格式,包括对索引色、灰度、真彩色图像以及 Alpha 通道透明度的支持。PNG 是 Adobe Fireworks 固有的文件格式。PNG 文件可保留所有原始层、矢量、颜色和效果信息(如阴影),并且在任何时候所有元素都是可以完全编辑的。文件必须具有.png 文件扩展名才能被 Dreamweaver 识别为 PNG 文件。

将图像插入 Dreamweaver 文档时,HTML 源代码中会生成对该图像文件的引用。为了确保此引用的正确性,该图像文件必须位于当前站点中。如果图像文件不在当前站点中,Dreamweaver 会询问是否要将此文件复制到当前站点中。

图 8-17　询问是否将图像复制到站点中

1. 插入图像

在网页中插入图像有两种情况,一种是图像已经在当前站点中,这种可直接引用;另一种情况是图像位于站点之外,在插入图像时将弹出一个提示框,如图 8-17 所示,询问用户是否确定将图像复制到当前站点中。

【例 8.5】　在网页中输入图像。

(1) 在文档窗口中将插入点放置在要插入图像的位置。

(2) 选择"插入"→"图像"命令,打开"选择图像源文件"对话框,选择要插入的图像文件,然后单击"确定"按钮。这里我们选择一张站点之外的图像,如图 8-18 所示。

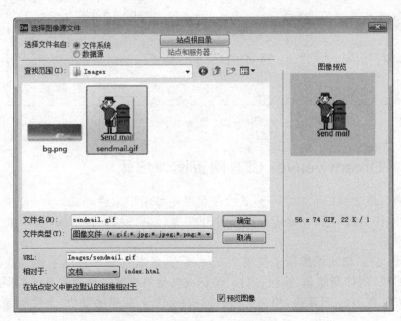

图 8-18　选择图像源文件

（3）单击"确定"按钮，弹出一个系统提示对话框，如图 8-17 所示，询问是否将所选文件复制到站点文件夹中。单击"是"按钮，弹出"复制文件为"对话框，选择网站文件夹 Images，然后单击"保存"按钮，即将当前所选图像保存在了当前站点中。

（4）弹出"图像标签辅助功能属性"对话框，在"替换文本"框中输入"联系我"，在"详细说明"文本框中输入"zhangsan@126.com"，如图 8-19 所示。

图 8-19 "图像标签辅助功能属性"对话框

【注意】 如果是站点内的图像，则可将图像从"文件"面板拖动到文档窗口中的所需位置；然后直接跳到步骤（4）进行设置。

2. 设置图像属性

插入到网页中的图像可以通过"属性"面板设置其属性，如改变图像大小、建立超链接等。"属性"面板如图 8-20 所示。

图 8-20 图像"属性"面板

图像：显示图像文件的大小。在 ID 文本框中可以为图像文件命名。

宽和高：用于显示或修改图像的宽度和高度，单位都为像素。

源文件：用于显示该图像文件的 URL 地址。

链接：用于显示或修改图像上建立的超链接地址。

替换：用于输入图像的说明性文字。浏览网页时，当鼠标指向图像上时将显示该文字。

编辑：提供了图像简单的编辑及优化功能。

目标：该选项只有在图像上建立了超链接时才可用，用于指定链接的页应加载到的框架或窗口。

裁剪 ⊠：裁切图像的大小，从所选图像中删除不需要的区域。

重新取样 ⊠：对已调整大小的图像重新取样，提高图片在新的大小和形状下的品质。将"宽"和"高"值重设为图像的原始大小。

亮度和对比度 ◑：调整图像的亮度和对比度设置。

锐化 △：调整图像的锐度。

3. 设置网页背景

网页中的背景设计是相当重要的,好的背景不但能影响访问者对网页内容的接受程度,还能影响访问者对整个网站的印象。在不同的网站上,甚至同一个网站的不同页面上,都会有各式各样的背景设计。常见的网页背景包含颜色背景和图像背景。

1) 颜色背景

颜色背景的设计是最为简单的,但同时也是最为常用和最为重要的,因为相对于图像背景来说,它有显示速度上的优势。

在网页文件中,一般通过< body >标签来指定页面的颜色背景。其中的 color 表示不同的颜色,可以用不同的颜色表示方法,比较常用的有直接用颜色的英文名称,如 blue、yellow、black 等;还可以用颜色的十六进制表示方法,如♯0000FF、♯FFFF00、♯000000 等;此外还可以用百分比值法和整数法,其效果都是一样的。

颜色背景虽然比较简单,但要根据不同的页面内容设计背景颜色的冷暖状态,也要根据页面的编排设计背景颜色与页面内容的最佳视觉搭配。

【例 8.6】 设置网页背景颜色。

(1) 单击"属性"面板中的"页面属性"按钮或选择"修改"→"页面属性"命令,弹出"页面属性"对话框,如图 8-21 所示。

(2) 在"分类"列表框中选择"外观"选项,单击右侧窗格中"背景颜色"后的色板,单击选择需要的颜色。

(3) 单击"确定"按钮,网页背景即可转变成设置的颜色。

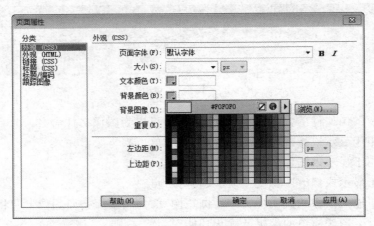

图 8-21 "页面属性"对话框

2) 图像背景

单一的背景颜色可能会使页面在效果上显得单调,使用图像背景会达到更美观的效果。

【例 8.7】 设置网页图像背景。

(1) 点击"属性"面板中的"页面属性"按钮或选择"修改"→"页面属性"命令,弹出"页面属性"对话框。

(2) 在"分类"列表中选择"外观"选项,单击右侧窗格中"背景图像"后的"浏览"按钮,打开"选择图像源文件"对话框,选择作为背景图像的图像文件后单击"确定"按钮,返回"页面属性"对话框。

（3）在"重复"下拉列表中选择"no-repeat"选项。

【注意】　背景图像共有 4 种"重复"选项,"不重复"指只在网页中显示一次图像;"重复"指在网页的水平和垂直方向平铺图像;"横向重复"和"纵向重复"分别指显示图像的水平带区和垂直带区。

（4）单击"确定"按钮关闭对话框,完成背景图像的设置,效果如图 8-22 所示。

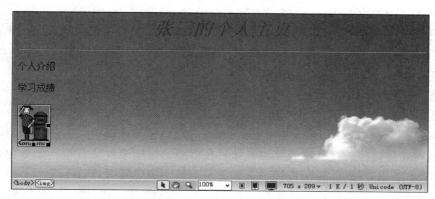

图 8-22　背景图像效果

8.5.7　Dreamweaver CS6 创建超链接

超链接是网页之间联系的桥梁,浏览者可以通过它跳转到其他页面,可以说超链接是整个网站的"灵魂"。它所指向的目标可以是另一个网页,也可以是相同网页上的不同位置,还可以是图片、电子邮件地址、文件,甚至是应用程序。当浏览者单击已经链接的文字或图片后,链接目标将显示在浏览器上,并且根据目标的类型来打开或运行。

每个 Web 页面都有一个唯一的地址,称为统一资源定位器（URL）。超链接正是以 URL 的表达方式来书写链接路径的。不过,在创建本地链接（即从一个文档到同一站点上另一个文档的链接）时,通常不指定作为链接目标的文档的完整 URL,而是指定一个始于当前文档或站点根文件夹的相对路径。链接路径有如下 3 种类型。

1）绝对地址

链接中使用完整的 URL,包含所使用的协议、主机名称、文件夹名称等,而且与链接的源端点无关。绝对地址是一个精确地址,一般用来创建对当前站点以外文件的链接。例如"http://www.163.com/news.html"。

2）根路径

从站点根目录开始的路径称为站点根目录,使用斜杠"/"作为其开始路径,然后书写文件夹名,最后书写文件名。例如"/dreamweaver/index.html"。

3）相对路径

和当前文档所在的文件夹相对的路径。相对路径不包括协议和主机地址信息。相对路径与当前文档的访问协议和主机名相同,通常只包含文件夹名和文件名,甚至只有文件名。

与当前文档的相对关系有 3 种情况。

- 如果链接到同一目录中的文件,则只需输入要链接文件的名称。
- 如果要链接到下级目录中的文件,只需先输入目录名,然后加"/",再输入文件名。
- 如果要链接到上一级目录中文件,则先输入"../",再输入文件名。

Dreamweaver CS6 提供了两种创建超链接的方法。

【例 8.8】 创建链接。

方法一:通过"属性"面板创建超链接

(1) 在网页中选中要作超级链接的"个人介绍"4 个字。

(2) 在"属性"面板上的"链接"文本框中输入要链接的路径和文件名(grjs.html),或单击"链接"文本框后的 📁 按钮打开"选择文件"对话框,选择要链接的文件后单击"确定"按钮,"链接"文本框中自动生成链接的 URL。

(3) 在"属性"面板上的"目标"列表中选择"_blank"选项,如图 8-23 所示。

【注意】 "目标"列表用于指定打开链接的目标窗口。

- _blank 将链接的文档载入一个新的、未命名的浏览器窗口。
- _parent 将链接的文档加载到该链接所在框架的父框架或父窗口。如果包含链接的框架不是嵌套框架,则所链接的文档加载到整个浏览器窗口。
- _self 将链接的文档载入链接所在的同一框架或窗口。此目标是默认的,所以通常不需要指定它。
- _top 将链接的文档载入整个浏览器窗口,从而删除所有框架。

图 8-23 在"属性"面板中创建链接

方法二:用插入方式创建超链接

(1) 在网页中选中要作超级链接的"学习成绩"4 个字。

(2) 选择"插入"→"超级链接"命令,打开"超级链接"对话框,进行各参数项的设置,如图 8-24 所示。

【注意】 "超级链接"对话框中的参数项含义如下。

- 文本：显示设置链接的文本。
- 链接：设置链接的 URL 地址。单击 按钮，在打开的"选择文件"对话框中可以选择要链接的文件。
- 目标：指定打开链接的目标窗口选项，有_blank、_parent、_self、_top 共 4 种选项，默认为在当前页中打开链接。
- 标题：设置鼠标指针移到链接对象上时显示的注释文字。此处可不填。
- 访问键：在该文本框中输入等效的键盘键(一个字母)，用以在浏览器中选择链接对象。这使得站点访问者可以使用 Ctrl 键和访问键的组合来访问对象。例如，如果输入 B 作为访问键，则可使用 Ctrl＋B 组合键在浏览器中选择该对象。此处可不填。
- Tab 键索引：输入一个数字以指定链接对象的 Tab 键顺序。当页面上有其他链接对象，并且需要用户用 Tab 键以特定顺序访问这些对象时，设置 Tab 键顺序就会非常有用。如果为一个对象设置 Tab 键顺序，则必须为所有对象设置 Tab 键顺序。此处可不填。

图 8-24　插入方式创建超链接

　　当网页包含超链接时，网页中的外观形式为彩色(一般为蓝色)且带下画线的文字或图片，单击这些文本或图片，可跳转到相应位置。鼠标指针指向超链接的显示文本或图片时，将变成手形。

8.5.8　Dreamweaver CS6 创建表格

　　表格是用于在 HTML 页上显示表格式数据以及对文本和图形进行布局的强有力的工具。表格由一行或多行组成；每行又由一个或多个单元格组成。虽然 HTML 代码中通常不明确指定列，但 Dreamweaver 允许操作列、行和单元格。

　　在网页编辑中，使用表格可以实现两方面功能，一是用来展示文字或图像等内容，可以把相互关联的信息集中定位，排列更有序；二是用来实现版面布局，使网页更规范、更美观。

1. 创建表格

　　(1) 选择"插入"→"表格"命令，打开"表格"对话框，如图 8-25 所示。
　　(2) 设置"表格"对话框的属性，然后单击"确定"按钮完成创建表格。
- 行数：确定表格行的数目。
- 列数：确定表格列的数目。
- 表格宽度：以像素为单位或按占浏览器窗口宽度的百分比指定表格的宽度。

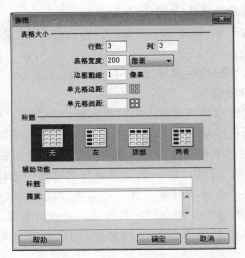

图 8-25　"表格"对话框

- 边框粗细：指定表格边框的宽度（以像素为单位）。
- 单元格间距：决定相邻的表格单元格之间的像素数。

【注意】　如果没有明确指定边框粗细或单元格间距和单元格边距的值，则大多数浏览器都按边框粗细和单元格边距为 1、单元格间距为 2 来显示表格。若要确保浏览器显示表格时不显示边距或间距，需将"单元格边距"和"单元格间距"设置为 0。

- 单元格边距：确定单元格边框与单元格内容之间的像素数。
- 无：对表格不启用列或行标题。
- 左：左对齐，可以将表格的第一列作为标题列，以便为表格中的每一行输入一个标题。
- 顶部：顶对齐，可以将表格的第一行作为标题行，以便为表格中的每一列输入一个标题。
- 两者：能够在表格中输入列标题和行标题。
- 标题：提供一个显示在表格外的表格标题。
- 对齐标题：指定表格标题相对于表格的显示位置。
- 摘要：给出了表格的说明。

2．表格的选取

表格的选取包括整表的选取、单元格的选取、表格行与列的选取。

1）整表的选取

只需要将鼠标指针移到表格的边框，当鼠标指针右下角出现图标时单击鼠标左键即可选中整个表格；或者先在表格内任意处单击一次鼠标左键，然后在标签选择器上单击"< table >"标签，也可选中这个表格。

2）单元格的选取

按住 Ctrl 键单击某一单元格，即可选中该单元格；或者先在单元格内单击一次，然后单击状态栏上的"< tb >"标签，也可选中该单元格。

3）表格行与列的选取

将鼠标指针移到某一行的左侧,当鼠标指针变成➡形状时单击,即可选中该行;将鼠标指针移到某一列的顶部,当鼠标指针变成⬇形状时单击,即可选中该列。

3. 拆分/合并表格

在表格中,可以根据实际需求对单元格进行拆分与合并。

1）拆分

只能对某一个单元格进行此操作。先单击要进行拆分的单元格,在"属性"面板中单击拆分单元格"➡"按钮,如图 8-26 所示,弹出"拆分单元格"对话框,如图 8-27 所示,选择拆分的类型为行或列,并设置要拆分成的行数或列数,然后单击"确定"按钮即可将单元格拆分成多行或多列。

图 8-26　"属性"面板

图 8-27　"拆分单元格"对话框

2）合并

需至少选中两个连续的单元格才可进行此操作。先选中需要合并的多个连续的单元格,然后在"属性"面板中单击"合并单元格""⬛"按钮,如图 8-28 所示,即可将选中的多个单元格合并为一个单元格,效果如图 8-29 所示。

图 8-28　"属性"面板

图 8-29　单元格合并效果

4. 用表格规划页面结构

网页的信息内容将直接影响布局结构,因此在设计网页布局前,要根据网页的信息类型、信息量等进行合理的规划,做好充分的前期准备。一个页面的主要骨架结构大体可分为头部、Logo 标志、导航栏、侧栏及页脚、内容显示区。

- 头部:网页的页头,置于网页的最上方,通常包含 Logo、网页标题名称、导航栏等常见元素。
- Logo 标志:是一个专用标志,用于表明网站的身份和品牌。一般放在网页左上角,使访问者第一眼就能看到。

- 导航栏：页面导航是网页重要元素之一，访问者一般都使用它来访问网站中的其他内容。为了便于用户找到，通常放在标题下方。
- 侧栏：主要链接一些次要内容，如广告、站点搜索、订阅链接及联系方式等。通常在页面左、右两侧，往往是纵向排序的。
- 页脚：页面的最下方总会有一个页脚，这是网页的结束部分。页脚内容中一般包含版权、法律声明以及主要的联系方式，也可以包含一些重要的链接。
- 内容显示区：这是网页的焦点，用于显示页面中的信息。

在设计页面时，为了整体把握页面结构，可以先用表格将页面的主体框架勾勒出来，然后再针对每个部分进行内容的填充。

【例 8.9】 用表格规划一个页面结构。

（1）选择"插入"→"表格"命令，打开"表格"对话框。

（2）在"表格"对话框中设置表格的行数和列数分别为 5 行、3 列。

（3）对第一行后两个单元格进行合并，选中第二行和第五行分别进行合并单元格，将第四行的高设置为 80 像素，即可生成用表格规划的一个页面结构，效果如图 8-30 所示。

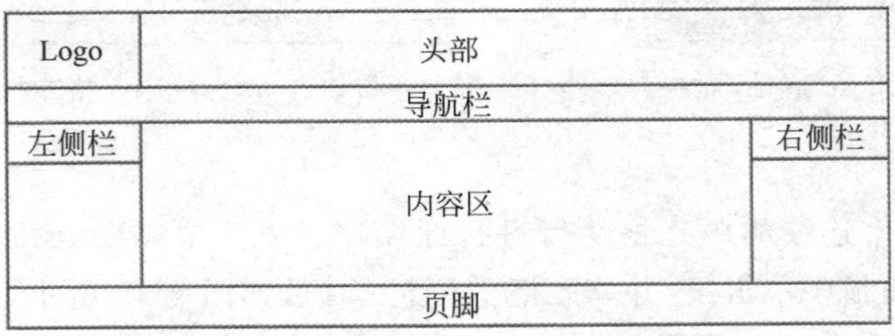

Logo	头部	
导航栏		
左侧栏		右侧栏
	内容区	
页脚		

图 8-30　表格规划的页面结构

8.5.9　Dreamweaver CS6 添加背景音乐

使自己的网站与众不同，一直是网站设计者不懈追求的目标。除了尽量丰富页面的视觉效果及互动功能以外，如果能在打开网页的同时听到一曲优美动听的音乐，相信这会使网站增色不少。

采用< bgsound >标签在网页中添加背景音乐的方法如下。

（1）在 Dreamweaver CS6 程序中打开需添加背景音乐的网页文档并显示在网页编辑区，单击"代码"按钮，将网页文档切换到代码视图。

（2）在代码视图中将光标定位到< body >标记的下一行代码处，输入"< bgsound"代码后按空格键，代码提示框会自动将< bgsound >标签的属性列出来供用户使用，如图 8-31 所示。

< bgsound >标签共有 5 个属性，其中 balance 用于设置音乐的左右均衡，delay 用于进行播放延时的设置，loop 用于循环次数的控制，src 则是音乐文件的路径，volume 是音量设置。一般在添加背景音乐时，并不需要对音乐进行左右均衡以及延时等设置。

（3）选择 src 属性，指定背景音乐文件的路径，选择 loop 属性并设置其值为"－1"。最终的代码为

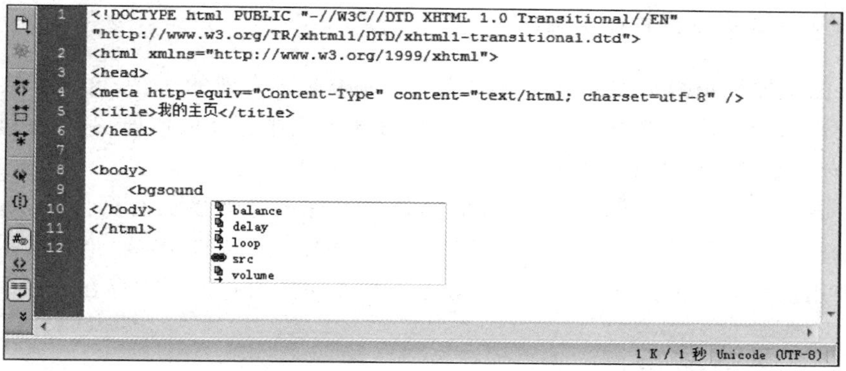

图 8-31　bgsound 标签属性列表

"< bgsound src = "music.mid" loop = " − 1">"

其中,"loop＝"−1"表示音乐无限循环播放,如果要设置播放次数,则改为相应的数字即可。

这种添加背景音乐的方法是最基本的方法,也是最为常用的一种方法,Dreamweaver CS6 支持现在大多的主流音乐格式,如 WAV、MID、MP3 等。如果要顾及网速较低的浏览者,则可以使用 MID 音效作为网页的背景音乐格式,因为 MID 音乐文件小,这样在网页打开的过程中能很快加载并播放,但是 MID 也有不足的地方,它只能存放音乐的旋律,没有好听的和声以及唱词。如果你的网速较快,或是觉得 MID 音乐有些单调,也可以添加 MP3 的音乐。

8.6　网站的测试与发布

在网页制作完成后,就要进入最后一个环节——网站的测试与发布。

8.6.1　网站的测试

在将站点上传到服务器之前,必须先对站点进行测试,主要包括测试浏览器的兼容性、测试超链接的有效性、在浏览器中测试网页的正确性等,以保证发布站点以后,尽可能少地出现错误。

1. 测试浏览器的兼容性

一般情况下,在本地机上创建的站点和网页不一定能在所有的浏览器中正常显示,因此,发布站点之前需要测试浏览器的兼容性,以便发现问题并及时进行修改。

2. 测试超链接的有效性

在站点中,网页之间的相互跳转是通过超链接来实现的,因此发布站点之前一定要确保站点中的每一个超链接的有效性,避免产生断开的超链接。

3．在浏览器中测试网页的正确性

通过在浏览器预览网页的方法来测试网页是一个非常有效的途径，这种方法可以贯穿于整个网页设计和创建过程中，通过它可以及时发现网页中存在的错误，避免重复出现相同的错误，也有利于及时纠正不妥之处。

在 Dreamweaver 中，用户可以在任何时间通过目标浏览器预览网页，而不必先保存文档，这时浏览器中的所有功能都将发挥作用，包括 JavaScript、相对链接、绝对链接、ActiveX 控件等。使用这种方法测试网页的最大好处是可以及时地改正网页中存在的错误。

8.6.2　网站发布

完成了站点的测试，确保站点能够正常运行以后，就可以发布站点，使其成为一个真正的站点了，以实现在互联网中能被访问到。目前，大多数 ISP 都支持 FTP 上传功能，用户可以使用 Dreamweaver CS6 站点发布功能发布站点。

1．定义远程站点

在发布站点之前，首先应该定义远程站点，并设置上传参数，具体步骤如下。

（1）在"文件"面板中打开要上传的本地站点。

（2）选择"站点"→"管理站点"命令，弹出"管理站点"对话框，选择需上传的站点名称。

（3）单击"编辑"按钮，打开"站点设置对象"对话框。

（4）在对话框左侧窗格中选择"服务器"选项，单击 ➕ 按钮添加新服务器。

（5）在"基本"设置页面"连接方法"下拉列表中选择 FTP，输入相关连接参数，如图 8-32 所示。

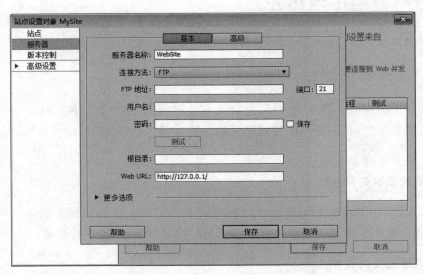

图 8-32　远程信息设置窗口

* 服务器名称：用于输入当前连接服务器名称。
* FTP 地址：用于输入 FTP 主机名称，必须是完整的 Internet 名称，例如"ftp.163.com"。

- 用户名：用于输入用户在 FTP 服务器上的注册账户。
- 密码：用于输入账户密码。

（6）单击"保存"按钮，返回"站点设置对象"对话框。

（7）单击"保存"按钮完成设置。

（8）定义完远程站点设置以后，单击"文件"面板中的 按钮，连接远程服务器。

（9）连接成功以后，"文件"面板中的 按钮左下角的黑点变为绿点，表明已经连接成功。

（10）在"文件"面板中单击 按钮，上传网站内容，如图 8-33 所示。

图 8-33   网站发布窗口

本地计算机与远程服务器成功连接以后，就可以发布站点了，既可以发布整个站点，也可以发布站点的一部分内容。

习题 8

1. 进入"第 8 章素材库\习题 8\习题 8.1"文件夹，并按照题目要求完成下面的操作。

为了加大对某是点的宣传力度，请根据习题 8.1 文件夹中的素材制作一个宣传网站，站点名为"××××××"，具体要求如下。

（1）新建一张网页，输入标题文字"某风景名胜区"，并将文字格式设置为"标题 1"并设置为红色、粗体、居中对齐；设置网页背景色为绿色。

（2）在第一张网页中输入：景区简介、主要景点展示、游览须知。

（3）新建第二张网页，标题为"景区简介"。文字素材已存放于习题 8.1 文件夹中。

（4）新建第三张网页，标题为"主要景点展示"，图片素材已存放于习题 8.1 文件夹中。

（5）新建第四张网页，标题为"游览须知"，文字素材已存放于习题 8.1 文件夹中。

（6）进入第一张网页中，对景区简介、主要景点展示、游览须知设置超链接，分别链接到第二张网页、第三张网页、第四张网页。

2. 进入"第 8 章素材库\习题 8\习题 8.2"文件夹，并按照题目要求完成下面的操作。请根据习题 8.2 文件夹中的素材制作个人网页名片，站点名为"我的个人名片"，具体要求如下。

　　(1) 新建一张网页,输入标题文字"我的个人名片",将文字格式设置为"标题 1"并设置为蓝色、粗体、居中对齐。

　　(2) 插入一条水平线,并设置其高度为 2 个像素,对齐方式为"居中对齐"。

　　(3) 对网页设置背景图片,图片素材已存放于习题 8.2 文件夹中。

　　(4) 对网页设置背景音乐,音乐素材已存放于习题 8.2 文件夹中。

　　(5) 在网页中创建一张表格,并在表格中输入以下相关信息:姓名、性别、年龄、通信地址、邮编、联系电话、兴趣爱好、校园风光等。

　　(6) 在网页中插入 E-mail 图片,图片素材已存放于习题 8.2 文件夹中;在 E-mail 图片上创建超链接到自己的 E-mail 地址。

　　(7) 新建第二张网页,标题为"校园风光",依次加入图片素材(荷塘一角、湖、教学楼、校园一角、运动场)。图片素材已存放于习题 8.2 文件夹中。

　　(8) 进入第一张网页中,在"校园风光"文字上设置超链接,链接到第二张网页上。

参 考 文 献

[1] 王文博.最新计算机应用基础培训教程[M].北京：清华大学出版社,2006.
[2] 梁其文.大学计算机应用基础[M].北京：中国水利水电出版社,2010.
[3] 洪汝渝.大学计算机应用基础[M].重庆：重庆大学出版社,2008.
[4] 邹水龙.大学计算机应用基础[M].北京：研究出版社,2011.
[5] 隋红建,张青春.计算机导论[M].北京：北京大学出版社,1996.
[6] 杨振山,龚沛曾.大学计算机基础简明教程[M].北京：高等教育出版社,2006.
[7] 谭世语.计算机应用基础[M].重庆：重庆大学出版社,2006.
[8] 褚宁琳.大学计算机应用基础[M].北京：中国铁道出版社,2010.
[9] 杨振山,龚沛曾.大学计算机基础[M].4版.北京：高等教育出版社,2004.
[10] 王移芝,罗四维.大学计算机基础教程[M].北京：高等教育出版社,2004.
[11] 李秀.计算机文化基础[M].5版.北京：清华大学出版社,2005.
[12] 乔桂芳.计算机文化基础[M].北京：清华大学出版社,2005.
[13] 白煜.Dreamweaver 4.0网页设计[M].北京：清华大学出版社,2001.
[14] 曾宪文.大学计算机应用基础[M].北京：研究出版社,2008.

图 书 资 源 支 持

    感谢您一直以来对清华版图书的支持和爱护。为了配合本书的使用，本书提供配套的资源，有需求的读者请扫描下方的"书圈"微信公众号二维码，在图书专区下载，也可以拨打电话或发送电子邮件咨询。

    如果您在使用本书的过程中遇到了什么问题，或者有相关图书出版计划，也请您发邮件告诉我们，以便我们更好地为您服务。

我们的联系方式：

地   址：北京市海淀区双清路学研大厦 A 座 701

邮   编：100084

电   话：010－62770175－4608

资源下载：http://www.tup.com.cn

客服邮箱：tupjsj@vip.163.com

QQ：2301891038（请写明您的单位和姓名）

用微信扫一扫右边的二维码，即可关注清华大学出版社公众号"书圈"。

资源下载、样书申请

书 圈

扫一扫，获取最新目录